近代中国華北民衆と紅槍会

馬場　毅　著

汲　古　書　院

はしがき

私が紅槍会に興味を持ったのは、今は無き東京教育大学の大学院の修士課程の時に李大釗をテーマに選び、彼の書いた「魯豫陝等省的紅槍会」を読んで、国民革命期の紅槍会について関心を抱いて以来である。その後、博士課程の研究テーマに紅槍会を選んでみたが、当時は日本の研究としては、酒井忠夫氏と山本秀夫氏の研究しかなく、紅槍会についての断片的なことしか解らず、戦前の本の断片的な記述を読むことと、手始めに当時の新聞『順天時報』や『時報』の記事を東洋文庫に行って集めることから始めた。大学院時代に東洋文庫の閲覧室で、当時、博士論文のために史料収集をしていたエリザベス・ペリー氏にお会いし、紅槍会の資料についてお互いに情報交換したのも懐かしい思い出である。

東京教育大学廃学以後、私は東京都立高島、篠崎、両国高校に勤めたが、本書のもとになった論文は大部分その時に書いたものである。以下本書の各章と初出の論文との関連を記せば以下の通りである。

序　章「紅槍会研究の課題と方法」は、書き下ろしである。

第一章「山東省の各地域—地理的、経済的、社会的特徴」は、書き下ろしである。

第二章「紅槍会の思想と組織」は、「紅槍会—その思想と組織—」（『社会経済史学』第四二巻第一号、一九七六年）と「農民闘争における日常と変革—一九二〇年代紅槍会運動を中心に—」（『史潮』新一〇号、一九八一年）を合併させて、若干の重複部分を削り、新しい部分を加え、かつ最近の研究により論旨を再検討しなければいけない部分については補訂をした。

第三章「山東省の紅槍会運動」は、「山東省の紅槍会運動」（『続中国民衆反乱の世界』汲古書院、一九八三年）に若干の点を補い、かつ字句修正をした。

第四章「中共と山東紅槍会」は、「中共と山東紅槍会」（『中嶋敏先生古稀記念論集』下巻、汲古書院、一九八〇年）をもとにし、最近発表された史料を用いて大幅に加筆補充をし、初出に比較して五割増しになった。

第五章「陽穀県坡里荘暴動について」は、「陽穀県坡里荘暴動について―続中共と山東紅槍会―」（『中国近現代史の諸問題―田中正美先生退官記念論集―』国書刊行会、一九八四年）に、その後発表された史料も用いて補訂を行った。

第六章「山東抗日根拠地と紅槍会」は、「山東抗日根拠地と紅槍会」（『中国研究月報』五五三号、一九九四年年三月）を採録した。

本書がなるにあたり、今更ながら多くの方々にお世話になったことに感謝したい。まず山根幸夫先生は早稲田大学文学部の卒業論文の指導をしていただいて以来、現在までずっとお世話になり、特に私が高校の教員を勤めていた時もご心配いただいた。かつ本書の刊行を汲古書院の坂本健彦前社長にお話いただいた。何とか私がこれまで研究を続けられたのも、山根幸夫先生の暖かい励ましのおかげと感謝している。また小島晋治先生は直接教えていただいたことがないにも関わらず、現在の職場である愛知大学に奉職するにあたり、多大のご尽力をいただいた。その他に東京教育大学大学院入学以来所属している辛亥革命研究会の野沢豊、藤井昇三、中村義、久保田文次、小島淑男、鈴木智夫、秦惟人の各先生には、中国近代史についてそれこそ一から教えていただいた。またかって共同で『中国民衆反乱の世界』を出版した時にお世話になった小林一美、奥崎裕司、相田洋、佐藤公彦、嶋本信子、菊池一隆、土屋紀義の各先生からは民衆反乱の世界を考える基本的な見方について多くのものを教えていただいた。その他に「天野本研究会」の皆さん、「中国近現代史研究会」の皆さんとの討論も教えられること大であった。

また中国と台湾の紅槍会研究の先学、かって一九二〇年代に山東省で紅槍会工作に携わった故申仲銘先生と抗日戦争期に河北省で秘密結社に参加したことのある故戴玄之先生のお二人とは、結局生前一度しかお会いできなかったが、本書の刊行はお二人の研究の遺志を継ぐものと思っている。謹んでご冥福をお祈りしたい。

そのほか中国における義和団研究の大家、山東大学の路遙先生からは貴重な史料をいただいた。感謝に堪えない次第である。なお史料収集にあたっては、その他に故申仲銘、故戴玄之、エリザベス・ペリー、グレゴール・ベントン、山根幸夫、山田辰夫、佐藤公彦、田島俊雄、内田知行、三好章、黄英哲、家近亮子、山本真の各先生から多大の御援助をいただいた。記して感謝の意を表したい。

上述したように、本書の大部分は既発表のものであるが、私の遅筆故に本書を刊行にこぎ着けるまでに三年あまりかかった。補訂することは新しく論文を書くよりもっと大変だと何度も思った。最後に本書をまとめる環境を与えてくれた現在の職場、愛知大学へ感謝の意を表するとともに、多大の御尽力をいただいた坂本健彦前社長をはじめとする汲古書院の方々にも感謝の意を表したい。

なお本書は二〇〇〇年度愛知大学学術図書出版助成金による刊行図書である。

目　次

近代中国華北民衆と紅槍会

序　章　紅槍会研究の課題と方法

一九二〇年代、華北における大きな勢力を誇り、広範な農民を組織して農民運動を展開した秘密結社紅槍会についての研究は、戦前、戦後を通じてあまり多くない。ここではその中で主要なものを採り上げる。

なお本書で用いる紅槍会という用語は、両義で用いる。一つは、文字通り赤い房（紅纓）のついた槍を持ち「刀槍不入」の信念で団結した秘密結社を指す狭義の意味の用法である。もう一つは、広義の意味での用法で、その場合には紅槍会という言葉で、当時の「刀槍不入」の信念で団結した秘密結社の総称として用いる。

（1）戦前の研究

戦前では、二〇年代後半、国民革命から国共が分裂して中国共産党（以下中共、あるいは共産党と略称する）がソビエト革命へ転換する時期に、田中忠夫氏が『革命支那農村の実証的研究』[1]の中での各省の紅槍会各派についてふれている。また同書の中で中共の農民運動政策との関連で紅槍会政策にもふれているが、史料の性格からか具体的な紅槍会工作の所まで解らないという限界もある。紅槍会について述べている部分はそんなに長くはないが、同時代のリアルタイムのものとして、田中氏の研究は貴重な情報を提供してくれる。ただ出典（それは当時の新聞や、中共側の公開、あるいは「中央政治通訊」などの非公開の史料によるものであることが、明確にできる）が明記されていないのが欠点である。

小沢茂一『支那の動乱と山東農村』[2]は、一九二八年の済南事変後の国民党の統治に入った直後の山東省について、避難民続出の原因としての、それ以前からの兵禍、匪禍、税収奪、自然災害等を述べ、兵禍、匪禍、税収奪に対抗しての自衛組織としての紅槍会各派についてふれている。紅槍会各派について述べた部分は山東省に限らず、各省の例を挙げているが、各種の史料を寄せあつめたという感が強い。ただ二八年から二九年にかけて、山東省各地の紅槍会運動については、同時代のリアルタイムの貴重な情報を提供している。ただこれも出典を明記しないという欠点がある。

長野朗『支那兵・土匪・紅槍会』[3]は、題名通り、中国の軍隊・土匪・紅槍会について述べているが、紅槍会についての部分で、各省の紅槍会各派について述べている。田中忠夫氏、小沢茂一氏の著書と比較すると、重複している部分もある。もっとも紅槍会各派についての部分は、自序によれば以前書かれたものだとしているので、この三者は同じ史料を見たか、お互いに影響しあっているのではないかという推測も成り立つ。これも出典が明記されていない。

末光高義『支那の秘密結社と慈善結社』[4]も紅槍会各派についてふれているが、これも田中氏、小沢氏、長野氏の著書と重複しているところがあるが、末光氏自身が「満洲国」の警察官だったせいか、一九二八年東辺道で起きた大刀会の暴動について詳しい。ただこれも出典が明記されていない。

総じて戦前の研究は、部分的には同時代のリアルタイムの貴重な情報を提供しているものもあるが、出典が明記されておらず、本格的な研究とは言い難い。一次史料がない場合には、貴重な情報を提供しているというのが、現在から見た評価であろう。

（2）戦後の研究

戦後になって、今ではだいぶ色あせたが「中国革命の成功」という圧倒的な事実の前で、中共の指導する近代的な農民運動とは、異質と見なされた伝統的な紅槍会運動は六〇年代末まで研究者の関心を呼ばなかった（現在の研究水準からみれば、両者ははっきりと分けられず、中共の指導する農民運動も紅槍会の組織化に力を入れ、また紅槍会の組織化で得た貴重な経験が中共の農民運動指導に影響を与えたのである）。その中で例外は、酒井忠夫「現代中国に於ける秘密結社（幇会）」[5]であり、戦前秘密結社を実見した筆者が、中国革命の帰趨がまだ定まらない一九四八年に、紅槍会、青幇、哥老会の起源、組織、発生の原因などについて述べたものであるが、紅槍会の部分は簡単な概説であり、革命史との関連についてもふれていない。ただこの時期、戦前の秘密結社への関心を引き継いだものとして貴重である。

①　本格的な紅槍会研究の開始

山本秀夫「農民運動から農民戦争へ」[6]は、二〇年代の中国農民闘争を北方型＝後進型、小農または雇農経営地帯、南方型＝先進型、小作経営地帯に分け、華中・南の中共指導下の近代的農民運動に対比しての華北の伝統的農民運動としての紅槍会をとりあげ、中共の方針の実現の困難さに紅槍会運動の限界を見ている。この論文は、革命史と関連させて、かつ当時の南北の農業構造を踏まえて、農民運動を二つに類型化し、その枠内であるが、伝統的農民運動としての紅槍会について正面から言及している。ただ紅槍会についての叙述はそんなに長くない。

三谷孝「国民革命時期の北方農民運動―河南紅槍会の動向を中心に―」[7]は、地域を運動の中心地であった河南省に固定し、その中で時系列的に紅槍会運動の発生・拡大期（～二五年三月）、農民割拠期（～二八年三月）、収束期（～三〇年）に分けるという方法を用い、外来軍閥の支配している省権力の支配と農村社会との関係、紅槍会内部の分化過程を分析した本格的な紅槍会についての論文である。あえて難をいえば、河南省における郷紳層の具体的な言及（例えばどんな人物で、郷紳層と紅槍会との具体的関係はどうか等）がなく、分析概念としての郷紳層という言葉が先験的に使われて、分析に用いられていることである。

また本書は山東省の紅槍会を主要に対象にしているので、本書に収めなかったが、馬場毅「紅槍会運動序説」(8)は、河南省に限定しないで他省も含めて、時系列的に第一期（～二五年三月、発生・発達期）、第二期（～二六年七月、河南・山東省での全省的規模での反軍閥闘争の展開）、第三期（～二七年七月）と分け、第一期における江蘇省、安徽省、河南省、四川省の紅槍会の事例、その階級基盤を分析し、第二期では河南省に限定した具体的事例を述べ、河南省の紅槍会の地域ごとの特色と農村の地域差との関連、紅槍会運動の階級基盤、軍閥の搾取の実態などを述べた。

②　天門会

紅槍会の一派で、河南省北部、河北省南部、山西省東部に広がり、一時中共とも共同行動をとって、二〇年代中共側から「貧農の結合」といわれた天門会については、三谷氏の前述論文でもふれているが、その発生から解体まで追った専論として、三谷孝「伝統的農民闘争の新展開」(9)がある。そこではその組織は自発的意志で結集した民衆と、地域ぐるみで以前より存在した在地防衛組織（連荘会）を天門会の支部へと「改組」することで結集した民衆（＝紅槍会型組織）の二つの部分から成立しているとする。ここで三谷氏が紅槍会型として類型化して一般化し、紅槍会が連荘会をもとにして組織されるという見解には異論があり、私見は第二章で述べるものとする。また三谷孝「紅槍会と郷村結合」[10]でも三谷氏従来の見解を集大成している。

この天門会については、三谷孝氏、喬培華氏が河南省林県で調査を行い、それを踏まえたものとして、三谷孝「天門会再考―現代中国民間結社の一考察―」[11]が発表され、前述した旧稿の補訂がなされている。ただ両者による調査の対象は天門会だけである。

③　中共と紅槍会の関係

中共と紅槍会の関係については、前述した山本秀夫氏が二〇年代の中共指導下の近代的農民運動と対比しての伝統的農民運動としての紅槍会という視点から、中共の方針と紅槍会の関係について分析しており、戦前の田中忠夫氏の研究を一歩進めた。

三谷孝「国民革命期における中国共産党と紅槍会」[12]は、河南省における国共分裂前後の中共の紅槍会に対する方針を分析し、農民協会および農民自衛軍への組織化は数だけ増しただけであり、結局、失敗に終わり、ソビエト革命期に一部が分化して中共に組織化されたとする。この論文は「中央通信」「中央政治通訊」等の中共の党内資料を使用したもので、これにより国共分裂前後の中共の河南省における紅槍会政策が明らかになったが、政策レベルにとどまり、具体的な工作が今ひとつ明らかでない。

天門会と中共の関係については、三谷氏の前述した天門会関係の論文でもふれられているが、喬培華氏の後述する著書が一番詳しく、具体的なことも解る。

山本氏、三谷氏の中共と紅槍会の関係における評価に対しては、家近亮子「『華北型』農民運動の一考察―紅槍会と国民革命―」[13]が述べている華中・華南の事例から、農民の経営形態の違う華北にそのまま方針を適用しようとした中共側にも問題があるとする指摘、すなわち中共の方針自体も相対化する視角は重要であう。

最近出された福本勝清『中国革命を駆け抜けたアウトローたち―土匪と流氓の世界』[14]は、従来見過ごされていた中共と土匪の関係を採り上げているが、その中で、中共と紅槍会や紅槍会結社の一つである神兵との関係についてもふれられてる。

その他に未公刊のものであるが、孫江『近代中国の革命と秘密結社（一八九五―一九五五）』[15]は、清末から中華人民共和国成立後までの時期を対象にして、革命派および中共と青幇、紅幇、哥老会、紅槍会等の秘密結社ならびに土匪との関係を分析した力作である。そこでは本書のもとになった私の旧稿も批判の俎上に上っているが、公刊前なのでそれへの言及は避ける。一日も早い公刊を期待したい。

④　南京国民政府下の「迷信打破（破除迷信）運動」とそれに反発した暴動

三谷孝「南京政権と『迷信打破運動』（一九二八―一九二九）」[16]は、一九二八年年から二九年にかけての「迷信打破運動」の展開とそれに反発した民衆の暴動を分析し、この「迷信打破運動」は「改組派」によって行われたとする。

三谷孝「江北民衆暴動（一九二九年）について」[17]は、それらの暴動の中で最大であった江蘇省宿遷県の小刀会の暴動について、その起因と展開、それの孕む問題点を分析している。三谷孝「大刀会と国民党改組派―一九二九年の溧陽暴動をめぐって―」[18]は、二九年一一月江蘇省の南京の近くの溧陽県で起きた大刀会の暴動について分析し、この暴動は改組派のクーデター計画に呼応して南京周辺に軍事的制圧地域を作り出すという計画であったとする。

⑤　思想面

三谷孝「紅槍会と郷村結合」[10]は、河南省を例として述べ、特に紅槍会運動の「郷土主義」的分散性の背後にある土地神への信仰と功過格の意義、紅槍会の信仰対象である「神」の出現する地方劇や講談が上演される場である廟会、その組織における農村自衛組織の部分と宗教的・放浪的部分の複合的な性格という点を強調している。

⑥　抗日戦争期

三谷孝「抗日戦争中的紅槍会」[19]は、抗日戦争期の日本軍と中共の紅槍会に対する政策を比較し、紅槍会は全村的組織であり、村民の生活と信仰活動を強制的に破壊するのは避けねばならないという認識では共通であるが、日本軍は食糧物資の掠奪をしたために、農民と対立し「親日」的紅槍会でもせいぜい面従腹背の態度をとり、一方中共側は社会経済的変革をしたために少なくとも紅槍会を敵対化させなかったとする。ただここでも政策分析が中心で、中共の具体的な工作、紅槍会の反応等が今ひとつ明らかでない。さらに中共側の政策によっては、抗日根拠地内部でも紅槍会が敵対的行動をとることもあることについてふれられていない（本書第六章参照）。

（3）中国・台湾・アメリカ・韓国の研究

抗日戦争期に河北省で秘密結社に参加した経験を持つ（筆者への話による）、台湾における秘密結社研究の大家戴玄之氏が著した『紅槍会（一九一六―一九四九）』[20]が、戦後における紅槍会についての最初の本格的な専著である。本書は県志等の地方志を豊富に使い、紅槍会の源流、時代背景、組織と宗旨、儀式と法術、紅槍会の派別、行動、二〇年代の中共やソ連との関係について述べる。ただテーマ別なので、紅槍会と中国近代史の各事件との関わりが今ひとつ解りにくい。

中国では長く紅槍会の本格的な研究は行われていなかったが、文革後、中国における最初の専著として、中仲銘『民国会門武装』[21]が発表された。これは特に中仲銘氏自らの経験した一九二〇年代山東省西北の紅槍会を組織化してカトリック教会を攻撃した坡里荘暴動や、三〇年代山東抗日根拠地での紅槍会系結社の忠孝団の反革命暴動の回想録を含むところに特色がある。

その他に河南省林県で最近調査を行い、それを踏まえた専著として喬培華『天門会研究』[22]が出された。そこでは従来の文献史料にもとづいた研究では解らなかった点も記され、特に三谷氏や筆者の関心（本書第二章参照）が集中していた二〇年代から三〇年代初めの林県天門会の外に、三〇年代から四〇年にかけての浚県天門会の存在を明らかにされている点に特色がある。

本書の原稿の脱稿直前、路遙『山東民間秘密教門』[23]を手に入れた。本書は従来あまり注目されなかった、山東省において清代から中華民国期に出現した「民間の秘密教門（宗教的色彩を持った秘密結社）」の一柱香、八卦教、離卦教、聖賢道、九宮道、皈一道、一貫道、一心天道龍華聖教会、紅槍会についての包括的な研究である。

欧米の研究では、ペリー『華北における反逆者と革命家、一八四五―一八四五』[24]が、地域を淮北にとり、一九世紀の捻軍と二〇世紀二〇年代の紅槍会、二〇年代から四〇年代の共産党の運動を比較している。そしてスコットとポプキンのモラルエコノミーに関する論争を踏まえて、捻軍の生存のため食糧や財物を掠奪する攻撃的戦略を指摘し、一方紅槍会の生存のための自衛的戦略を強調している。特に地域を淮北に固定し、紅槍会と共産党の関係を述べている所は本書の問題意識と重なる。

また最近発表されたオゥー『大衆動員―河南における革命の樹立』[25]は、一九二五年の五・三〇運動から一九四九年までの河南省を対象にして、社会各階層を中共がいかに動員したかを分析し、抗日戦争期と比較して二〇年代にふれ、中共による紅槍会の動員について述べている。

韓国では、最近発表された孫承会『河南国民革命（一九二五－一九二七）と「槍会」運動に関する一考察[26]』が、河南における国民革命と紅槍会の関係を最近使用可能になった新しい史料も使って分析している。

以上研究の対象は一部を除いて河南省の紅槍会が中心である。本書では山東省の紅槍会を正面からとりあげる。山東省は河南省についで紅槍会が盛んであり、義和団の発生地であるからである（紅槍会は義和団の影響下に発生した）。

註

（1）田中忠夫『革命支那農村の実証的研究』衆人社?、一九三〇年。
（2）小沢茂一『支那の動乱と山東農村』満鉄調査課、一九三〇年。
（3）長野朗『支那兵・土匪・紅槍会』（『現代支那全集』第四巻、坂上書院、一九三八年）。
（4）末光高義『支那の秘密結社と慈善結社』満州評論社、一九三二年。
（5）酒井忠夫「現代中国に於ける秘密結社（幇会）」（『近代中国研究』好学社、一九四八年）。
（6）山本秀夫「農民運動から農民戦争へ」（『中国の農村革命』東洋経済新報社、一九七五年、同論文は最初一九六九年に発表された）。
（7）三谷孝「国民革命時期の北方農民運動－河南紅槍会の動向を中心に－」（『中国国民革命史の研究』、青木書店、一九七四年）。
（8）馬場毅「紅槍会運動序説」（『中国民衆反乱の世界』汲古書院、一九七四年）。
（9）三谷孝「伝統的農民闘争の新展開」（『講座中国近現代史』五、東京大学出版会、一九七八年）。

（10）三谷孝「紅槍会と郷村結合」（『シリーズ世界史への問い　四　社会的結合』岩波書店、一九八九年年）。
（11）三谷孝「天門会再考－現代中国民間結社の一考察－」（『一橋大学研究年報　社会学研究』三四、一九九五年）。
（12）三谷孝「国民革命期における中国共産党と紅槍会」（『一橋論叢』第六九巻第五号、一九七三年）。
（13）家近亮子「『華北型』農民運動の一考察－紅槍会と国民革命－」（慶応義塾大学法学研究科『論文集』、一九八一年）。
（14）福本勝清『中国革命を駆け抜けたアウトローたち－土匪と流氓の世界』中公新書、一九九八年。
（15）孫江『近代中国の革命と秘密結社（一八九五－一九五五）』一九九九年、東京大学博士論文。
（16）三谷孝「南京政権と『迷信打破運動』（一九二八－一九二九）」（『歴史学研究』四五五号、一九七八年）。
（17）三谷孝「江北民衆暴動（一九二九年）について」（『一橋論叢』第八三巻第五号、一九八〇年）。
（18）三谷孝「大刀会と国民党改組派－一九二九年の溧陽暴動をめぐって－」（『中国史における社会と民衆－増淵龍夫先生退官記念論集－』汲古書院、一九八三年）。
（19）三谷孝「抗日戦争中的紅槍会」（『中外学者論抗日根拠地－南開大学第二届中国抗日根拠地史国際学術討論会論文集－』檔案出版社、一九九三年）。
（20）戴玄之『紅槍会（一九一六－一九四九）』食貨出版社、一九七三年（後に『中国秘密宗教与秘密社会』上、下冊、台湾商務印書館、一九九〇年、に所収）。
（21）申仲銘『民国会門武装』中華書局、一九八四年。
（22）喬培華『天門会研究』河南人民出版社、一九九三年。
（23）路遙『山東民間秘密教門』当代中国出版社、二〇〇〇年。
（24）Elizabeth J.Perry, *Rebels and Revolutionaries in North China, 1845-1945*, Stanford University Press, 1980.
（25）Odoric Y.K.Wou, *Mobilizing the Masses: Building Revolution in Henan*, Stanford University Press, 1994.
（26）孫承会『河南国民革命（一九二五－一九二七）과「槍会」運動에関한一考察』ソウル大学校文学碩士論文、一九九六年。

第一章　山東省の各地域－地理的・経済的・社会的特徴

はじめに

本章では、先行研究に依拠しながら一九二〇年代の山東各地の農業・農民を中心にした地理的、経済的、社会的特徴について述べたい。

なお本章で使用している山東省の各地域、およびその範囲は以下の通りである。

一、膠東

山東半島を中心とした民国膠東道の地域。治は福山県の煙台に置かれ、福山、蓬萊、黄、棲霞、招遠、萊陽、牟平、文登、栄成、海陽、掖、平度、濰、昌邑、膠、高密、即墨、益都、臨淄、広饒、寿光、昌楽、臨朐、安邱、諸城、日照を管轄。

二、北部

津浦鉄路以東（津浦鉄路を含む）、膠済鉄路以北（膠済鉄路を含む）の地域。

三、南部

膠済鉄路より南（膠済鉄路を含まない）、津浦鉄路以東（津浦鉄路を含む）の地域。

四、西北部
津浦鉄路より西（津浦鉄路を含まない）黄河より北の地域。
五、西南部
津浦鉄路より西（津浦鉄路を含まない）黄河より南の地域。

まず山東省における農民の階級構成について述べると、言うまでもなく、所有の面では自作農地帯であるということである。地主制は華中、華南ほど発達していないが、地主も存在し、また雇農を雇う富農がいる。そして地主は小作人である佃戸に自らの土地を経営させる租佃地主と、例外もあるがその多くが雇農を雇い、佃戸にも土地を経営させる経営地主に分けられる。ただ内山雅生氏も指摘しているように、実態的に経営地主と富農を区別することは難しかった。(1) さらに自作農は中農と貧農に分けられるが、特に零細な自作農が貧農であるが、彼らは雇農（特に短工）となり、また都市、開港場、東北への出稼ぎ労働を行い(2)、流動性にも富んでいる。さらに一部が離農化して土匪化していった。

紅槍会の階級基盤は、一部に土匪（ルンプロ層）が混じることがあるにしてもこのような中・貧農である広範な自作農である。(3) また当時の史料によれば、その指導権を地主や郷紳が握っているものが多いことである。(4) このような自作農は、一面では外部から村落を襲ってくる土匪から防衛しなければならなかった。他面では自作農であるが故に、一九二〇年代には軍閥政権から土地所有者にかかる田賦を中心にした「苛捐雑税」の対象となってもいた。そのことが農民諸階級が参加し村落を連合して土匪からの防衛、および軍閥政権に対して「抗税抗捐」を行う紅槍会運動の発展の要因となった。

次に農業技術的には、山東省は普通二年三毛作の輪作地帯に属し、農業カレンダーを記せば小麦（九月～五・六月）－

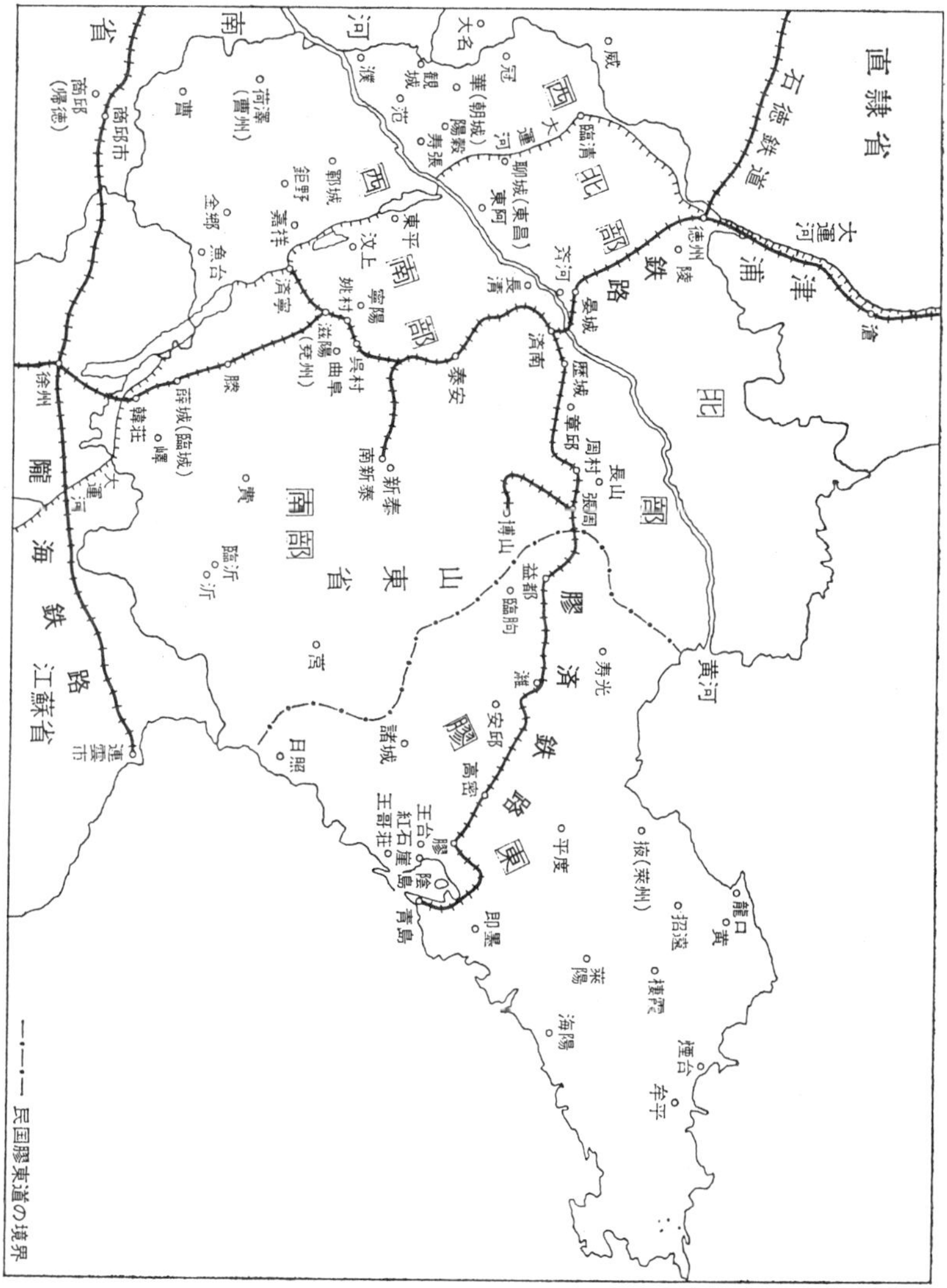
直隷省
石徳鉄道
津浦鉄路
大運河
黄河
山東省
膠済鉄路
隴海鉄路
江蘇省
済南
青島
徳州
泰安
臨清
聊城（東昌）
曲阜
滋陽（兗州）
新泰
博山
張店
周村
章邱
益都
濰
高密
膠
即墨
平度
掖（萊州）
龍口
煙台
牟平
海陽
萊陽
招遠
棲霞
日照
諸城
莒
臨沂
沂
費
滕
薛城（臨城）
嶧
韓荘
徐州
運河
商邱市
商邱（帰徳）
曹
菏沢（曹州）
鄆城
鉅野
嘉祥
金郷
魚台
済寧
汶上
東平
寧陽
姚村
呉村
長清
斉河
晏城
禹城
陵
歴城
長山
寿光
臨朐
安邱
王台
紅石崖
王哥荘
陰島
滄
大名
冠
観城
范
濮
寿張
陽穀
東阿
民国膠東道の境界

大豆または夏とうもろこしまたは夏甘藷（五月〜八・九月）―休田（九月〜三月）―高粱または粟または春とうもろこし（四月〜七・八月）となる。[5] さらに熊代幸雄氏によれば中耕が手作業で行われる手耨耕農法で、飼料作物が排除され穀物が連作される亜輪栽・連穀式農法が行われるという。[6]

代表的商品作物である綿花は、華北ではその栽培期間が小麦作と抵触したため、二年三毛作の要である小麦が駆逐され、年一毛作、綿花単連作が普及したといわれる。[7] したがって農民は食糧の自給が出来ず綿花を市場で売って雑穀等の食糧を購買しており、ひとたび黄河等の氾濫による水害、あるいは干害が起きると（実際には連年のごとく起きた）、農民とりわけ貧農はたちまち飢餓に陥ることにもなった。

この時期における特色として、米綿の栽培増加があげられる。一九一八年、北京政府の農商部は米綿のトライス綿、キングスインプルーブド綿の種子を山東省に配布し、さらに一九二二、二三、二四年には山東実業庁が米綿の種子を配布し、その結果米綿の作付け地が拡大していった。その間、一九一八年内外綿株式会社の青島工場開設をはじめとして、日本資本の在華紡工場が青島に設置されると、日本の綿花商も米綿の普及を試み、一九一八年から山東実業株式会社、一九二〇年から東洋拓殖株式会社、その後にそこから分離した隆和公司が、張店付近においてキングスインプルーブド綿の種子を配布し、米綿の普及拡大を行った。[8]

その他に商品作物としての落花生は、山東省全般で産出するが特に運河地方および津浦鉄路沿線が最も著名であった。落花生の栽培は、一九〇八年、ドイツ商人が青島から輸出するとその貿易量が拡大し、農民も小麦、大豆にかえて落花生を栽培し、さらに砂地や山地の痩せ地にも栽培し、生産量が拡大した。[9]

農家副業としての麦桿真田は膠東の掖県、平度、昌邑、濰県、諸城等が主産地にして、清末より発達してきたが、海外にも輸出され民国初年頃から一九二四、二五年頃までがその最盛期だったが、一九三〇年代には衰退してしまった。[10]

また山東省は重要な塩産地であり、塩については紅槍会の蜂起とも直接関係するので少し詳しく述べたい。塩には海塩と土塩があるが、海塩が中心であり、辛亥革命後の一九一二年には膠東および北部の各県にあわせて塩場六箇所があった。その他にドイツが一八九七年に膠州湾租借以後、膠澳塩場を発展させ、民間人を登録させて曬塩（海水を蒸発させて作る塩）の納税をさせ、陰島に巡捕局を設けて塩務を管理させた。第一次大戦が始まると、日本が膠州湾を占領し膠澳塩場の経営を引き継いだ。そして青島に日本資本の塩業会社が設立され、塩田は九万余畝に増加し、当時、山東省の塩の五〇％以上を産出した。その後一九二二年に中国が膠州湾を回収すると、膠澳塩場と塩業会社を三〇〇万銀元を払って中国側に回収した。翌年北京政府は、これを青島永裕塩業公司に転売し、この公司が膠澳塩場の経営をすることになり、後に日本に塩を輸出するようになった。[11]

塩税の面では、一九一三年、袁世凱が五国銀行団に対して善後大借款をするのに対し、塩税を担保としたため、帝国主義国が塩政に関与することになり、北京政府は帝国主義国に塩政改革をする事を迫られ、一九一三年に、正税として、山東省の岸商専売制の所では、司馬秤一〇〇斤（市斤一二七斤七両＝約六四キログラム）あたり、一、二五元として、その他の種種雑多な名目の塩税を廃止した。その後一九一五年には、二倍に増加し、二、五元になった（この徴収は、岸（引）商が塩を塩場から購入し、塩場指定地域から離れるに際し行った。これを場税という）。一方、民運民銷制の膠東の一八県は、一九一三年に司馬秤一〇〇斤あたり、〇、六元と定められ、翌年には司馬秤一〇〇斤あたり、〇、七元に増加した。[12]しかしこの地区では、従来塩田に若干の税をかけ塩には税をかけていなかったため、民衆の反発を受け、一九一六年には、膠東の萊陽、海陽両県、金口、王家灘の塩場の周囲で、数万人の民衆が参加し、塩局を焼き、塩場を強奪し、塩警を殺す暴動が起きた。そのため当局は譲歩して、一九二一年九月、食塩は〇、四元、魚塩は〇、二元に減税して徴収した。[13] これらは正税であるが、地方軍閥は、それに付加税を課したため、塩税はさらに重くなった。そのため張宗昌の統治下で膠東の膠県を中心にした地域では、一九二七年初頭以来、大刀会が塩税の重いのに反発してたびたび塩局・塩務稽核分所を襲うという暴動を起こしている（第三章参照）。張宗昌はその他に、岸商専売制の商人に塩引を渡す時に、毎引一元を徴収するなどの付加税を課した。そのためこれらの負担は最終的には、消費者に転嫁され、岸商専売制の地域では、民国初年（一九一二年）、一斤（約六四〇グラム）あたり〇、〇八元だったものが、張宗昌時代、二、一五倍に上昇して〇、一七二元となった。[14]

塩税徴収機構については、前述したように一九一三年、袁世凱が五国銀行団に対して善後大借款をした時、塩税を担保としたため、帝国主義国が塩政に関与することになり、北京政府は財政部塩務署内に塩務稽核総所を置き、全国の塩税を監督し、中国人の総弁一人と、外国人の会弁一人が主管した。山東省にも塩務稽核分所が置かれた。総理は中国人の官員、協理は外国人がなり、塩税徴収機構にも外国人が参加し、塩政が帝国主義国の支配下に置かれることになった。[15]

土塩は、西南部が中心であるが、アルカリ性の強い土壌ならどこでも産出する。これらの土地はアルカリ性故に作物の栽培にあまり適さず、そのため農民は土塩を密造しそれを販売し、生活の補助としている。このように土塩は、海塩が官塩ならば私塩であり、かつ脱税をし、官塩が正・雑の付加税により価格が高くなると、その市場も奪っていく。そのため官側の税警がそれを取り締まろうとして、時として農民（塩民）と紛糾を起こすことがある。[16] 山東省でも、一九二八年四月、北部の高唐県で、農民の生産した土塩から塩税を徴収しようとした塩務警察と官店の塩の見回りが、紅槍会を改造した紅団（中共に指導されていた）に殺されるという事件が起きている（第四章参照）。

塩の運送販売面では、前述したように民運民銷制と岸商専売制に分かれていた。民運民銷制は、膠県、即墨など膠東の一八県（後に莒県、日照二県を加える）で行われた。ここは産塩区であり、岸商専売制の所より塩の価格を安くし、かつ前述したように塩税も安くして民衆の便を図った。そして鼎裕、鼎利、協和公司などの民間企業に運送販売させ、魯（山東）塩の専売を行った。[17]

岸商専売制は清代の制度を引き継いだもので、清朝崩壊とともに法的な裏付けを失ったが、制度自体は維持された。これは政府に金を納めて塩引を受領した商人が、塩場で塩を受け取り、指定された地区に独占的に運び販売するものだが、この指定された地区を岸・引岸・行塩地などといった。[18] これは歴城、長清などの八七県で行われた。指定された地区のうち歴城、長清などの八三県では魯塩の専売地域であるが、臨沂、沂水などの六県は、魯塩と淮塩の専売地域であり、その他に河南省の一〇県、江蘇省の五県、安徽省の二県も魯塩の専売地域であった。[19]

一　膠　東

この地域の地理的特色は、山東半島を中心にした丘陵地帯であることである。その中で嶗山が比較的高い山として有名である。ただし膠済鉄路沿いの濰県等は平原地帯である。

農民の階級では、この地域も自作農地帯であるが、例外的に、この地域の山東半島の黄県、嶧県、諸城、および膠済鉄路沿いの濰県には多くの大地主がいる。以前からの漁業と製塩に由来する商業の発展による商業資本と高利貸し制度の活動により、このような大地主への土地集中がもたらされたという。[20]

この時期、この地域に普及した商品作物としてアメリカ種葉煙草生産があげられる。産地として濰県、昌邑をはじめ、東は安邱、西は益都等この地域のあちこちで生産されている。[21] アメリカ種煙草は、二年三毛作体系の夏作の大豆に置換され、従来の輪作体系の中に入りやすかったとされている。[22] 葉煙草栽培の経済的段階規定としては、貧農経営が一方で労働力を販売しながら、他方で有利な商品作物である葉煙草栽培に単一化しており、これは一般的に貧窮型経営・飢餓販売的商業的農業というよりも、むしろその現象の奥で進行している小経営を維持したままでの農民の労働者への接近、資本の下への包摂のより一歩の前進、つまるところ中国におけるブルジョア的発展の下層経営におけるあらわれであるという吉田浤一氏の見解[23]と、葉煙草生産農民は、ストレートに富農－雇農というブルジョア的分解に包摂されることなく、組織化されない「換工」による労働力交換を利用して、自己の小経営の維持を計りえた側面を持っており、直ちに吉田見解のように「小経営を維持したままでの農業における資本主義的進化」の道を見い出すことはできず、農民の相対的窮乏化の進行をともないながら、商業・高利貸資本を媒介とした欧米産業資本主義の農村支配という現実の中で、依然として貧窮型経営・飢餓販売的商業的農業を断ち切れないまま、小経営維持のための「安定」的農業経営を求めていたと考えることができようという内山雅生氏の見解が対立している。[24] 私は葉煙草栽培農家の経済的発展段階について述べる余裕は無いが、葉煙草栽培農家が欧米にしろ中国にしろ産業資本により包摂され、資本主義の経済変動の影響を受けやすくなったことは言えると思われる。

農家副業として濰県の新土布生産は、在華紡および中国資本の青島で生産される機械製綿糸を利用して行われた。それが隆盛であった時期の一九二六年から一九二七年にかけて、全県で足踏み式の織機が一万台以上あり、一台ごとに二人の労働者が働いていたという。[25] 三〇年代の調査によれば、個々の農家は織機一、二台所有し農村家内工業段階であるが、濰県城の染織工場はマニュファクチュア段階で、これらの染色工場および濰県周辺の飲馬、石埠の一部布荘が、農家に対して問屋制前貸し制度を行っていたという。[26]

二　北　部

この地域は華北大平原の一部から成り立っている。特に黄河の三角州地帯になっている。山東省を流れる黄河は、上流から流れる土砂のため天井川になっていて、そのためこの地域と、西北部はしばしば洪水に見舞われる。

この地域は西北部と同様に、綿花栽培が盛んであり、前述したようにこの時期トライス綿、キングスインプルーブド綿等の米綿が普及していった。日本も張店付近を中心にして米綿の普及につとめた。この地域は大部分は自作農で中・貧農が多く、大地主と小作人はあまり多くなかったものと思われる。(27)

三　南　部

この地域は山岳地帯と丘陵地帯から成り立っている。特にこの地区の北部の泰山、徂徠山、沂山と魯山、中部の蒙山、南部の抱犢崮山地が代表的な山々である。この地区の南部は大土匪の巣窟であり、代表的な例として抱犢崮山地を拠点とした孫美遙、費県を拠点とした劉黒七が挙げられ、その他に多くの土匪が出現する。

この地域の北部である博山・莱蕪・泰安・益都等では、大地主は比較的少数であり、富農と中農が多い。南部である臨沂・滕県・沂水・鄒県・蒙陰・費県等では、五〇〇畝以上の大地主は普通であり、土地の集中度は高く、不在地主化している。(28)南部はこのように土地の集中度が高いことが、貧農層の離農化現象が多く生じ、結果として大土匪集団が生まれてくるのではないかと思われる。

この地域の東側の沂水等は、かつて義和団の前身の一つである大刀会が活動した地域である。このことは、義和団の再来といわれる紅槍会が山東省で組織を拡大していく時の基盤となったものと思われる。

四　西北部

この地域は華北大平原に属している。ただ黄河沿いの地域では、しばしば洪水に見舞われる。この地域はアルカリ土壌で農業生産力はあまり高くなく、綿作が普及し、御河綿といわれる山東綿花の主産地である。(29) 農民は綿花を売って食糧たる雑穀を買い入れていた。大地主と小作人は多くなく、大部分の農民は自作農といわれ、中・貧農が多かったものと思われる。多くの貧農は食料を自給しえず、窮迫販売的性格を帯びて綿花を販売し食糧を手に入れたり、九・一八事変以前は多くの青年の東三省への出稼ぎによる賃労働の収入を加えて、自己の家計と経営の再生産を維持していた。土匪も出現し、(30) それ故離農化していく農民も多かったものと思われる。

この地域の直隷（河北）省境に近い冠県等、および直隷省威県は、義和団の前身の一つである梅花拳が活動した地域である。またこの地域の平原県、茌平県は義和団の前身の一つである神拳の指導者朱紅灯が主として活動した場所である。

五　西南部

この地域も華北大平原に属している。黄河南岸の東平、寧陽等では西北部と異なり、粟、とうもろこし、甘薯、果物、豆等を多く産していた。[31] また西南部の曹県、単県では綿花栽培が普及していた。[32]

なお梁山があり、小説『水滸伝』の舞台になっており、この小説（あるいはそれを演劇化したもの）の農民運動への思想的・心理的影響という点で見逃せない。また多くの湖がある。さらに江蘇省、河南省に近い南部の曹県、単県は義和団の前身の一つである大刀会の活動した地域でもある。

註

（1）（内山雅生『中国華北農村経済研究序説』金沢大学経済学部研究叢書四、一九九〇年、七〇－七三頁、七四頁）。

（2）右に同じ、七五頁。

（3）陳独秀は紅槍会の階級基盤に関連して以下のように述べている。「彼ら（紅槍会）の中には少数の土匪が混ざっているかもしれないが、大部分は農民であり、かつ多くは小土地を持った農民である。」（陳独秀「紅鎗会与中国的農民暴動」《『嚮導週報』一五八期、一九二六年六月》）

（4）河南省の例であるが、中共河南省委員会は一九二七年九月の「槍会問題についての決議」の中で、「槍会の組織は、広範な中貧農大衆を含んでいるけれども、天門会を除くほか、彼らの指導権の大部分は郷紳の手中におちている」（『中央通信』第六期　一九二七年九月所収）と述べ、また一九二七年十一月、中共山東省委書記鄧恩銘は党中央にあてた報告の中で「紅槍会の指導権は大体、郷村中の地主豪神に属している」「大刀会のすべてが豪神の指導下にあるわけではないが、少数の紅旗大刀会は豪神の指導下にある」と述べて、郷紳、地主の指導権掌握を述べている（恩銘「山東省委書記鄧恩銘向中央的報告」（山東省檔案館・山東社会科学院歴史研究所合編『山東革命歴史檔案資料選編』第一輯、山東人民出版社、一九八一年）。

（5）天野元之助『中国農業の地域的展開』龍溪書舎、一九七九年、一八四－一八五頁。

（6）田島俊雄『中国農業の構造と変動』御茶の水書房、一九九六年、一一六頁。

（7）吉田浤一「二十世紀前半中国の山東省における葉煙草栽培について」（『静岡大学教育学部研究報告（人文・社会科学篇）』

第二八号）二八頁。
（8）水野薫・浜正雄『山東の綿作』満鉄天津事務所調査課、一九三六年、一頁、四～五頁。
（9）天野元之助『山東省経済調査資料　第三輯　山東農業経済論』南満州鉄道株式会社、一九三六年、七七頁、一二〇頁。
（10）右に同じ、二二八－二二九頁。
（11）安作璋編『山東通史　現代巻』下冊、山東人民出版社、五七三－五七四頁、当時の膠澳塩場における日本資本の会社については、青島民政署『膠州湾塩業概観』一九二一年を参照。中国塩業総公司編『中国塩業史　地方編』人民出版社、四四三～四四四頁。
（12）前掲『中国塩業史　地方編』、四四四頁、『山東通史　現代巻』下冊、五七三頁、ただしこの部分は『中国塩業史　地方編』による。天野元之助『支那農業経済論』中、改造社、一九四二年、一六〇頁。
（13）前掲『中国塩業史　地方編』四四四頁、住吉信吾・加藤哲太郎『中華塩業事情』龍宿山房、一九四一年、二一九－二二〇頁。
（14）前掲『山東通史　現代巻』下冊、五七五頁。
（15）右に同じ、五七六頁。
（16）前掲『支那農業経済論』中、一六五－一七〇頁、前掲『山東通史　現代巻』下冊、五七三頁。
（17）前掲『山東通史　現代巻』下冊、五七四頁、前掲『中国塩業史　地方編』四四三頁。
（18）佐伯富『清代塩政の研究』東洋史研究会、一九六二年、八三頁。
（19）前掲『山東通史　現代巻』下冊、五七四頁。
（20）李作周「山東濰県的大地主」（『中国農村』第一巻第八期、一九三五年）。
（21）深尾葉子「山東葉煙草栽培地域と『英米トラスト』の経営戦略－一九一〇～三〇年代中国における商品作物生産の一形態－」（『社会経済史学』第五六巻第五号、一九九一年）三七－三八頁。
（22）前掲「二十世紀前半中国の山東省における葉煙草栽培について」二八頁。

（23）　右に同じ、三一頁。
（24）　前掲『中国華北農村経済研究序説』九五頁、一〇二頁。
（25）　龍厂「山東濰県之農村副業」（『天津益世報』農村副刊、一九三四年五月一二日）。
（26）　前掲『山東省経済調査資料　第三輯　山東農業経済論』二一七―二一八頁。
（27）　一九二二年の霑化県の調査によれば、全体で一二二三戸の農家のうち、無土地の農家（小作農か、雇農と思われる）が一五八戸（一二・九％）、残りの土地所有の農家のうち、一〇畝以下の零細な土地所有者（貧農にあたると思われる）が六八三戸（五五・八％）、一一畝―二五畝（貧農と中農が含まれていると思われる）が三二三戸（二六・四％）、二六畝―五〇畝（中農にあたると思われる）が五五戸（四・五％）、五一畝―一〇〇畝（富農か地主にあたると思われる）が三戸（〇・二％）、三五〇畝（富農か地主にあたると思われる）が一戸（〇・一％）を占めている。（前掲『山東省経済調査資料　第三輯　山東農業経済論』一七二―一七三頁）。仮に五〇畝以上に地主がいたとしてもとても大地主と言えず、かつ霑化県では、小作地は全耕地のわずか〇・四％であった（右に同じ、一七八頁）。
（28）　Wang Yu-Chuan（王毓銓）. The Organization of a Typical Guerrilla Area in South Shantung, Evans Carlson ed., *The Chinese Army*, Appendix, 1940. 邦訳『山東南部遊撃地区の組織』（東亜研究所、一九四一年、なお邦訳には誤訳および固有名詞の誤りが散見するので、適宜原文にあたって訳を行った。邦訳、五～六頁。
（29）　水野薫・浜正雄『山東の綿作』満鉄天津事務所調査課、一九三六年、二頁。
（30）　姜克夫「抗日根拠地魯西北区」、（興亜院政務部『情報』第六七号、一九四二年八月）八〇―八一頁。なおこれは抄訳であるが、原書は一九三九年四月に生活書店から出版された。原書未見。
（31）　右に同じ。
（32）　前掲『山東の綿作』二頁。

第二章　紅槍会の思想と組織

はじめに

本章の課題は、農民の常民的生活にもっとも触れあい、日常的生活と非日常的生活の変転が行われ、両者のせめぎあいの行われる紅槍会の日常的な組織活動や思想についての意味について検討することである。日常的には、小農民として生産者であり、生活者である華北の農民が、日常生活の地域社会の中で、他人と関係を持ちながら、どのような日常的な共同意識を持っていたのか。また紅槍会に入会することによって日常生活とは異質の世界である農民蜂起の世界に入っていくのであるが、その場合に紅槍会の神々、入会の儀式、規約、組織が、そのどこに農民の日常生活やその意識と接点を持ち、かつ農民の闘争を支える役割を果たしたのか。また一回性の蜂起の世界で農民がどのような目的と意識を持って闘ったかについて、主に農民の意識の問題を中心にして述べたものである。

本章は自然発生的な伝統的農民運動の思想と組織について検討し、中共指導下の農民運動とは異質の紅槍会運動の意義と限界を明らかにし、よって中国革命を農民の側から考える作業の一助とすることを目的としている。なお個々の紅槍会の運動については第三章、別稿を参照されたい(1)。

一　農村生活を共にすることによって生まれる共同意識

ここでは、紅槍会のような村落を連合した組織が生まれてくる農村について、農民の日常的な村落生活の中で、農民の共同意識をもたらす場や集団について検討したい。

この点については、二宮宏之氏の論文に示唆を受けた(2)。

(1) 農業生産と村落自衛における協同活動

中国の農村、特に華北の農村では、協同活動はほとんど見られないといわれており、その中で特に農業生産の面における協同活動は少ないといわれるが(3)、そのうちで例外的なものとして、自作農同士の労働力互助組織としての変工、および農業労働者を集団的に雇う札工があげられる。また多くの村で農民の協同活動で作物を盗難や畜害から守るものとしての看青があげられる。そのやり方は農民が看青会、青苗会などの団体をつくり、その団体が人を傭うか、または農民が交代で作物を看視に出て、団体で規約をつくって損害を防ぐもの。また村政を行う自治機関が人を傭い、規約をつくって看青する方法もあった(4)(その他に協同活動で行われるわけではないが、団体をつくらずに、村民が個々に特定の見張人と交渉して、その見張人に看青させているもの。村民がそれぞれに自分の作物だけを見張るものもある(5))。

以上のように変工、札工および看青が、特に華北の農村における協同活動としてあげられるが、ここではこれらの協同活動に参加することにより農民の協同意識をはぐくむ面を指摘しておきたい。

次に紅槍会とも機能的に重複するものであるが、村落自衛を目的とし各村落を連合させたものとして連荘会がある。そもそも軍閥の軍隊や土匪などの外敵からの村落自衛という仕事自体が、村落全体のものであり、村落共同体的仕事であるが、連荘会はそれを各村落を連合させて行うことを目的としたものである。ただ農民達は、山東省の例で見られるように、連荘会が県長指導下の組織であり、かつ「貧富均しく金を寄付しなければならないので、一般の貧農が時々反対する」[6]こともあるが、連荘会に参加することで村落防衛の共同意識をもつことになる。農民の日常生活の中に、このように村落自衛の組織である連荘会への参加が組み込まれていることも指摘しておきたい。

(2) 宗教圏

福武直氏は、華中の例であるが、「小さい村廟を以て村落が第一次的宗教圏を形成する場合は多く見出される」と述べ、土地廟中心の第一次宗教圏を設定され、さらに数カ村を連合させた土地廟を祭る第二次宗教圏、さらに地方的に有名な寺廟の廟会を中心とした第三次宗教圏を設定されている。[7]ただし福武直氏は、土地廟の廟会である賽会などの祭事は「日常的なことではないのであるから諸村落を結集して宗教的な集団とするものではなく、宗教的な社会圏たるに止ると見なければならない」[8]とされているが、ともあれ農民の日常の農耕生活の中で、たとえ恒常的なものでないにしろこのような宗教圏が設定されうることは、紅槍会のような宗教的色彩の強い秘密結社の発展を考える上では重要なことである。さらにこれらの宗教圏が、経済的な交易圏である市場圏と関連をもち、往々にして両者が重なることを、中村哲夫氏は示唆している。[9]

(3) 市場圏

農民は、市場にて生産物の剰余の売却を行い現金を得るとともに、そこで物資を購入する。農民の再生産の上でも市場（市集）は必要不可欠のものである。

G・W・スキナー氏は（村市にあたる『小市場」を基礎にした上で）「標準市場」――「中間市場」――「中心市場」の三段階の市場構成を設定した[10]。中村哲夫氏はスキナー理論を漢文資料と照合した上で、それぞれ「穀物取引に関わる斗行のみの市」――「牲畜市を有する城外の市」――「県城内の市」の三段階を設定された[11]。

ところでG・W・スキナー氏は、標準市場圏内の標準市場社会において、市場町を中心とした村落群の農民達の間で、穀物を量る桝である「斗」、手織りの綿布を計るのに用いる「大尺」、かさばるものを量る「大枓」などの度量衡の共通や経済的取引が行われることの外に、市場町の茶店（茶館のことと思われる。原文は teahouse）で他村の農民との社交が行われ、また茶店（茶館）にいる仲人による標準市場圏内の嫁選びが行われるとともに、四川省では哥老会の支部が茶店（茶館）におかれ、彼らは標準市場を支配し、またその組織は標準市場社会の農村を単位にしていたと[12]、紅槍会のような秘密結社の組織について示唆的なことを述べている（ただし私は紅槍会が市場を支配している例を見いだしたことはない）。その上に宗教的な面でも、市場町の寺廟の祭神が支配している地上の領域は標準市場であったし、さらに標準市場が農民にとって組織された娯楽の場であったとする[13]。その娯楽の場であったということについて、以下のように興味深いことを述べている。

「標準市場ならびにより高位の市場は、講釈師・劇団・盲目の音曲師・香具師・拳闘家（原文はboxers）・奇術師・大道芸を演じる薬売り・手品師といった連中の演技場となった。こういう専門家は、村だけでなく普通は小市場にも見られない。市日の、このような娯楽を通じて農村生活の退屈から逃れるように、寺廟の年祭も村人に歓楽の時を与えた[14]。」

ここに述べられた人々は、市の立つ日ごとに標準市場あるいはより高位の市場に現われて、農村地帯を移動していった。特に劇団の演ずる芝居の主人公は、後述するように紅槍会の神々に転化したし、また拳闘家の原文 boxers は、義和団（拳）の意味もあるように、拳法を操り刀や棒をも使う武芸者達であり、農民達にとっては、父や祖父の時代の義和団（拳）の姿を眼の前に再現するものであった。

ここでは特に、農民達の間で、標準市場圏と市の立つ日を中心に、度量衡の統一が行われ、社交圏が設定され、宗教圏も設定され、農民の共同意識がもたらされるとともに、日常生活の中では意識されないにしても、標準市場あるいはより高位の市場は、蜂起の世界の組織者や神々等に、出会う場所であることを強調しておきたい。

二　蜂起の世界へ

一九二〇年代の連年の自然災害による農民の再生産への打撃と軍閥・土匪等の外敵の侵入により、農民は不安と絶望に陥っていた。そのような農民達が、苛捐雑税を課し、さらに村落に侵入してくる優秀な武器を持った軍閥の軍隊と戦う時に、刀槍不入の不死身となって列強の八カ国連合軍や清朝と戦った義和団の話は、彼らの一世代、あるいは二世代前の父や祖父の経験したものであり、すでに農民の共同意識となっていたものであり、不安に陥りながらも、さまざまな情報に鋭敏になっていた[15]彼らの心を高揚させていった。ところで義和団の話がどのように伝わっていたかについて、義和団の民話を故郷の河北省安次、武清県一帯で収集した張士杰氏の幼少の頃の体験について、蔚鋼氏は次のように述べている。「張士杰の父親は漢方の心得があり、解放前に村の薬屋で商売をしており、張士杰同志は常にそこで手伝いをした。人々は雨の日とか農閑期にはいつも薬屋に集まって四方山話をしたので、彼は多くの義和団の闘争の事跡と伝説を聞いた。[16]」

さらに、ここには出てこないが、標準市場の茶館でも義和団の話は語られ、語られる中でさらに話が脚色され、彼らの精神を高揚させ、義和団の再来と言われる紅槍会参加の話になっていったと思われる。

農民達が外部の世界の情報に極度に鋭敏になっていった時、多くの紅槍会の指導者の異兆を示す話、例えば河南省北部の林県を拠点とした天門会の開祖石工出身の韓根（韓欲明）は、夢の中で神仙（玉皇老爺）から「村外の石棍内に印があるから取ってこい」というお告げを聞いたので、夜明けになって村外に出て石をうつと、何と不思議なことにお告げ通りの霊宝の字のある印が出てきたので持ち帰り（これは後述するように、最近の喬培華氏の実地調査により、天門会の「保管」係となった路貞が、かつて家にあった「霊宝大法師」の印を用いて「天賜石印」策を韓にもちかけて賛同を得たとの事実が明らかにされた）、また夜間、神仙（玉皇老爺）から銃砲を避ける法を伝授され、天門会を開いたとか、[17]山東省南部に広まった黒槍会の創始者である盧延沙は、四〇歳の時に怪しい夢を見、それによると夢の中で、自分は子供となっており、他の二人と遊んでいると、全く見ず知らずの一老人が突然やって来て、天から下凡したと称し、袖の中から天書三巻を出して三人に分け与えて「書中に述べている所を謹しみ覚えて、槍や刀を恐れず、真龍天子が即位することを助けよ」と言い終えると見えなくなった。後にこの書が黒槍会の聖書となり、その後、盧が弾雨を冒して土匪と戦った時に、全然負傷しなかったので信徒がふえていったという。[18]これらの話は、緊張した農民達の心をゆさぶっていったと思われる。

そして一たび立ち上がって紅槍会に参加して土匪や軍閥の軍隊と戦い始めた農民達は、その手段を問うことなくこの世の中を一挙にくつがえそうという情熱にとらわれたものと思われる。そのような心情は、この時期の広東省や、国民革命軍の侵入により旧来の軍閥が打倒された後の湖南省の農民運動にも共通なものと思われる。

三　紅槍会の神々・儀式

（1）「降神付体」する神々

紅槍会の会員に「降神付体」する神々は、道教の神々や『封神演義』『三国演義』『西遊記』『七侠五義』等の小説の主人公であるが、一九四九年の中華人民共和国の成立時点で人口の八割が文盲だという中国の状況の中では、小説の直接の影響というよりは、迎神賽会および標準市場あるいはより高位の市場で市の立つ日に行われる芝居や村芝居を通じて農民に親しい神々であった。それらの神々は同時に各村で祭られている農耕に関係している神々であった。

紅槍会の本部は、その村の宗廟、仏堂に置かれ、その中に壇が設けられていた。そして呪文修行の対象になる崇拝する神々の名が、黄色の紙に書いて壇に祀ってあった。例をあげれば右上図のようなものであった。
斉天大聖
掌祺将
周公祖
玄天大帝
西天佑仏勅令万法教主玄天仁威上帝関場天尊全神之位
玉皇大帝
桃花仙
金剛将
火帝真君

『北京満鉄月報』（第四年第五号、一九二八年）四三頁、ほぼ同一内容が『支那の動乱と山東農村』一〇七頁にもあり。
玄天大帝は、玄天上帝ともいわれ道教の神であり、元始天尊の化身、太極の別体ともされるが、また玄武、すなわち真武ともいわれる。[19] 邪崇を鎮める神である。玉皇大帝は、道教の最高神であるが、雨乞いの神でもある。ところで周公祖と桃花仙であるが、玄天大帝、すなわち真武の神像の左右の両側には、往々にして金童と玉女が見られ、彼らは三界の善悪の功過を記録するが、民衆の間では彼らの俗名でそれぞれ周公と桃花女と呼ばれる。ただ周公と言っても有名な周公ではなく、洛陽の占い師であるという。[20] 金剛将は、仏教の寺院の前にいて守護している金剛力士であると思われる。斉天大聖（孫悟空）は「西遊記」の主人公であるが、邪崇を鎮める神でもある。火帝真君は炎帝を指すが、農民が虫害を祈念する神でもある。掌禖将については不明である。

河南省北部の紅槍会の例

玄天大帝

燃灯老爺	哼哈二将	金光老爺
孔聖老爺	関　天将	吊客老爺
	陶	広法天尊
玉皇大帝	紅髪老祖	天師老爺　之神位
四大天王	辛	呂祖老爺
	張　天将	
亀霊老爺	鄧	玄壇老爺

李瀛洲「目睹紅槍会之奇記（一）」（『順天時報』一九二六年一〇月二日）

一番上段は、前述した道教の神である玄天大帝であり、二段目の燃灯老爺は門神の燃灯道人のことと思われる。『封神演義』では周の武王を助ける神である。(21) 孔聖老爺は孔子のことと思われる。真ん中に道教の最高神である玉皇大帝がいる。四大天王は民間では四大金剛とも呼ばれ、仏教の増長天王、広目天王、多文天王、持国天王を指し、これらの神々は、風雨が調和がとれていることを司るとされる。これらの神々は『封神演義』にも登場する。(22) 亀霊老爺は不明である。二段目の哼哈二将は『封神演義』に登場する鄭倫と陳奇であり、鄭倫は鼻をかんで、陳奇は息を吐いて敵を倒すことができるという術が使え、仏教の山門を鎮守し、仏法を守っている神々である。(23) 関天将、陶天将、辛天将、張天将、鄧天将は、『封神演義』に出てくる関天君、陶天君、辛天君、張天君、鄧天君のことと思われるが、雷神であると同時に、玉帝のために天門を守護している。また『西遊記』にも登場する。(24) 紅髪老祖は不明である。三段目の金光老爺は金光聖母のことと思われるが、雷神に属する稲妻の神であり、『封神演義』に登場する。(25) 吊客老爺は吊死客死した遊魂であり、餓鬼としてまつられその祟りをおそれられている。(26) 広法天尊は『封神演義』の中では文殊広法天尊として登場する。天師老爺は後漢末の五斗米道の創始者であり、道教の創始者でもある張陵（道陵）であり、民衆に崇拝され仙人とされた。[27]呂祖老爺は八仙人の一人呂洞賓であり、黄巣の乱を避け終南山に隠れ仙術を学んだ。その神籤薬剤処方を信仰されている。[28]玄壇老爺は趙公明のことであり、道教の神であると同時に、疫病神であり、武財神でもある。財神としては「正一玄壇元帥」の神名を持っている。『封神演義』の中では、峨眉山の仙人であり、殷の紂王を助けて周と戦い滅びたが、正一龍虎玄壇真君に封ぜられ、その下に招宝天尊、納珍天尊、招財使者、利市仙官を統轄した。そのことが財神となるいわれだという。[29]

（2）入会の儀式

紅槍会の入会の儀式は、村落において一〇余人位入る建物とか、宗廟や仏堂で行われ、そこに壇が設けられることによって、その村落に下部組織が置かれたことになり、そこに新入会員が入会することになるが、この儀式は往々にして夜に行われる。これは農耕に忙しい昼を避けるとともに、清代白連教が「夜聚暁散」といわれ、清朝の弾圧を逃れるために夜集まっていた伝統をひき、軍閥の軍隊の弾圧を防ぐことも目的としたものと思われる。

入会者は会員の紹介を必要とし、入会の日は沐浴をし体を清め、かつ女性と交わることは禁止された。儀式のやり方はまず入会者は裸で壇の前に出て、神を拝みその後老師を拝み、百回叩首する。その後誓詞を述べる。[30]誓詞の例として、河南省のある紅槍会の場合「信士弟子某某は、今、法を学ぶことを願う。誠心にて仏を奉じ、外部の人に伝えない。仏を誇らない。もし虚言することが有れば五雷が身を劈く。口頭では証拠にならないので十字を描いて証拠とする」と述べる（「紅槍実習記」[31]、以下の儀式については、この「紅槍実習記」による。その場合は一々註記しない）。護符や呪文は、老師が一人に伝え、一度に二人以上に伝えなかった。これを「六耳不伝」と呼び、秘密を重んじた。

以上のような紅槍会の誓詞、および呪文・護符の文句、刀槍不入の訓練などは、両親や妻といえども秘密をもらしてはならなかった。

さて次に神を請う法（請神法）を行う。これは師が線香一たばを燃やし、入会者に線香半分を渡す。師は線香を插み仏に対して一揖（両手を前でこまねいて上下に動かす礼）をし、息を吸い込む。吸う時に声を出し、右足で足を踏み音を出す。入会者もそれをまねる。一揖ごとにこのようにする。その後室内で一揖して、外の空き地に出る。そして真北に向かい、頭を下げ線香を頭まであげ、声を出さずに呪文を唱える。

「弟子某某謹請玉皇老爺出宮離位下天堂聞香。又請金童玉女出宮離位下天堂聞香」

その後、線香を持って一揖し地面に跪いて叩首の礼を行う。その後、東南、西南に向かって同じように行う。その呪文は
「弟子某某謹請観音老母出宮離位下仙山聞香。又請金童玉女出宮離位下仙山聞香」

最後に西南に向かっての呪文は
「弟子某某謹請祖師老爺出宮離位下金頂山聞香。又請周公祖、桃花仙、掌旗将、金剛将、黒虎、霊官、亀、蛇二将、衆位神聖一斉下金頂山聞香」

その後、線香を持って仏堂に帰る。入口を通る時、香を持ち声を出さずに唱える。

「弟子某某有請衆位神聖一斉進宮聞香」

そして線香を持って一揖し、仏堂に入り香をあげて呪文を唱える。

「弟子某某有請衆位神聖一斉進宮案座赴位聞香」

炉内に香を插んで神を請う法を終える。

すなわち真北に向かって道教の最高神である玉皇と、玉皇のそばにいる金童と玉女に天堂から下りてくることを請

い、東南、西南に向かっては仏教の観音と、観音のそばにいる金童と玉女に仙山を下りてくることを請い、最後に西南に向かって祖師（これは老子のことと思われる）[32]、および周公、桃花ならびに仏教の寺院を守護している金剛力士、黒虎（『封神演義』の中で、南岳すなわち湖南省の衡山の神とされる崇黒虎と思われる。南岳は道教では世界と魚や甲殻類の水棲動物を司るとされる）[33]、霊官（王霊官のことと思われる。王霊官は『西遊記』では雷神とされているが、民衆の間では天上と人間の糾察の神とされ、玉皇を守護し、道観の門神となっている）[34]、亀将、蛇将（もとは六天魔王であり、それぞれ坎離二気の変身したものであったが、真武と戦いその神力によって足下に踏みつけられて、真武の武将となった）[35]が金頂山を下りてくることを請い、最後にこれらの多くの神々が仏堂に入って壇に位置することを請う。

次に老師が口で呪文を唱えながら、右手を口にあて壇の前で跪いている入会者の体に、息を吹きつける装身の法を行う。これは「降神付体」の準備と言われている。[36]「降神付体」とは前述の神々が体について超能力者となることである。

その次に護符を飲む（護符を飲むのは坎門紅槍会の場合）。さらに做工夫をする。入会者は跪いて合掌して胸にあて、声に出さずに呪文を唱える。まず護身の呪文を唱える。

「天護身、地護身、前護身、後護身、左護身、右護身。観音老母護前身、黎山老母護後身、祖師老爺護身、緊護身五雷剛」

この呪文では観音が前身を護り、伝説上の女の仙人である黎山老母（驪山老母、驪山姥ともいわれる）[37]が後身を護り、さらに老子が身を護るとされている。五雷というのは道教の呪法をいう。

さらに当砲法の呪文を唱える。

「無量仏、我請聖天老爺護我身。五雷剛、我請祖師老爺当洋槍。青龍祭起五杆神、砲打在身旁、自落自吊、清泉水焚符三道、用在腸内軒衣当砲、急急如律令」

この呪文の中で、無量仏は無量寿仏のことと思われるが、そうだとすれば別名阿弥陀仏[38]に呼びかけ、聖天老爺すなわち孫悟空に身を護ることを請い、その他に老子および道教の神々を守護し道観の山門の門神として祭られている青龍[39]に身を護ることを請うている。五雷は道教の呪法であるが、最後の急急如律令の語は道教の符咒用語であり、これについては神を招き鬼をとらえる符咒の最後に用いられ法律や命令と同様に急いで執行するという意味と、律令というのは雷部の諸神を指しており、これらの神々のように迅速であることを意味するという二つの説があるという[40]。このように紅槍会の呪文には道教の影響が強い。

声を出さずに呪文を唱えるたびに、手をあげて一輯し息を吸い込む。その後叩頭して立つ。さらに跪いて一回叩頭する。これを送神といい、これによって入会の儀式兼一晩の功課（学課）が終わる。

この紅槍会では玉皇、金童、玉女、観音、老子、周公、桃花仙、掌旗将、金剛力士、崇黒虎、工霊官、亀将、蛇将、黎山老母、阿弥陀仏、孫悟空、青龍が、村落の農民の共同意識から宗教結社の共同意識に転化している。

以上の入会の儀式を経て、華北の農民はケからハレへの非日常の世界へ一歩踏み出すのである。

無論紅槍会、黄槍会、緑槍会、黒槍会、扇子会、大刀会、小刀会、天門会、神兵、無極道等、各会派によって入会の儀式、祭る神々、呪文、護符の文句等、それぞれ多少異なるが、前述の例は一つの典型であると思われる。さらに紅槍会の内部でも、紅、黄、藍、白、黒の諸学に分かれていて、紅学が最も多い。その紅学も大紅学、小紅学、中紅学（老仏廠）の三つに分かれていて、小紅学と中紅学は、以前の金鐘罩に類似し、吃符黙法をもって銃砲を避ける内功としている。いわゆる六耳不伝の法はこれである。その他の黄、藍等の諸学もこれに類する。一方、大紅学は、毎夜穿衣鏡（すがたみ、大紅学の神）の前に跪き黙法するが[41]、吃符は行わなかったようである。前述した「紅槍実習記」

の述べている内容は、この小紅学であろう。

（3）農耕儀礼との関連

ところでこれらの神々ならびに儀式には農耕儀礼との関連が見られる。

農耕に関連している神々について、李景漢編『定県社会概況調査』によると、一九二八年の河北省定県東亭鎮内の六二村の調査では、清末から民初にかけて多くの廟宇が取り壊されたり、学堂や村の事務所に転用されたが、元々は四三五の廟宇があり、その中に祭られていた主神を目的別に分けると以下のようであった。

福を祈り禍を免れるために敬うもの　一一三〔老母（南海老母、南海観音、南海大士ともいう）、観音、七神（北斗七星）、五神、三皇（天皇、地皇、人皇）、三清（『封神演義』の三清、玉清道人、上清道人、太清道人）、城隍、羅漢、土地神、五聖老母等〕

招魂追悼のため敬うもの　六八〔五道神〕

降雨を祈求するもの　五〇〔玉皇、龍王、五龍聖母（定県の人で五つの龍を産んだといわれる）、老張（風雨を呼ぶことができ、夏の暴雨はこの神のいたずらとされる）等〕

邪祟を鎮めるもの　四八〔真武、二郎（二郎楊戩、『封神演義』上の主人公）、斉天大聖（孫悟空、『西遊記』の主人公）、太公（姜太公、『封神演義』上の主人公姜子牙）等〕

嗣子を祈求するもの　二三〔奶奶〕

疾病を祈免するもの　一八〔薬王〕

家畜の病を祈免するもの　一七〔馬王〕

虫害を祈免するもの　一八〔虫王、八蠟等〕

疫病を祈免するもの　二〔瘟神（瘟元帥）〕

財を祈求するもの　一〔財神、文財神と武財神がいる〕

普通の崇拝の対象となるもの　八五〔関帝（関羽、『三国演義』の主人公）、三官（天官すなわち堯、地官すなわち舜、水官すなわち禹）、三義（劉備、関羽、張飛、『三国演義』の主人公）、老君（老子、鉄器を作る店にそなえられているという）、文公（孔子）、周公、劉秀、韓祖、北岳（山西省渾源の恒山、河川、虎等の動物、蛇や昆虫を司るという。『封神演義』にも登場する）、李靖（『封神演義』の托塔李天王）、蒼姑（女性に崇拝されており、針仕事をよくできるようになるという）等[42]

これらの農耕に関係のある神々も特に農民と接触を持つのは、雨乞い、虫害を除く、福を祈り禍を免れる等の災害除去の儀礼の時とか、祭の時であった。

またこれらの神々の多くは、前述したように紅槍会の神々に転化しているのであるが、紅槍会の神々とは、すなわち迎神賽会とか市の立つ日に行われる芝居や見せ物、村芝居、また災害除去を願う儀礼を通じて農民に親しいものであり、非日常のハレの場に出現する神々であった。それらの神々は前述したようにそれぞれ独自の効能を持っていると信じられていた。そしてそれらの神々が体に附き独特の武術修練や呪文を唱えることによって、刀槍不入となり、不死身となるという信念と観念が肥大し、共同意識となったものが紅槍会であると思われる。

入会することに関連するが、天野元之助氏は山東省歴城県冷水溝荘における雨乞いの行事を紹介している。それによると、玉皇大帝に雨乞いをするが、その時に屠殺を禁じ、肉、にんにく、にらを絶ち、男女寝所を別にし、斎戒してから雨乞いの行事に入る[43]。紅槍会に入会する時のやり方も非常に類似している。例えば「紅槍実習記」の述べているある紅槍会では入会する時に、斎戒をして、雁・鶉・鳩、犬・馬・牛、海老・すっぽん・どじょうを食わず、一〇〇日間女色を絶つという。[44] このように雨乞いのような農民の生活に密着した災害除去のやり方を、紅槍会は取り入れたものだと思われる。

また農耕儀礼というわけではないが、降神ということについては、旧暦の正月に竈神とともに多くの神々が降りてくるという接神の習慣の影響もあると思われる。またこの時に無病息災で育つことを祈って小さい子供に紅い兜肚（はらがけ）をかけさせ、大人でも自分の本命の年すなわち年廻りの年に疾病災禍を免れるために腰帯を着ける習慣も、紅槍会の会員が刀槍不入を願って兜肚を着けることに影響を与えていると思われる。[45]

四　誓詞と規約

次に誓詞等からうかがえる規約とその意味について検討したい。これらの規約は秘密結社のものであるが故になかなか外部にもれてこないのであるが、まず断片的にもれているこれらの規約を載せ、次に若干の分析を加えたい。

（a）河南省の紅槍会の誓詞と規約

弟子今大道に入る。切に修業し一切の会規を守らんことを願う。

一、敢えて非をなし悪をなさず。もし非をなし悪をなせば、砲胸を貫く。
一、敢えて採花折柳（姦淫の類）せず。もし採花折柳すれば、砲胸を貫く。
一、父母に孝順なり。
一、師長を敬長す。

一、地方に事あらば必ず協力して対処すべし。
一、毎日の功課（学課）は必ず敬虔に奉行すべし。
紅槍会のこの誓詞と規約は、最も知られたもので、多くの史料にのせられている。[46]
（b）張振之の述べている紅槍会の一般的規約
一、婦女を姦淫してはならない。
二、財物を略奪してはならない。
三、放火殺人を許さず。
四、神仏を毀ることは許さず。
張によれば、会員は初めはこの四条を守っていたのであるが、後になると殺人放火の事もするようになった。だが婦女を姦淫する事と神仏を毀る事は従来敢えて犯さなかった。もしこの二条を犯したなら殺されても仕方がなかった。伝えられることによれば、姦淫を犯すものは法術がその効果を失い、銃弾にあたって殺されてしまうと。[47]
（c）一九二八年に三度暴動を起こした江蘇省溧陽の大刀会の入会時の宣誓の中の規約
一、財を貪ってはならない。
二、殺人放火をしてはならない。
三、女色を貪ってはならない。
四、会中の秘密を洩らしてはならない。
以上の規約を犯す者は、護符のききめがなく必ず天雷に遭う。[48]
（d）貧農の結合したものといわれる天門会の規約

一、タバコ、阿片、金丹を吸うを許さず。
一、財を貪り色を好むを許さず。
一、善良なる民衆を勢力をたのんで威圧するを許さず。
一、公売公買す。
一、私に地に就いて抽（捐?）するを許さず。
一、凡そ年一六歳以上四五歳までの者は、事あらば前線に行って作戦す。命令が下れば即座に行く。孤児、病人はこの例にあらず。

規律は厳格であり、違反者は軽い時は罰金または罰として跪く。重い時は槍で刺されたり、砲により殺される。[49]以上紅槍会の規約は、外に伝わっている限りでは、割合簡単なものであり、直接生産者としての農民の素朴な日常的戒律が中心である。そしてまた中国農民に培われたこのような戒律の中から、中国紅軍の三大規律八項注意が生まれたのであろう。

① 禁欲

紅槍会の規約の中で禁欲的倫理の最も特徴的なものは、女性に対してのものである。その一つは修行中妻と同房しないことである。例えば、前述の「紅槍実習記」の述べている紅槍会の小紅学の場合は「上学期（修行中）一〇〇以内は女色に近づいてはならず」、溧陽大刀会の場合は修行中四九日間女色に近づいてはならなかった。[50]その間、家族の中心である夫婦の関係は中断され、宗教結社への帰属が指向された。もう一つは女性に対する姦淫の禁止であった。これは軍閥の軍隊、敗残兵等が村落を襲ってしばしば姦淫するのに対抗して、村落自衛のために発展してきた紅槍会の、敵を批判し自己を律する当然の規約であった。

「財を貪らず」という点も、多くの紅槍会に共通している。これは軍閥の軍隊、敗残兵、土匪等村落の外部から来る敵が、自然災害、戦乱に抗して、農民がやっと作った作物や食料、あるいは役畜、家財道具等を根こそぎ奪っていくのに対して、敵を非難し自己を律して戦う側の論理として機能した。

この「色を好まず」「財を貪らず」の一条を犯した場合には、出陣した時に「刀槍不入」という法術が効かないとして厳しく守られた。(51)

ついで厳しく守られたのは「神仏を毀ることを許さない」ということであった。これは村落の共同意識の転化した宗教結社の共同意識の象徴に対して、当然取られるべき処置であったし、さらに師長＝老師は術法を伝えるが故に尊敬された。(52)これは彼らが宗教結社の共同意識の人格的表現であったからである。

その他に一部の紅槍会の規約には、飲酒や肉食の禁止があった。例えば前述（ａ）の河南省の紅槍会では、酒を好んで気を発してはならないという飲酒の禁止が老師から説明されている。(53)また奉天省通化地方の大刀会は、肉食、喫煙、酒食を禁止し、ただ野菜類と塩を用いるだけであった。(54)また前述したように「紅槍実習記」の述べている紅槍会では、雁・鶉・鳩を天三厭といい、犬・馬・牛等農耕に必要不可欠な動物を地三厭といい、海老・すっぽん・どじょう等精力をつける動物を水三厭といいそれぞれ入会の時に食べることを禁止したという。

②　秘密の保持と規律の維持

前述したように紅槍会の誓詞、呪文、護符の文句、刀槍不入の訓練、会中の秘密等は、会外の人に告げてはならず、告げたら神罰にあうと言われている。これは清代以来の秘密結社の伝統を継ぎ、省の統治者である軍閥、県知事の弾圧に抗して、非合法である結社の存在や指導的メンバーを守るための処置であった。

次に前述した規律を破った後の罰則は如何なるものであろうか。一般に紅槍会の罰則は非常に厳しいものであった。軽ければひどく打ち、重ければ死刑に処すとか[55]、前述した天門会のように軽ければ罰金、跪きの刑、重ければ槍で刺し、砲で殺す刑という具合に殺された。天門会の総団師韓欲明は、厳格にこれを行い頭目といえども許さなかった。また法を伝える部下の伝師もよく人を殺したといわれ、規律違反者に対して殺す権限を持っていたと思われる[56]。また戦闘にあたって、紅槍会は「刀槍は人を傷つけることはできない」「銃弾は身に入ることはできない」という信念にもとづき勇敢に前進した。出陣の後、しりごみしたり、後を振り返ったりすると、神罰を受け銃弾に当たって死んでしまうという戒めを受けていた。そして緊迫した戦いの時には、老師と団長（大隊長）が後で督戦して、しりごみしたり、逃げ出そうとした者を、敵前逃亡のため捕らえて殺してしまうという[57]。

以上のように紅槍会の規律は、厳しい刑罰に支えられていた。これは当時、華北の農民が帝国主義による経済的搾取、軍閥混戦による戦争、人夫や食糧の徴発等の被害、苛捐雑税の負担、連年の如く起こる洪水、日照り等の自然災害、そして一たび自然災害が起これば、場合によっては数十万人が何の罪なく餓死していくという苛酷な情況の中で、自己の再生産どころか、生き延びるためにギリギリの戦いをせざるを得ないという条件に裏付けられ、宗教結社の厳しい規律を守り刑罰に従うということが、同時に自己の生活を守る故に、これらの規律と刑罰を受容した。土匪であれ敗残兵であれ軍閥の兵士であれ、もとをただせば農民であったが、彼らに食料や家財道具や家畜を奪われば、生活できないという厳しい条件が、厳しい規律と刑罰を受容したものと思われる。

五　武術習練

紅槍会の武術習練は、管見の限りではそれ自身としては儀式的色彩の濃いものであり、「刀槍不入」「銃や砲は身を傷つけない」という宗教的確信のためのものであった。

具体的なやり方は、護身の呪文を十分に学ぶと、入会者は呪文が書かれた「大法」（別名「兜肚（はらがけ）」）を与えられ、[58]戦闘の時に腹にかけると銃弾を避けることができる（前述したように旧暦の正月に竈神とともに多くの神々が降りてくるという接神の時に、小さい子供に紅い兜肚（はらがけ）をかけて無病息災で育つことを祈る習慣があり、兜肚（はらがけ）をつけることで神々の加護を祈る習慣が背景にあると思われる）と大師兄より説明される（以下の記述は主に、張振之『革命与宗教』[59]による。その場合は一々註記しない）。

次に「磚搏」という煉瓦で全身をうつ習練をする。[60]その習練の成果は「排磚」によりためされる。これは往々にして晩に行われ、中庭の空き地を選び外に見張りを立て会外の人の入ることを禁止し、秘密に行われた。大師兄が手を浄め香をたき神に跪拝し黙祷した後、各学習者が机の前に跪き、大師兄が呪文を唱え、各学習者は護符を飲む。その後大師兄が新しい煉瓦五つを各学習者の頭の上に置き、猛烈に撃って煉瓦を粉々にする。学習者は跪いたままで少しも痛く感じない。

もし煉瓦が砕けなかったら、学習者は必ず痛いと言わねばならなかった。すると大師兄が、「お前は心が誠実ではない」とか、「色戒を犯したな」と痛罵する。このようにして、すべてに痛いと叫ばなくなると、修行がなったとして次の段階に進む。

次の段階は「排刀」である。これは刀の修行した後で、「排磚」と同様に秘密で行われ、学習者が机の前に跪き、大師兄が大刀を取り学習者の胸を切ると、白い跡が現れるか、あるいは少しの痕跡も現れない。そうすると「刀が身体に入らない」という法を身につけたことになる。

その次は「排砲」である。これも途中まで「排磚」と同じであるが、大師兄が祈ってから、朱筆で書いた護符を焼いて水に溶かして皆が飲む。一列に並んだ学習者の所から一五歩の場所に、塞を守る旧式の砲を置く。大砲の中に火薬と鉛砂を置き大師兄自ら発砲する。その時工夫がしてあり、学習者は死なないので「砲は身体を傷つけることができない」という法を身につけたことになる。

なお銃にあたらないことをためす「排槍」あるいは「排快槍」は、危険が伴うのであまり行われなかったようである。

以上のように「排磚」「排刀」「排砲」は、厳しい規律を守り、接壇して線香を焚き、護符を飲み呪文を唱えて「降神付体」して、神々の超人的能力を身につけ、さらに独特の武術習練の結果「刀槍は人を傷つけることはできない」「銃弾は身に入ることはできない」不死身の体となったことを証明する儀式であった。トロツキーはかって教会について次のように述べたという。「教会の典礼においても気晴らし、快楽、娯楽がその大半をしめている。演劇的な方法によって教会は視覚、（燻香を通して）臭覚に働きかけ、それらを通して想像力に呼びかける。人間の演劇的な行為への希求、日常的ならざるもの奇異なるものを見聴きすることへの希求、生活の日常的単調さを破ることへの希求は、はかり知れぬものであり、根絶やしにすることなどは不可能である。この欲求は幼児期から老年の成熟期にいたるまで持続する。大衆を慣習によって植えつけられた儀礼および教会の軛から解放するために、反宗教のプロパガンダだけでは充分でない。」（『日常生活の諸問題』[61]）

この指摘は紅槍会の儀式の意味、および紅槍会に対する華北農民の心情、ケからハレへの契機についての分析に適用できる。また紅槍会の神々の多くは、民衆道教の神々であるとともに、前述したように『封神演義』『西遊記』『三国演義』『七侠五義』等を素材にした村芝居＝演劇空間の登場人物であり、それらが日常生活の中で占めている時間（例えば農耕儀礼の時や祭りの時）以上に拡大して（すなわち「日常生活の演劇化」）いる点が、紅槍会の特徴ともいえる。

また毎日の武術習練を行うことによって、紅槍会の会員は神々の超人的能力を身につけ不死身になるという、自己の肉体の可能性についての確信にとらわれ、日々の耕作者としての日常生活とは異質の生を生きた。この確信と異質な経験は、土匪、敗残兵、軍閥の軍隊と戦うという実践を経てさらに増幅されたが、ここでは武術習練が華北農民が日常生活から、非日常の生活へ移行する契機となったことを指摘しておきたい。

ところで紅槍会の武術習練そのものは、敵の「刀槍は入らず」「銃砲は身を傷つけることはできない」という受身的、儀式的、演劇的なものであった。そして普通には、会員たる零細自作農は一方において耕作にたずさわっているが故に、「彼らは平時には戦闘を重視せず、訓練も重視しない[62]」とあるが如く、恒常的には専門的な軍事訓練をしたり、軍事技術の習得を行わなかったようである。だがその時でも、いざ戦いになると「刀槍不入」の不死身であるという確信を持ち、軍隊組織のもと「敵前逃亡者には死を！」という厳しい規律に支えられ、熱狂的かつ勇敢に戦った。さらに土匪や軍隊との戦いを経る中で、必要に迫られて軍事訓練を行うようになってきたようである。例えば溧陽大刀会は、九八日の修行の後、文科では専門に符咒、銃を避ける等の法術を学習し、武科では突撃して敵陣を陥落させる技倆を学習したという[63]。

その他、強調したいことは宗教的・武術的習練によって、敵の「刀槍不入」「銃砲は身を傷つけることは出来ない」という不死身になるという信念と、自らが槍や刀のみならず、ピストル、機関銃、大砲等の攻撃用の近代的兵器で武装することは、彼らの世界では矛盾しないことである。

彼らの不死身の信念が最もゆらぐ可能性があるのは、戦闘において銃弾等によって仲間が死ぬ時であるが、その時老師は、その死者の心はまことではなく（戒律を破って）悪い事をしたか、出陣の時しりごみした気持ちがあったからだと述べ、会員を納得させたのである。

したがって李大釗[64]およびそれを下敷きにされた里井彦七郎氏の近代的武器を持った敵との闘争の敗北→機関銃、大砲等の近代的兵器の装備→銃砲を避けるという宗教信仰＝非合理的側面の克服という図式[65]は、事実にあわないし、義和団および紅槍会の世界を内在的にとらえていない。

六　組織活動

（1）一村一会

前述したように村落の共同意識の対象が転化して宗教結社の共同意識の対象となった紅槍会において、このような思想を生み出す基礎となった村落の実態との関係、例えば村落の既成秩序や村落の「共同利害」と紅槍会との関係を考察するために、村落レベルの紅槍会の組織形態について考えてみたい。

紅槍会の組織は、白蓮教系結社のように軍部と文部に分かれていた。天門会の場合には軍部にあたる武伝師は、会の兄弟を引き連れて出征し、文伝師は、設壇をして法を伝えるなど布教を行った[66]。

基礎となる各村落では、一村一会が設けられていた。例えば一九二五年一一月頃から運動のピークを迎える河南省西部の滎陽の例では、一村に一つの会があった。そこでは一人の会長がいて会の事を取り仕切り、その下に数人の排長（小隊長）がいて、通常、一〇人で一排（一小隊）とし、その排長は、全員を統率して作戦を指揮した。上部組織としては、村ごとの会があわさって大会となり、大会の総機関として督弁公署、別名司令部が設けられた。図示すると左図のようであった。[67]

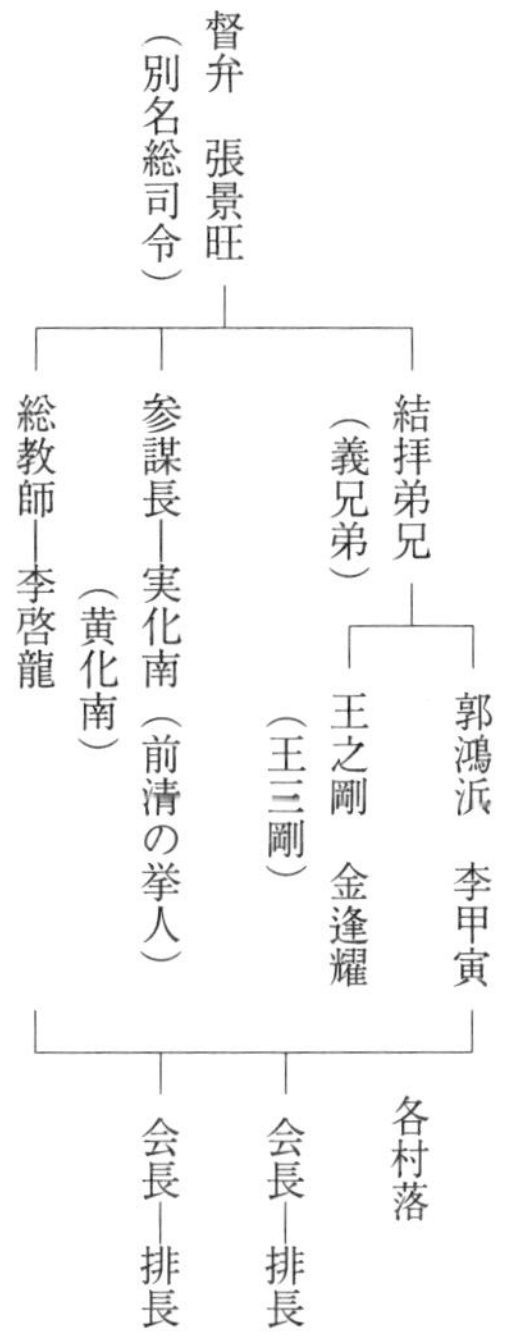

また河南省の別の紅槍会は、一九二四年一〇月、「北京政変」によって成立した国民軍第二軍の弾圧を避けるために「紅学」と名乗った。その組織は基本単位である村ごとに学長、あるいは連長（中隊長）、隊長との別称がある首領がいて、その下に排（小隊）、班（分隊）があった。そして数十の村落が連合し、同一の宗教的、武術的習練を共通の紐帯として、一県、あるいは数県にまたがる組織となった。その組織を図示すると左図のようであった。

営長は会員中の声望のあるものがなり、団長もまた声望のあるものがなり、大師兄の命令を受け会員を統轄して作戦を指揮する任を帯びていた。大師兄は教師にあたるものであり、義和団運動発生の地、山東省の西部より来た。す

なわち大師兄は、在地の利害とは無関係の「よそ者」の「専門的な宗教家」であった。彼は「敬神、画符、唸咒などの事を管理」し、何か事が起きた時には、香を焚き、「村芝居」や小説の主人公でもある村落の共同意識の象徴である神に祈ってお告げを聞き、神の命令を会員に伝えるという神と話のできることを誇るカリスマ的存在であった(68)。以上のように紅槍会は、最高位に督弁、大師兄、皇帝(滎沢紅槍会李真龍等(69))がいて、その下に軍事部門は団長－営長－連長－排長という具合に軍隊と同じように組織化され、軍隊の如く、上からの命令は絶対であり、組織としての統一性を保っていた。基本単位である各村落は、戦闘単位である連(中隊)、あるは排(小隊)に組織されていた。

このような軍隊に類似した組織を持った紅槍会は、村落の外敵、すなわち、土匪、敗残兵、軍閥の軍隊などから村落を防衛するという農民各階級の共同利害にもとづく「村落共同体」的機能を、各村落を連合して行った。そしてその思想も、外敵からの防衛という村落の共同利害にみあって、農村生活における儀礼の時の神々や廟に祭られている神々、村芝居などの主人公から転化した神々が降神付体するなど村落の共同意識が、宗教結社の思想に転化したものであった。したがって河南省の紅槍会にとって、客軍といわれる他省出身の軍隊(例えば陝西省の出身者の多い国民軍第二軍、奉天軍)は、苛捐、雑税、人夫徴発、食糧徴発などの社会的、経済的搾取者であり、さらに言語・習慣の異なる「他者」の村落への侵入者と写り、それ故に一九二六年の二月から三月にかけて呉佩孚と国民軍第二軍の戦いにおいて、呉佩孚に呼応した紅槍会は全省的に蜂起し、国民軍第二軍を陝西省へ追放し、一九二七年初頭、河南省北部と直隷省南部の天門会、紅槍会は奉天軍の河南省侵入に反対して蜂起した。

さらに紅槍会は、その宗派ごとの規約や同一の宗教的イデオロギー、武術習練の紐帯により、村意識を越えて、数県あるいは数省にまたがる広い地域の農民の共通の利害にもとづく相互防衛、相互協力の団結を示した。

ところでこのように村落の共同利害を守り、村落の「共同意識」がその思想に転化した宗教結社では、省統治者の軍閥の軍隊、あるいは県知事に対して村ぐるみで反乱を起こす反権力闘争はあるが、村落内部の階級矛盾を見すえ、既成秩序を担っている郷紳や中小地主を打倒していく行為は、天門会などを除いて非常に少なかった。むしろ各村落で組織する時、村落内部の秩序が紅槍会に横すべりすることは免れ得なかった。それを組織面でみると、前述の河南省の紅槍会の例では、教師兼大師兄は『よそ者』であった。ところが「会の事務は村長および地方の士紳が責任を持って処置するので、匪と警の衝突が発生すると、会衆は大師兄の指揮を聴くのである」[70]。あるいは紅学と改称した別の紅槍会では、学長または団長になるものは、比較的富裕で声望あるもので、一団に含まれる紅学会員の数は、団長の声望と能力によって定まった。それ故、紅槍会中の指導者の大多数は、地主、郷紳、富農であると[71]。つまり村落レベルでは、郷紳、地主の在地の権力の上に乗っかって組織されたものがかなりあるようである。

このことに関連して中共河南省委員会が、一九二七年九月の「槍会問題についての決議」の中で「槍会の組織は、広範な中農貧農大衆を含んでいるけれども、天門会を除くほか、彼らの指導権の大部分は郷紳の手中に落ちている」[72]と述べ、また一九二七年一一月、中共山東省委書記鄧恩銘は党中央にあてた報告の中で「紅槍会の指導権は大体、郷村中の地主豪神に属している」「大刀会のすべてが豪神の指導下にあるわけではないが、少数の紅旗大刀会は豪神の指導下にある」[73]と述べて、郷紳、地主の指導権掌握を述べているが、紅槍会のこのような村落レベルでの組織化のあり方が、郷紳、地主の指導権掌握を許したのであろう。

無論、指導権をどの階級が持っていたかということと、その運動全体の評価は必ずしも一致しない。闘争の過程で多くの人間が、厳しく自己変革を迫られ、非日常的な世界で自己を解放するものであるし、また会内部の農民諸階級の対立も明確になってくる。その上紅槍会自体が、武漢政府から国共分裂の時代の中で、革命か反革命か、政治勢力としての中共、国民党、馮玉祥軍・奉天軍等のどれにつくか態度を迫られてくる。例えば河南省の例では、武漢政府時代、中共は天門会に人を派遣して共同闘争を行い[74]、その後も中共党員が天門会に参加したようであり[75]、一九二七年末には信陽紅槍会の指導層に反対して分化した光蛋会が、四望山に割拠し工農革命軍を名乗っている[76]。山東省でも、国共分裂後の一九二七年の一一月頃、中央は膠東の大刀会の蜂起に参加して大刀会を指導しようとしていたし、一二月には、連荘会（その組織の基盤となる村の多くに農民協会の組織があった）、紅槍会、大仏門、土匪中心にして陵県で農民暴動を起こした[77]。一九二八年一月から二月にかけて、土匪や紅槍会を主力にして、陽穀県坡里荘のドイツのカトリック教会を襲撃する暴動を起こしている。また一九二七年冬以後、高唐県の穀官屯では紅槍会の一派と思われる紅門の指導権を中共党員が握り、紅団と改称し農民運動を展開した[78]。以上数的に少数ではあるが、これらの紅槍会あるいはそれから分化した部分が、中共と共同闘争を行う一方、他方、一九二七年一〇月以後、前河南省長王印川指揮下の紅槍会が討赤の旗を掲げて張宗昌・褚玉璞軍に同情的になったように[79]、馮玉祥軍、奉天軍の弾圧、民団化により反権力性を失っていき、甚だしい場合には、これらの軍閥の走狗となって紅槍会同士が闘うというような紅槍会の分化がみられるのである。

（二）紅槍会と民団、連荘会との比較

三谷孝氏は、紅槍会の初発における発展過程を、軍閥や土匪からの在地防衛組織（連荘会など）が成立し、それが宗教的秘密結社に結びついて紅槍会が成立したと述べている[80]。つまり在地防衛組織（連荘会など）と宗教的秘密結社が一緒になって紅槍会が成立したということであるが、この事自体、この論文から実証されたとは言い難い。私は、たとえ紅槍会が弾圧を避けるために、表面的に民団や連荘会を名乗ったとしても、連荘会のような既成の在地防衛組織の上に紅槍会の組織化がなされるとは考えていない。

むしろ紅槍会の発展とともに、民団などが衰退したり、あるいは民団と闘いつつ紅槍会は発展している。例えば、一九二五年以後、河南省の信陽では、軍閥軍が県内に駐屯して闘い、（恐らくは軍閥軍の収編などにより）地方の武装警察隊は徐々に消滅していった。民衆は土匪や兵隊の被害を受けるので、自衛をはかって、各村に壇を設けて紅槍会を習い紅学と名付けた。この爆発的な紅槍会伝習の勢いによって旧来の郷団組織＝民団等が破壊されている。[81] さらに天門会では、会設立直後の一九二六年四月、林県の合澗民団隊長李培英が、天門会を調査に来たのに対し、これを捕らえさらに団丁一〇人を殺した。そしてこの事件が天門会が世に知られるきっかけになった。[82] 信陽の例は紅槍会の発展とともに、民団などが破壊された例であり、後者の例は初期から民団と戦って、紅槍会が発展した例である。

山東省では、一九二七年八月頃、農民の組織として、民団、連荘会、紅槍会があった。民団は『郷農の自発的に組織したものであり、禦匪をその職務としている。だんだん紅槍会がだんだん多くなったので、民団はだんだん少なくなっている』とあり、ここでも紅槍会の発展にともなって、民団が衰退しているのである。連荘会は「省令により各県で行われるものである。自発的なものでなく、かつ貧富均しく金を寄付しなければならないので、一般の貧農が時々反対する」とあり、[83] 省によって上から作られる官製組織であり、官憲との緊張関係を初発の段階からはらむ紅槍会とは、異質な組織である。

次に各村落レベルでの連荘会の組織のあり方を検討したい。山東省の濰県では、一九二三年県知事李文瀾の音頭取りによって、保衛公所が設けられた。そして県には董事会、各自治区には保董がおかれた。団務のために団区を設け、区ごとに団総をおいた。団総は団区の団務、および連荘会を指揮する責任を負った。費用はそれ以前からあった保衛団の団捐を、総所と各区の分所の経常費、新しく増加した団丁の給与にあて、その他に看青苗費を流用して食糧と給与などにあてた。その後、県知事曹藴鍵が手直しして、田賦銀一両ごとに銀円一角五分の附捐を取って費用にあて、た。

団区を大、中、小の三級に分けた。守望団丁（省令では連荘会丁をこう称した）は、一戸ごとに徴発して各荘を防衛し

一九二三年県知事李文瀾の制定した濰県「保衛公所連荘会施行通則適要」の中から、各村落レベルに関係するものを以下に記すと

（一）凡そ各区は、社ごとに一総会を組織する。一荘または数荘を組織して分会とする。総会長、分会長は、当時の社長、荘長等をこれに充てる。

（二）連荘会丁は、各々その住民より徴発する。丁を徴発する二つの規則は以下の如し。

（甲）一〇戸ごとにあわせて一丁を出し、甲乙丙の三班に分け、日ごとに交代する。土匪の集団がいなければ、すべてを徴発しなくてよい。

（乙）田賦一〇両ごとにあわせて一丁を出し、二班に分け日ごとに交代する。秋と冬の重要な時期を除くと、二〇両ごとに一丁を出す。（以下略）[84]

以上のように、連荘会は県知事の主唱で上から作られ、団総の指揮下に、社を単位として総会、一荘あるいは数荘を単位として分会がおかれ、総会長、分会長には社長、荘長がなるという具合に既成の行政機構の上に乗っかった組織である。したがって既成村落秩序を前提にして、社長や荘長になる郷神、地主等の在地権力、在地支配力の上に組織化されたと思われる。また外敵（特に土匪）からの村落防衛という連荘会は、「村落共同体」的機能を果たしたと思われることが、費用の一部を看青苗費から流用した点から伺える。[85]

県知事曹蘊鍵の手直ししたように、田賦附捐を取り連荘会の費用にあてると、華北の圧倒的多数である零細自作農＝貧農にとって、ただでさえ多い苛捐雑税の上にさらに捐が加わることになり、「貧農が時々反対する」ことになった

と思われる。その他に「戸口を清査する」という名目で、正当な職業がなく保証人がなければ拘留したり、住民で正当な職業がなく行動が疑わしい者は記録に留め、その親族やその他の者に命じて、支度をととのえて外に出させ商売につかせた。その上に「槍械を査検する」という農民の武器の管理を行う。これは農民の武器を登録したり、確実な財産や職業がなく銃器を保有していたなら、その区の公金より、適当な費用を支給して公用に収めるのである。[86]これらは「土匪」対策が主要な目的となっているが、同時に村落内部の治安維持機関の役割も果たしている。すなわち「確実な財産や職業のない」者とは、この時代における帝国主義と軍閥の搾取による農民層の下向分解の進行＝零細自作農の土地を離れてのルンプロ化、半プロ化の進行[87]の中で、これらの零細白作農＝貧農が主要に該当するのであり、彼等を拘留したり、あるいは彼等から武器を奪うことによって、「劫富済貧」的動きを未然におさえ、顕在化させないようにし、連荘会の指導権を握る社長、荘長等の村落の支配秩序維持の役割も果たした。

以上のような連荘会と比較して紅槍会の特色はどこにあるのだろうか?

紅槍会においても、前述したように郷神、地主の在地支配力の上に組織されたものがかなりあったし、外敵からの防衛という機能も連荘会と同一である。だが連荘会が、省―県の地方権力の村落への支配の貫徹（治安維持）として、上から組織化されるのに対して、紅槍会は軍閥の省―県を通しての苛捐雑税に対して、村落レベルで下から組織され、県署に向かって抗税抗捐に向かうなど両者の組織化の方向のベクトルは正反対である。したがって紅槍会が、土匪と闘うのみならず、省統治の軍閥の軍隊と闘うし、あるいは県城に入って、駐屯軍、県知事を追放して、都市を管理しようとする「自己権力形成指向」を持つのに対し、連荘会は、小土匪に対抗したり、第三章、第四章で述べるように場合によっては省統治者である軍閥軍に反対することもあるが、県城管理の例はないのである。

七　蜂起後の論理と闘争

前述したように日常生活の中で共同意識を持っている農民が、蜂起した中でどのような論理と行動様式をとったか、以下略述したい。ただ紅槍会側からの論理がわかる史料が数少ないので、史料が比較的多く残っている関係で河南省と山東省の事例を検討する。[88]

河南、山東両省での蜂起

河南省で紅槍会が全省的に蜂起するのは、一九二五年から河南省を統治していた岳維峻の率いる国民軍第二軍が、三、四〇万の大軍で駐屯し、かつ岳維峻に各将領を統率する力が無かったため、各将領が勝手に各地で苛捐雑税を徴収したのに対して、一九二六年の一月から三月にかけての奉天・直隷両派と国民軍の戦争の際に、百万の数の紅槍会が蜂起した時であった。この時、直隷派の呉佩孚は、河南省を奪回しようとして、「三年糧を徴さず、苛捐雑税を免除す」[89]と国民軍第二軍の苛捐雑税に苦しむ農民に呼びかけ、さらには正規軍への収編を約束して、蜂起した紅槍会の武装力を国民軍第二軍打倒に利用していった。実際には実現しなかったが「三年糧を徴さず、苛捐雑税を免除す」ということを、軍閥呉佩孚が出さざるを得なかった点に国民軍第二軍の苛捐雑税の重さがわかるとともに、正規軍への収編という約束の中に、小林一美氏が指摘しているように中国の農民運動が農民階級自体の利益を追求するよりも農民からの「上昇」を目指すという性質[90]を呉佩孚が熟知してそれを利用した側面が見て取れる。もっとも当時の軍隊が兵力拡張の際に民間の紅槍会や土匪等の武装力を丸ごと抱え込むことは常套手段であったが。ただ紅槍会が、各所で積極的に立ち上がって国民軍第二軍を破った行動の中に、苛捐雑税のない社会を希求して旧来の統治者を追放していった紅槍会に結集した農民の意志を見ることができる。

既に、一方で五〇〇畝以上の大地主がいて土地の集中が激しく、他方で貧農の半プロ、ルンプロ化傾向が強く、農村地帯における流動性と行動性を持った土匪の多い河南省西部[91]の滎陽を中心として、滎沢、河陰、汜水の紅槍会は国民軍第二軍に対抗し、みずから経常費として村々から税を取って県署に税収を納めなかったが、一九二五年一一月から国民軍第二軍配下の鄭県警備司令部に対抗して、濠を掘り大砲をすえつけて公然と反乱に立ち上がっていたが[92]、国民軍と奉・直両軍との戦争の時に、陝西省に敗走する国民軍第二軍に対して、河南省西部の洛陽、新安、澠池、陝州の紅槍会は、(国民軍第二軍への怨恨を「陝西省人へ死を」という言葉に凝集し)、国民軍第二軍を待ち伏せして殺そうとしたり[93]、岳維峻、鄧宝珊等が三、四万の残兵を率いて、百余両の汽車に銃や大砲を乗せて、鄭州から陝西省に退こうとして河南省西部に来た時、紅槍会は彼等を包囲して戦い武器を奪い壊滅させた[94]。農民層分解が激しい河南省西部では、流動性を持ったルンプロ、半プロ層の比重が高く、彼等が紅槍会の中に参加したため、この後、この地域の紅槍会の一部は、同郷意識もあって土着軍閥といわれた鎮嵩軍に収編され、河南省西部を離れて陝西省に攻め込み、そこの農民運動と敵対した[95]。

一方山東省でも、国民軍との戦いに備える奉天派系の李景林、張宗昌の直魯連軍の苛捐雑税に苦しめられていたが、一九二六年三月、清の秀才であった李太黒に率いられた紅槍会数千が、山東省西北部の聊城等の七県の「税糧雑捐の一律免除、特に民間に行っての人夫徴発、捐の取り立て、官車(官のための大車)を出すことの不許可」を要求して東臨道尹の所在地である聊城県城を包囲しようとする事件が起きている。この時、李太黒は、清朝の官服である黄馬褂を着て、薄黄色の旗を掲げ、轎車(騾馬にひかせる車つきのかご)、または轎子(かご)に乗るという日常生活と異なる芝居じみた異装をして指揮をしたという。[96]

四月、直魯連軍が国民軍を追って北上した隙をついて、津浦鉄路沿線の兗州（滋陽）、済寧、呉村、姚村一帯、および河南省に近い西部の陽穀（陽谷）、東平、汶上、鄆城、鉅野、寧陽の紅槍会が直魯連軍の苛捐雑税に反抗して一斉に蜂起して、直魯連軍の残余の部隊と衝突した。数万といわれる紅槍会が汶上、および寧陽県城を占拠し、済寧を包囲した。寧陽県城を占拠した紅槍会は、廟宇、学校、公共機関内だけに居住し、各会員は、自ら調理済みの大餅、饅頭等の食品を携帯しており、毎日住民に命じて湯茶を送らせるだけで、ほかに全く害を与えなかった。すなわち軍閥の軍隊と異なって、県城の住民に対して略奪などせず自己の規律を維持したのであった。このことは、中共党員李大釗や阮嘯僊の注目を引いた。この一帯の紅槍会は、張宗昌軍の援軍を阻止するために、義和団の行動と類似して、津浦鉄路の姚村駅を焼き、鉄路を掘り返した。その他の地域でも列車や電報局や郵便局を破壊した。[97] ただ義和団と異なり、そこには「洋人」のもたらした文明を破壊するという排外的な性格はなく、純粋に軍事的目的で直魯連軍の運輸・通信手段を途絶させるためであったと思われる。

杞県の紅槍会―納税拒否の事例

六月初め河南省では、樊鐘秀指揮下の建国豫軍が、河南省西部で反呉佩孚の闘争を開始したが、その時に河南省一〇八県のうち、省財政庁まで送金してくる県は、わずかに四〇県以下であり、河南省の多くの県で、紅槍会が反税闘争に立ち上がっていた。[98] このように苛捐雑税に反対するのみならず、納税拒否にまで至ったものとして、河南省東部の杞県の紅槍会の例があげられる。[99] ここの首領婁百循（婁伯羣、婁伯尋、婁伯恂とも書かれる）は山東省の出身であるが、婁の権威は絶大であり、農民は婁に対して大変恭順で、護衛を出入りさせ、大きな轎で婁を送迎したという。[100] 婁はまた太康、商邱、永城、夏邑などの県の三〇余万の紅槍会に呼びかけることができた。かって国民軍第二軍が河南省を統治していた時代、杞県は河南省最富の土地であったにもかかわらず、捐税を徴収できなかった[101]。一九二六年一月頃、呉佩孚により師長、旅長の職を提供され、呉軍が国民軍第二軍を駆逐した後には苛捐雑税を免除するという条件で呉軍を援助することになった。だが奉直両軍と国民軍の戦争の時には、呉軍に味方したにもかかわらず杞県の独立を守り、どの軍であろうと当地を通過しようとすると武装解除した。そのため国民軍から呉佩孚軍に寝返った李鴻翥旅と、三月三、四日の両日、白邱の役と呼ばれる衝突を起こし、両者ともにこの事件を怨みに思うようになった。戦争終了後、呉佩孚は約束を違えて、婁らを呉軍に収編しないだけでなく苛捐雑税も免除せず、逆に民国一六年（一九二七）の丁漕も予徴しようとしたので、婁らは各村にすべての捐税を収めることを拒否させた[102]。

三、四月の間には、杞県の農民は特別捐に反対し、公款局を改組することを要求し、一万人が集まり県署に向かって示威を行い、その結果部分的な勝利を得た[103]。

婁は「純全自衛なり。凡そ悪税苛捐は一概に納めず。貪官匪軍は一概に駆逐せん」と農民大衆に演説して、呉軍と戦う準備をしていた。また前述の山東省南部の紅槍会が立ち上がった時、使者を派遣して安徽、河南両省の紅槍会に呼応することを約させていたが、約束が果たされる前に山東省南部の紅槍会は敗れ、多数が安徽、河南両省の省境地帯に逃げ、婁の配下に入ったといわれ[104]、ルンプロ化した山東省南部の紅槍会も組織に加えて強化し、このことから省を越えた紅槍会組織の同一の宗教的意識にもとづく連帯が伺われる。

このように捐税拒否を行っている紅槍会に対して、杞県駐軍長官と杞県知事が、開封の督署で秘密会談をして弾圧の準備をした後、毅軍一営と李鴻翥旅所属の部隊は、五月七日午後、不意に白塔寨、高陽寨、圉寨を攻撃して、一二日までの間に二〇余の村荘を焼き、数千人の死者を出すという大虐殺を行った[105]。

ところで軍閥の軍隊と紅槍会の間が緊張していた時に、軍隊の弾圧の直接のきっかけをつくったのは、『時報』一九二六年五月一七日の記事「河南紅槍会又与官兵開戦」によれば、一説によると杞県県署の差人が「伝戯（拿演戯）」を行ったことによるという。これは河南省の古くからの風習で、毎回糧を徴収する時に、県署内で必ず演劇を行い、糧を納めた人民にこれを見させて優待の意を示すが、県署で演劇をする時には、往々にして伝票を出し、郷村で演劇を行っている所ではこれを強制的にやめさせて、改めて県署内で公演させることをいう。県署ではいよいよ民国一六年の丁漕を徴収しようとして、差人を婁のところへ派遣して「伝戯」をやらせた。婁と紅槍会員は、差人が強迫して公演を停止させるのを見て大いに不満に思い、差人と衝突してこれを負傷させた。差人は県署に逃げもどり、県知事はこのことを軍事当局に報告し軍隊の派遣を乞うた。

無論、民国一六年の丁漕が徴収されるようになったことがこの衝突の第一の原因であるが、演劇が行われるのは、往々にして市の立つ日か、祭りの日であり、楽しみにしていた演劇を禁止されたことへの怒りも、この衝突の第二の原因として考えられる。

ところで杞県の紅槍会は、寨によって戦った時に、腹が減ると各村に食事に行き、もし食物が無ければ家に帰って食事をしたといわれ[106]、このような地元の農民と、前述したように山東省南部から来た農民から構成されていたと思われる。外来の会員もいるせいか、他県や他省の紅槍会との連絡も密であり、李鴻翥旅の攻撃の時には、省を越えて安徽省蚌埠の紅槍会も救援にかけつけてきた[107]。また婁が、危うくこの場を脱出して山東省の曹州へ逃走した後、急を聞いて付近の数県の紅槍会数万が集まり、駐屯軍が杞県を攻めに行ったため兵力の手薄な睢県城を攻め陥落寸前までに至った[108]。

また山東省南部から逃走してきた多くのルンプロ化した農民を多く含んだせいか、流動性に富み、婁の部隊はその後山東省をへて、安徽省の亳州、渦陽に至りそこの土匪および紅槍会千余人を連れて、再び河南省に入り陳州（淮陽）県城を攻撃したが、その時、最初県官に対する恨みから湯茶や食糧の提供をするなど好意を示していた当地の農民に対して強奪したため、彼等と衝突し、二〇余の村落を焼く[109]という軍閥の軍隊と同様な行動様式をとった。農民が地元では村落自衛に懸命になりながら、よそに行っては「財を求める」という行為の行く末がこのような事態をもたらしたものと思われる。

天門会—「自己権力形成」の事例

ところで個々の紅槍会の発展は、以下のように区分できると思われる。第一期、土匪や軍閥混戦の中から生まれる敗残兵の襲撃から村落を防衛する段階。第二期、紅槍会に結集する農民の増大、武器の良質化など主体的力量の増大に伴い抗税・抗捐を要求して、省統治者である軍閥の軍隊と武力衝突を始める。これは省統治者である軍閥が土地にかける田賦、および田賦付加税を中心にした苛捐雑税の徴収阻止という、華北における土地所有者（地主、富農、大量の零細自作農）としての農民の共通の経済利害にもとづいて、農民の再生産維持、生活擁護を目的とする経済反乱の段階である。第三期、多くの紅槍会は経済反乱の段階にとどまったが、少数の紅槍会は、第一期、第二期の要求を底流に持ちながら、軍閥の支配の正統性を否定して、独自の世界観にもとづくか、または既成の形態に類似した、権力形態を創出し、県城を管理していく「自己権力形成」の政治反乱の段階に突入した。

ここで政治反乱の段階まで突入した数少ない紅槍会の中で、最も突出した「自己権力形成」を示した天門会をとりあげ、その最初の組織化の段階から、一応の権力形態を持って林県城を掌握した段階まで追求し、天門会指導下農民が日常生活の秩序から離脱して政治反乱に到達するまでを、主として思想面からアプローチしていきたい。ただ天門会については最近現地調査を踏まえた研究も発表されているので、それらの研究の成果も考慮して旧稿の論旨にかかわる限りの補訂を加えた[110]。

喬培華氏および三谷孝氏の最近の研究によれば、天門会は、河南省北部の要害の地で、太行山脈の一角にあり四方みな山に面している林県の東油村（油村）で、従来言われていた[111]よりも古くさかのぼり、かつ一人ではなく二人の人物によって創始された。一人は当時三〇余歳で家に一〇余畝の土地を持ち、かつて数年私塾に通ったことがありかなり文字が読め儒家の「三綱五常」思想の影響が強く、かつ鬼神を信じ巫術や医術・占い術がわかりかって宗教的な秘密結社と思われる東聖道に加入した、いわば村の下級読書人ともいえる郭官林である。郭が最高首領である文団師となった。もう一人は年は三〇歳近くで、文盲であばら屋に住み二畝の傾斜地しかなく、平時は土地の耕作以外に、他人の家に行き石工や大工をやって口を糊するという「半プロ」的な生活をしていた思われる貧農韓根仔（韓根）である。その性格は剛直で義侠心に富み弱者の肩をよく持ったという。彼も郭官林の紹介で東聖道に参加したことがあったという。韓が武団師となった。彼らは「文帝上神（文昌帝君）」を奉じて会を創始した。「文帝上神（文昌帝君）」は窪徳忠氏によれば道教の神であり、学問の神であり福禄や運命を司る神でもある[112]が、特に福禄や運命を司る神であることが、郭や韓の信仰を集めたものと思われる。会の創始時には、官憲の弾圧を恐れて、病を診たり、人に善行をする事を勧めたりして、秘密裏に次々とわたりをつけ、ひそかに会員を拡大する方式をとったという。その後、会が発展してくると、銃や大砲を避けることが出来、土匪と闘い家を守ると公然と宣揚したという。

一九二五年、天門会は林県横水鎮で初めて土匪と闘い舒徳合の率いる土匪を破った。郭官林は天門会がこのまま戦い続けると将来大乱を起こし、累が自分に及ぶのを恐れて天門会をやめ文団師を降りた。その後、会員の一致した推戴により韓根仔が首領となり、文団師を継ぎ、武団師には路来法がなった。その後、韓は文団師を総団師と変え、その下に文伝師と武伝師をおいたという[113]。

天門会が公然とその設立を農民の前に宣言するのは、一九二六年のことと思われるが、韓は夢の中で神の「村外の石棍内に印が有るから取ってこい」というお告げにあった。夜明けになって村外に出て石を撃つと、不思議なことにお告げ通りの印が出てきて、それを持ち帰り、以後天門会と名乗った（なおその印には「霊宝」の文字があった）[114]。また夜に神仙から銃砲をさける方法を得たと称し、手始めに農村青年数十人に伝授した[115]との話が後に流布した。夢の中で神から伝えられた石印の発見の話は、最近の喬培華氏の実地調査により、天門会の「保管」係となった路貞が、かって家にあった「霊宝大法師」の印を用いて「天賜石印」策を韓にもちかけて賛同を得たとの事実が明らかにされ、韓側の作為によって実際に行われたことが明瞭になった[116]。

農民が闘争に立ち上がるに先立って、農民の緊張感が高まり、些細な事実や噂にも農民の感覚が鋭敏になっていく。その中で昔の闘争の伝承とか、「異兆」の話は驚くべき早さで広まっていく[117]。そのような状況の中での韓の不思議なカリスマ的能力の顕示であり、とりわけ注目したいのは韓がこのように自らを「真命天子」と農民に思わせるように演出した事である。韓のこの話も後に天門会が人に知られるとともに、林県と同様に土匪、敗残兵の襲撃、軍閥の苛捐雑税に苦しめられた磁県、安陽、臨漳などに伝わり、農民が闘争に立ち上がる契機の一つとなったのであろう。

だが創設したことを公然と宣言したとしても農民がすぐに結集して、闘争に立ち上がるわけではない。開壇した会に最初に結集したものはわずかに約四〇人のみであった。彼等はみな、欲と命名し、韓根仔（韓根）も韓欲明と改名し総団師となり、ことごとに神に命を請うた。ところが一九二六年三月（旧暦）、合澗民団隊長李培英が油村に天門会が有るのを聞いて偵察に行った。すると韓欲明は団丁十人を殺し銃を奪ったが、官憲はこれをとがめず座視をした。この事件は天門会が公然と人に知られるきっかけとなった。さらに六月中旬には、土匪郝千金を破り人質数人を奪回した。この事件が天門会発展の決定的契機となり、肩に紅纓槍や連発銃をかつぎ、十人百人と群をなして油村に向かい、入会するものが殺到した[118]。農民の緊張した感覚にこの事件は大きな衝撃を与え、「土匪や軍閥との闘争」という彼等の胸中深く秘められていた意志が、天門会指導者韓欲明のカリスマ的能力の実証によって、表面にでてきたのであろう。さらに天門会が奉じている文帝上神廟を修築して壮大な規模にし、金鑾殿と誤り伝えられたという[119]。

韓欲明は「文人」といわれる村落秩序を担っていた郷紳、地主の一部に対しても自己に敵対する恐れのある場合には、天門会の共同意志により厳しく対処した。例えば生員韓樹勲父子に対して、密偵ではないかと疑って殺し、某国会議員を兵を請うたのではないかと瀕死の重傷を与えるほど鞭打ったのであった[120]。この事件は、下層の民衆にとって、日頃の抑圧者が逆に抑圧されたのであり、彼等の解放感をより高めたであろう。

八月になると要旨以下のような話が伝えられた。すなわち天門会会首韓は天門大皇帝を名乗り、玉爾証書を製刻し、霊宝元年と自称し、文武の職名を設置した。正税を差し止め県に対して抗税を行い、捐税を徴収した。そして武器を買ったり、県署の武器を略奪して、油村政府と言われた[121]。私がこの話で注目するのは二つの点である。一つは、韓が皇帝を名乗り、真命天子として振る舞ったと伝えられたこと。二つは、省統治者の督弁、省長の正当性を否定して自らの権力形態を作り上げ、政治反乱へ越境したことである。

ところで韓が自ら皇帝を名乗ったことについて、最近の喬培華氏の研究は、①林県東油村でインタビューした老人が否定していること。②天門会の内情にも通じていた地元の李見荃が記した「天門会始末期」(『林県志』一九三二年)に何ら触れられていない。以上の二点から皇帝を名乗ったことを否定している[122]。若干の疑問が残るが[123]、これが事実とすると、農民の間では韓は「真命天子」と見なされその話が伝えられていたこと、すなわち前述したように天門会を公然と組織する初発の段階で韓側から自らを「真命天子」と思わせるような演出が行われているので、韓側からいえばこのような話が流布しているだけで所期の目的は果たされたものと思われる。韓を「真命天子」と農民がみなしていれば、韓の威勢は農民に認められ、韓と農民との関係が権力関係に転化する事は可能であると思われる。もう一つの注目点である自らの権力形態をこの段階で作り上げたかどうかの事実関係は不明であるが、これも同じく農民の間で韓が既成の督弁、省長の正当性を否定して自らの権力形態を作り上げ、政治反乱へ越境したと信じられ、伝えられた事に大きな意味があると思われる。

事実はともあれ農民がこのようなふうに韓および天門会を見ている背景には、天門会の蜂起に先立っての林県を含む河南省北部の民衆の間での思想風土があると思われる。一九二三年、河南省の林県の近くの彰徳（安陽）で「世界にはまさに大劫があらんとしている。入会しないものは助からないが、入会したものは祖師の庇護を受ける」と言って、信者を集めていた黄道門首魏が、朱九（朱九子）という人物と密議して「朱九、官名朱迪華はこれ真龍天子で、明朝の旧業を回復するのだ」と言い、朝廷を作ろうとして、安陽県の北で徒党を集めて旗を拝し、兵を招き布告文を出した。だがたちまちにして、一個大隊の兵により弾圧されてしまった。[124] また一九二五年四月頃、安陽県城の西方で、王六仔という男が、手に日月の朱紋があると言い真命天子を自称し、土匪三百余人を部下にした。そして民団の武器を奪おうとしたが失敗し、林県傿家東溝の本拠に逃げ込んだところを捕らえられた。その時、王は手に上方剣を持ち、胸に玉刻の印爾を抱き、掌中には日月の二字が印されるなどして、まるで演劇のようであったという。[125]

また別の史料によれば、一九二五年、天門会の首領朱紅灯が、明の崇禎の末裔と称し、自ら「大命帰する有り。まさに大宝に帰すべし」とし、さらに玉璽を拾ったとして、林県で皇帝を自称したが、後に「官軍」に殺され、その流派が安陽、林県で大きくなったという。[126]（この朱紅灯が前述の王六仔と同一人物なのかどうか不明である。またこの天門会と韓欲明の天門会との間には直接の関係はなかったようである）。以上のように真命天子、明の末裔を名乗った反乱がこの地域で頻発しているのである。

一たび立ち上がった農民は、反乱の指導者を超人的カリスマにおしあげてゆくことで、反乱の威力の表現とし、こうしたカリスマ性に媒介され、自らを日常の秩序から分離してゆくのであった。一方指導者は日常生活とは異なる服装などして自己のカリスマ性を顕示する[127]。例えば前述の王六仔が上方剣や印璽を持ち、手に日月の朱紋があったという。この事は、反乱そのものの日常的秩序からの離脱を象徴するものであろう。

八月一四日、韓欲明は一〇余人を率いて林県城に赴き物を買おうとしたが、城門は閉じたままであったのを怒り、県城攻撃が始まった。県側では一時天門会を押し返して、九月六日、城内の保衛団がうって出たが、（東）油村に向かう途中、天門会に遭遇して敗れて二〇余人が殺された。この事件は結局県側が譲歩して、保衛団の薛隊長の追放と公款局役員の変更により天門会と講和した[128]。既に林県農村部を掌握し、真偽はともかく前述したように「（東）油村政府」とも言われた天門会が、軍閥統治の末端を支える県城にまで影響を及ぼしているのである。

林県に接する山西省の平順県には、多くの林県人が移住していたが、地元民に圧迫され、それに対抗するために、一九二六年の冬までには天門会が伝わった。官はこれを禁止したが、それに従わなかった。そのため晋軍（閻錫山軍）が弾圧に来て天門会と衝突し、天門会は営（大隊）長を殺し、銅製の大砲や爆発弾を奪った。その後多数の晋軍がやって来て、多くの天門会員を殺し、家産を没収した。その時はちょうど大雪が降っていて、天門会側は老人を助け幼児を携えて崖を落ち多数の死者を出した[129]。

一九二六年末には、直隷省の磁県に天門会は伝わった。すなわち一九二六年暮、区長に陥れられた磁県の李有禄は、林県に行って天門会を学び、村に帰って設壇し、その後磁県各地に分壇が設けられた[130]。当時直隷省南部には奉天軍が駐屯し、河南省に攻め込もうとして、河南省を支配していた靳雲鶚の河南保衛軍との戦闘準備のため種々の税を課し、農民を苦しめていた。磁県天門会は同一の宗教イデオロギーの紐帯に頼り、河南省林県の総（老）団師韓欲明に助けを請い、一月二五日（旧暦一二月一二日）数万人を糾合して、奉天軍の下で徴税していた磁県岳城鎮巡警局を焼き、巡警四人を殺し警長を拘留した。そして弾圧にでてきた奉天軍二個大隊を破り、銃砲弾薬等の武器を奪って、さらに奉天軍約一軍の駐屯している磁県城を包囲し、「お前達は関外に出て失せ、我々の死んだ八人の兄弟を治療して生き返らせよ」と城外から痛罵して、奉天軍の撤退を要求した。このように「死者を生き返らす」という一見非合理な要求がまかり通るのは、闘争が高揚する時によく見られることであるが、城内の奉天軍は和平交渉して時間を稼いで、列車に乗ってきた援軍数万が到着すると、城外に出て天門会を挟み撃ちにした。天門会は漳河北岸の双廟鎮まで退きここで陣を立て直し、奉天軍と対峙した。そこへ直隷省の臨漳、河南省の安陽、林県各地の天門会、紅槍会が宗派主義を越えて応援にきた。一方奉天軍は岳城一帯の数十村を焼き、数百人の老若男女を殺した。この一月末から二月初めの戦いにより、天門会は奉天軍騎兵一個旅団を完全に破った。さらに三月一一日には、黄河沿岸に展開していた奉天軍の背後をつき、磁州駅において一個連隊をせん滅し、以後京漢鉄路の大きな駅に若干の駐屯軍がいる外、農村部から奉天軍を追放した(131)。

この勝利をもとに三月、韓欲明はついに林県城に入城し、旧教諭署に住み、税である地丁は会に帰し省には送らないようにした(132)。そして地方権力の集中している県城を支配し林県全域にその影響を及ぼすようになった。郷村秩序を担い軍閥統治下の県政を握っていた十豪劣紳に対して、まず年来県との間で仲介していた捐の金を清算させ、そして銃を借りる。銃が無ければ期限を決めて購買させるか、代価を払わせる。期限が過ぎて銃を渡さなければ即座に銃殺する。この土豪劣紳に対する敵対的な態度は、その他の紅槍会が往々にして郷紳に指導権を握られ利用されているのと最も異なっている点である。この結果、ある者は天門会に銃殺され、ある者は逃亡し、多くの邸宅が空っぽになってしまった。そして天門会の勢力下の地方では、土匪や敗残兵の騒擾を受けず、一切の苛捐雑税は免除され、商人の営業と農民の再生産が保証されるようになった。さらに訴訟も県では行われず近くの天門会が解決した。これらの事により一般の商人と民衆は、天門会を支援して、銃弾を買うための財政的援助をしたり、出征するときの糧餉のために若干の金を出した[133]。一方では安陽県にあった宗教的秘密結社と思われる清道門と衝突し、双方に多数の死者を出した[134]。

四月になると天門会は護民軍と改称し、四月一三日輝県県城を占領し、さらに武安、滑県県城を占領し、自己の支配地域を拡大した[135]。当時河南省北部二〇県は、ほとんど天門会の勢力範囲となり、その数三〇万といわれる[136]。四月から六月にかけての武漢政府の「第二次北伐」期には、中共と「合作」を行い、奉天軍を攻撃した[137]。この間河南省の政治・軍事情勢は大きく変動し、隴海鉄路を西進してきた馮玉祥軍により、五月以後河南省は支配されることになった。また大量の奉天軍が黄河南岸に渡河していった。

このような省統治者の交代と混乱および軍隊の移動による省権力の空白に乗じた形で、七月八日、韓欲明は一時放棄していた林県城に入城し、黄華書院内に住み、総務・会務・財務・執法などの名目の八大処を設置し、「自己権力」機関を設置するとともに、電柱を立て銃砲工場を設置し、武器の自給を図ろうとした。その時知事劉啓彦が夜逃げしたので、韓欲明は以前捕らえた渉県知事石恩倫を連れてこさせ、知事にしたという。また渉県を沙陽、輝県を河平と改名した上でそれぞれ知事を任命した。一〇月頃、下堡を焼き水冶県城を攻めたが陥落できず、水冶県人により安陽県の天門会の入会者が殺された。冬、またも奉天軍と磁県で戦い馬を奪い、観台、磁県などの炭鉱を略奪した[138]。

このように何度か奉天軍と戦ったのであるが、当時直隷省南部から河南省北部にかけて大きな勢力をもっていた天門会に対して、奉天軍、馮玉祥軍両方から働きかけが行われ、一転して奉天軍につくことになった。この経過については、最近の喬培華氏の研究によれば、韓欲明により林県知事に任命された石恩倫の女婿は奉天軍の交通旅旅長蔣斌であり、石恩倫が韓の許可を得て北京に戻った時、蔣斌が仲介して、張作霖に会わせた。張作霖は当時天門会に交通線を襲撃され苦しんでいたので、石恩倫の建議により天門会と誼を通じることにし、張作霖から金の飾りの鞍付きの名馬一頭、宝刀一振り、書画一副が送られた。韓欲明の側でも顧問である清の秀才郭金昆が奉天軍につくことに賛成し、郭金昆が石恩倫とともに北京に行って張作霖に会って、天門会の経費として三万元を与えられ、それ以後奉天軍につくことになったという[139]。一方、馮玉祥軍の方では、天門会を収編しようとして参謀劉文彦を韓欲明の所に派遣したが、劉文彦は韓欲明に斬られて失敗してしまった[140]。そのためこれ以後、馮玉祥軍と敵対的な関係となり、ついに天門会は一九二八年三月、馮玉祥の部下の龐炳勲（勛）軍の攻撃を受け林県城を放棄し、太行山中の西山の菩薩岩に立て籠もることになり、そこを八カ月維持した後、一九二九年一月、そこも放棄して黄華口から脱出し、奉天に亡命していった[141]。

河南省西部の紅槍会

一方、河南省西部[142]では、国民軍第二軍敗退後、張治公等の鎮嵩軍は紅槍会の首領とわたりをつけてその支配をしていたが、県知事は正・雑の各税を徴収しようとしても紅槍会の反対により徴収が困難であった[143]。しかも陝西省の西安を一九二六年三月から包囲していた劉鎮華の率いる鎮嵩軍は、五原誓師以後、勢力を回復した国民軍連軍に一一月に破れて西安の包囲を解き、隴海鉄路に沿って河南省西部に撤退し始めた。その時に新安、澠池、洛陽等の紅槍会は、隴海鉄路沿線の観音堂に鎮守して、鎮嵩軍の河南撤退に反対して、自分達の要求を各県署に提出し、県署により受理された。

一、劉鎮華が軍を統率して洛陽に帰ることに反抗する。軍が陝州、霊宝、閿郷、盧氏を占拠することを許さない。
二、陝潼護軍使張治公に対してなお好感を示すが、もし張治公が紅槍会に対して干渉行動をすれば駆逐する。
三、陝州から洛陽一帯までの隴海鉄路の汽車が、陝西軍、劉鎮華軍を東に運ぶのを許さない。もし軍人が東に来ることがあれば、群起して防ぐ。援軍が西に行くことには反対しないが、ただ西安、陝州、澠池各駅に分駐してはならない(144)。

このようにまとまった形で紅槍会の要求が成文化されることは珍しいが、この要求の注目すべき点は、土着軍閥といわれる鎮嵩軍に対しても河南省西都への進駐反対を明確にしている点である。

直接に県署に対しての要求は「各県が給養を強制的に割り当てることと、兵差に応じることに反対」し、「民国一八年、一九年の丁漕を予徴することに反対」するの二項目であり、苛捐雑税、兵差給養を、県署が軍閥の意を受けて課することへの反対であった。

これらの諸要求を紅槍会側は、省の統治者である軍閥側につきつけていった。そしてそれを支えたのは、武器弾薬を充足して観音堂に結集した四、五万の紅槍会の力である(145)。また彼等は「人民が糧を出すのは、軍隊に頼って、地方を保護し土匪を除いてもらうためだ。現在、大変重い糧を出しているが、地方はなお平隠ではない。したがって人民はすでに連合して自治を行い、糧餉を納めず、また軍隊の保護に頼らない」と称していた(146)。

河南省西部の紅槍会がこれらの要求をつきつけた後、一九二七年の初め頃、「河南全省紅槍連会総部の汴（開封）民に勧告する宣言」が発表された(147)。河南全省紅槍連会なるものの実体は不明であるが、この宣言はまず呉佩孚の「三年糧を徴さず、苛捐雑税を免除す」という河南省に来る前の約束が反故にされたばかりか、その害は老陝（国民軍第二軍）よりさらにひどいと述べ、さらに「河南省西部の兄弟達はすでに事を始めた。新安、宜陽、洛寧、登封、偃師の兄弟達は、すでに抗捐抗糧を行っている。われわれ全省各県の兄弟達も立ち上って呼応し、一致反抗する準備をしている」と全省的蜂起を呼びかけた。

また開封城の民衆に対して、呉佩孚が「一カ月の房租を借りる。石油特税を定める。四郊の護城地五里を競売する。絲茶銀行鈔票五〇万を発行する。有息（利息のある）証券を強制的に使用させる」等の負担を課したため「大小の商店が完全に破産する。あんた達は忍耐するのか。あんた達は多年営んでいる商売を今より閉じるのか。もしあんた達が勇気を奮いおこして反抗するのなら、われわれ田舎の兄弟達は、あんた達の助け太刀をすることを誓おう」と、農村都と都市部の連帯行動を提起している。その場合に、紅槍会は「これ以後、隊長にしてやる、役人にしてやるという甘言に耳を貸さない。なぜならばそれらはみな表面は耳ざわりが良いが、内心は一物を持っているからである」と、国民軍第二軍追放の時に、呉佩孚に収編されたことに対する反省を示し、収編されることを拒否しているのである。

河南省西部の紅槍会は、一九二七年四月、鎮嵩軍所属の王振部隊が掠奪を続けながら東進してきたのに対し、新安の紅槍会と民団が蜂起してこれを破り、さらに五月には洛湯にいた張治公軍を包囲して破り、そのため張治公軍は洛陽を撤退して偃師に移動した(148)。その後鎮嵩軍は馮玉祥軍に収編され、馮玉祥の率いる国民軍は、農村部を支配している紅槍会と協定して、隴海鉄路沿いに鄭州をへて開封に至り、河南省北部に展開している奉天軍と直面することになった(149)。

一九二七年四月、武漢政府の下で第二次北伐が開始され、唐生智指揮の国民革命軍は、京漢鉄路沿いに奉天軍と闘いながら北上していき、六月には鄭州、開封に到達し馮玉祥軍と一緒になった。その後、鄭州会議の決定により河南省は馮玉祥の支配下に入ることになった。

馮軍の弾圧にあい、河南省の紅槍会はこの後、衰退期に入った。馮玉祥は一九二七年七月に「河南地方紅槍黄槍等会改編民団暫行条令」を出し、県長を総監督とする民団化を進めていった。[150] 河南省北部の林県を中心とした天門会は、前述したように一九二八年三月、馮軍所属の龐炳勳指揮の部隊により前年六月から支配していた本拠の林県城を奪回され、太行山中に撤退した。また河南省西部の紅槍会も、一九二八年五月頃に、樊鍾秀率いる建国豫軍とともに馮玉祥軍と戦い、共同して鄭州、洛陽を包囲したこともあったが、建国豫軍の退却後、馮軍の攻撃により破られ離散していった。[151]

二元的対立による世界の解釈

蜂起した紅槍会に結集した農民の間では、特に河南省で、一九二六年二~三月にかけての紅槍会による国民軍第二軍に対する全省的蜂起以来、敵は軍隊であり、悪い軍隊の代表として老陝（国民軍第二軍は陝西省出身者が多いのでこう呼ばれた）というイメージが、多くの農民の話を総合する中でできあがり、一方、自らを解放してくれる味方として、伝統的な真命天子（真龍天子）という二元的対立による世界の解釈が広まっていった。[152]

その興味深い例として、前述の一九二七年四月の武漢政府の第二次北伐の時に、国民革命軍第四軍政治部に所属していた中共党員朱其華が、河南省南部の信陽での紅槍会大会参加のために列車に乗車して来た紅槍会員と行った以下のような問答がある。朱の「紅槍会加入以後、どんな事をしたのだろうか」という問いに対して、紅槍会員は「第一は老陝を攻撃したことだ」と答えた。朱は、紅槍会は陝軍（国民軍第二軍）を最も恨み、その他の如何なる悪い軍隊も、すべて「老陝」と決められていると述べ、「老陝」という言葉が悪い軍隊の代名詞化していることを指摘している。さらに朱と紅槍会員との間には以下のような問答が行われた。

朱其華「あんたは革命軍に賛成するだろうか?」

紅槍会「われわれが?………」彼はちょっとためらい、それから心地良げに「真命天子が出世しなければ、すべてが駄目だ」と言った。

朱英華「真命天子は存在しないものだ。それは人をだます話だ。われわれ自身が真命天子なのだ」

紅槍会「なぜ? あんたは間違ったことを言ってるよ」かれは頭を振り、またも欣然として得意そうに「しかし、今や天下はもうすぐ太平になる。なぜならば真命天子がすでに出世したからだ」

朱其華「あんたはどのようにして知ったんだい?」

紅槍会「関老爺（関羽）が言ったのだ、山東済南府に紫微星［天子の星］がすでに下凡したと[153]」

この問答は、伝統的な農民の世界にいる紅槍会員と、近代的なマルクス・レーニン主義の世界観を持った中共党員との意識の隔離が明白に出ていて興味深い。紅槍会の指導者のある者は、このような農民の真命天子（真龍天子）に対する信仰に対して、みずからが意味の専門家[154]でないこともあり、往々にして皇帝を名乗って、農民を組織化していった。例えば一九二六年一月三日に滎沢、河陰の境界で大紅学会、黄槍会連合軍を破った小紅学会の首領李真龍は「どういう訳か帝皇《ママ》の福があり、故に真龍」と名付けるとし、みずから皇帝と称した[155]。その他に前述した黒槍会の首領盧延沙の例があげられるし、また後述するように無極道が一九二九年三月一二日（陰暦二月二日龍抬頭の日）に、真龍天子が機運に乗じて生れるのだと称して、二四県五〇分会で同時蜂起を計画したのも、農民のこのような真命天子（真龍天子）への信仰を配慮したものであろう。

国民党の統治と無極道

ところで山東省では一九二八年四月、蔣介石が北伐を再開して、国民革命軍第一集団軍（蔣介石系）は山東省南部から、国民革命軍第二集団軍（馮玉祥系）は山東省西部から、それぞれ、張宗昌軍、孫伝芳軍と戦いながら済南を目指した。四月三〇日、張宗昌は済南を捨てて北上し徳州に至り、張宗昌の山東省統治は終わった。翌五月一日、国民革命軍第一集団軍は済南に入城した[156]。

五月三日、日本軍は入城している国民革命軍に発砲して死傷させて武装解除し、さらに中国の外交官蔡公時および随員を殺し、悪名高い済南事変を引き起こした。

一〇日、国民革命軍は済南を退出して、迂回して北伐を継続することになった。蔣介石は山東省の主席に馮玉祥系の第二集団軍第二方面軍の孫良誠を任命し、さらに黄河を渡って北上していく第一集団軍、第二集団軍の指揮を馮玉祥に任せた[157]。これ以後、山東省政府は一九二九年五月まで泰安に置かれ、また日本軍は、済南および青島、ならびに膠済鉄路二〇華里以内を軍事占領して、中国軍の駐屯を許さず、軍事施設も設けさせなかった[158]。

山東省の主席となった孫良誠は、泰安に省政府を置いたが、膠済鉄路沿線は日本軍が占領して山東半島を分断し、また省内の各地、特に膠済鉄路の北部には旧直魯連軍系の雑色軍がおり、また各地に土匪が盤踞して、支配権の及ぶのは山東省一〇七県中、西部のわずか五〇県であった[159]。

ところで孫良誠の下での国民党の支配は如何なるものであったろうか。孫軍は、馮玉祥麾下の軍隊中でも最も優秀で、軍規も厳しく飲酒、喫煙、麻雀、公私娼に遊ぶことを禁止し、阿片吸飲者は銃殺にした、また軍服の右胸には、馮の写真を焼きつけた徽章をつけ、また左胸には、「わたしは不平等条約撤廃のために命をかける」という標語を書いた白い布をつけていた[160]。

農民に対する政策としては、一方では共産党による土地革命の運動を禁止しながら[161]、他方で省、県、郷鎮区に農民識字運動委員会を設け、農民を農民夜学校、農民半日夜学校、各種補習学校に入れ、民権の主体たる農民に対する思想教育や識字教育を行おうとした。また農民協会を組織し（その構成員は、土豪劣紳、買弁、阿片吸飲者、賭博者を除く男女一六歳以上の自作、半自作、雇傭手工業者、農村労働者であり、自作農を中心とし、地主の加入もこばまないものであった）、その仕事は、郷村自治、農民自衛、種子耕具改良、灌漑、道路修理等農民生活の改良的色彩の濃いものであった(162)。

課税の面では、農民の負担を軽くしようとして、商工業者への負担をかけ、家屋税、営業許可税、営業登録税、食牛の搬出のさいの護照費及び印紙、石油税をそれぞれ重くした。一九一四年に出された「山東財政庁地丁改徴銀元細則」によれば、地丁一両に対して国税として銀元一元八角、地方税四角、合計二元二角と決められていたが、張宗昌の統治時代、博山では国税、地方税それぞれに対する付加税を合計して、地丁一両に対して一四元の多きに達した。孫良誠は付加税を二元八角におさえて、地丁一両に対して、国税、地方税、付加税をあわせて四元にしようとしたが、訓政期における民権準備のための費用として、地方党務費、地方立法費、地方行政費、地方司法費、公安費、地方教育費、地方財政費、地方農鉱商費、地方工程費等の付加税を課したため、結局、国税、地方税、付加税を合わせて八元以上となり、新しい省政府の下で苛捐雑税の撤廃を願っていた農民の不満を買った(163)。

山東省の民衆に特に大きな不満と恐慌をもたらしたのは、県公安局や国民党県党部の創設による破除迷信会や啇聖公自決会の行った破除迷信運動であった(164)。県公安局や国民党県党部等の運動を進めた連中は、北伐の成功後訓政期に入ったとして、人民が民権を行うにたるように、人民の政治知識能力を訓導させようとして、早急にこの運動を展開していった。これは蒋介石の統治下に入った南方の江蘇、浙江、安徽等の省で行われ、民衆の反発を受けたが(165)、北方でも馮玉祥系軍隊の統治している山東、河南、陝西等の省でも行われた。

この運動は、宗教否認、迷信打破、神像・廟宇・祠堂の破壊、寺産・廟産の没収、旧習打破として行われた。具体的には、中国各地の信仰を集めている泰山の廟をこわし、三〇〇〇人の道士僧侶を泰山より追放した(166)。また張宗昌がかつて孔子を尊び孔子の七六代目の子孫孔令貽（衍聖公）と義兄弟の契りを結んでいたことへの反動もあり、孔家一族の世襲財産の四分の三が没収され、孔令貽も辱められた。農民の崇拝している寺廟も破壊され、道士僧侶は還俗させられた。泰山のふもとにあり省政府のおかれていた奉安には、岱廟があったがこれも破壊され、会議所、図書館、平民理髪所、平民休息所等に改修された。旧習打破としては省政府に付設して、放足所を造り、婦女の纏足を禁止し、また婦女の解放を唱えた。県党部は農村に行って、弁髪を強制的に切ったり、陰暦を廃止して太陽暦を強制したり、旧正月を廃止したりした。[169]

農民に親しい宗教、寺廟、風俗を「迷信」として政治権力によって禁止したことは、中国では中華人民共和国成立以後の大躍進期、あるいは文革期にも見られた現象であり、また日本でも明治維新期に見られたことであるが、[170]このような措置を採った上で、山東省政府、国民党党部は、近代的な理念と科学主義の信念[171]にもとづいて、三民主義の宣伝を行い、さらに当面の政治課題の宣伝を行った。例えば泰安では、県城内外の壁や屋根や門柱を問わず「三民主義を実現し、民国《ママ》革命を達成しよう」「駐華の日本陸海軍は撤退せよ」「日本帝国主義を打倒せよ」などという文字を白ペンキで書いたという。[172]

このような山東省政府と国民党党部の進めた破除迷信運動に対し一九二九年三月山東省南部を中心として無極道を中心とする暴動が起きた。[173]当時無極道は会員百数十万に達し、軍事組織である無極道軍も百万を下らず、大本営を滕県、済寧、膠東の数カ所に設けていた。無極道は嘉祥県人の李光炎が創始したものであり、李が方丈兼文師であり、王伝仁が道長であった。一九二八年秋、国民革命軍暫編第一師に収撫された大土匪劉桂堂（劉黒七）軍が滕県に駐屯していたる所で姦掠したのに対し、無極道数千人がこれを破り、その後さらに萊蕪で土匪を破ってから急速に勢力をのばし、小刀会、白旗会、紅槍会等も多く無極道と改称して、参加してきた。

李光炎、王伝仁らは、一九二八年九月以後、大連に亡命しており、山東省東部の直魯連軍の残部を足がかりにして、山東省奪回をはかろうとして紅槍会への工作を進めていた張宗昌一派[174]と結びつき、青島に赴き秘密会議をして四万元の金を得た。二月二〇日には、張宗昌自らが日本の大陸浪人とともに日本船に乗船して大連から龍口に上陸して、山東省奪回のため共和同盟軍を創始した。無極道は孫文の命日であり、各地で追悼の会が開かれるのに乗じて、三月一二日（この日はまた陰暦二月二日で龍抬頭の日であり、彼らは真龍天子が機運に乗じて生まれるのだと称した）に、まず全力で済寧、滕県、魚台を攻撃して、二〇県五〇分会が同時に蜂起し、山東省南部で事を起こして、膠東がこれに呼応する計画を立てた。この蜂起をささえる軍事組織として、中央無極軍、無極軍産同盟軍を作り、そのもとに都統・総指揮・参謀長、師・旅・団・営長、梯隊司令をおき、李光炎、王伝仁らは幹部を兼ね、土豪劣紳王承徳が参謀長となり、清の貢生馬玉文が秘書となった。そして紅槍会、白槍会を友軍として、その符号として上級会員は黄色を用い、普通の会員は藍色を用いた[175]。

三月一二日、滕県の小刀会数百人は、迎神賽会を行おうとしたが、国民党県党部および県公安隊が禁止してしまった。そのため無極道、小刀会、紅槍会一万余名が、午後になると県城を包囲した[176]。この県城包囲を指揮したのは、楊老道というある廟の住持道士であり、同時に紅槍会の首領を兼ねていた男であった。彼は国民党の破除迷信運動で打撃を受け、会員を連合して一致して反対していた。楊老道は会員を指揮する時に、大紅帽をかぶり黄馬掛を着て、清朝の王、公、巴圖魯のような芝居じみた異装をして、日常生活とは別の非日常の状態であることを誇示した。そして県当局に一、廟宇を再建して、再び仏像を造る。二、婦女の纏足は、禁止してはならない。三、紅頂花翎は旧制に復す[177]、という破除迷信運動に対決する三条件をつきつけた。県城内では県公安隊の数が少なかったので城門を閉じて守備していたが、一九二八年に旧直魯連軍から国民革命軍第一集団軍に収編されていた第四八師（徐源泉師長）第一四二旅（張冠五旅長）の二八四団張明述部隊と、たまたま列車に乗って滕駅に着いた第三師第七旅一三団李仙洲部隊が、駅に展開していた無極道に対して発砲し、無極道は包囲を解いて退却していった(178)。さらにその日の夜には、無極道は滕県と南沙河のレールをこわし、この二つの軍隊と衝突した。

また臨城（薛城）でも小刀会数千人が県城を包囲した(179)。済寧に対しても李光炎、王伝仁等が自ら指導をして、一二日三千人の無極道が二度にわたって攻撃をかけた後、駐屯していた第二集団軍第二一師梁冠英部隊によって、死者千数百、生け捕り八百の被害を受けて撃退された。翌一三日には二万余人が集まり攻城したが、梁部隊の反撃により無極道は敗走して四散した(180)。魚台では国民党の党政人員による政治刷新や風習改革が行われていたが、その一環として、魚台の国民党県党部の迎神賽会の禁止を契機として暴動が起こった(181)。一一日、無極道は代表馬某（前述の馬玉文か？）ら代表四人が、李炎奎県長に対して七条件の要求を出した。無極道の代表が去って後、県指導委員の陳和均、范玉珍は不測の事態を恐れて豊県へ避難した(182)。一三日、済寧、曹州、金郷、嘉祥、魚台の二万人から五万人の無極道が、李県長に「魚台を殺戮されたくなければ党員を渡せ」と要求し、李県長は「先に包囲を解いてから相談しよう」と応じて押問答になった。その直後無極道と公安隊の戦闘が始まり、午後三時、無極道は公安隊の守っていた県城を陥落させた。城内に入った無極道は、獄中の四人を釈放し、県党部および学校で用いる器具を破壊し二〇万元以上の損失を与え、かつ党員、学生を捕らえた。多くの党員、学生が豊県に逃げて、急を知らせた(183)。一五日、無極道は、さらに豊県、徐州に進攻しようとした。だが豊県の北部には公安隊が守りを固めており進攻できず、また済寧、滕県で敗れたことを知り、一六日、算を乱して撤退していった(184)。

これらの暴動の構成員、特に暴動の指導部を構成していたのは、国民党の「破除迷信運動」によって直接の打撃を受けた廟宇の僧侶（例えば楊老道）と土豪劣紳（例えば王承徳、馬玉文）等の既成の村落社会の秩序を担っていた地主層であり、さらに山東省奪回を目指す張宗昌一派の働きかけもあった。その他に多くの中・貧農を中心とした農民がこの暴動を構成しており、それにより数万人の規模によるこの暴動は起こった。すなわち破除迷信と三民主義の推進を旗印に行われた国民党党部の政策は、農民にとっては全く不可解な他者による、迎神賽会や災害除去の神々等の伝統的世界への挑戦であり、農民に多大の不安と不満をもたらした。張宗昌の場合は、経済的な税収奪や軍事酌な抑圧はしたが、このような農民の伝統的世界を真向から破壊する異質な支配者ではなかった[185]。そのため無極道（紅槍会、小刀会を含む）は、あえて国民党に追放された旧来の支配者であった張宗昌一派と手を組むことすらして、孫良誠省長の下の国民革命軍と戦った。そしてその要求は、国民党党部の「近代的」な政策に対する全面的な否定として、前述したように極めて復古的なものであった。魚台に入城した無極道は「張（宗昌）大帥の命を奉じて、旧有の山河を回復しよう」と多くの者が述べていたという[186]。しかも農民の願っていた苛捐雑税の廃止は、訓政期における民権準備のための国民党党部、県の行政費・司法費・立法費・公安費・学校の費用などにより実現できず、国民党の鳴り物入りの割りには、苛捐雑税は軽くならず農民の不満を高めたため、多くの農民が暴動に参加したと思われる。

農民の生活や生産の改善（苛捐雑税の廃止、雨乞いや虫害を除く等の農耕儀礼をしないですむようにする治水、灌漑の整備、農業技術の改良、さらに封建的土地所有を廃止する土地革命までを含む）無しに、また農民の合意と自発的立上り無しに行われた国民党党部による早急な上からの権力的な「破除迷信運動」は、農民にとっては不安と不満をもたらしただけであった。

入会の儀式を行い、宗教的・武術的習練をつみ、迎神賽会とか市の立つ日に行われる芝居や見せ物、また農耕に関係深い災害除去を願う儀礼等を通じて農民に親しい村落の「共同意識」となっている神々が自己にのり移る事によって「銃砲を避けられる」という確信をし、農民たる多くの紅槍会員が日常生活から立上り、厳しい規律に支えられて抗税抗捐反軍閥の経済的反乱を起こした。さらに天門会など一部の紅槍会は、自らが名乗ったかどうかを別にして真命天子に対する農民の信仰を利用して、政治的反乱に越境しみずからの権力形態をうちたてた。

反帝反封建の中国革命の課題からみると、天門会（それも一時期の）を除くと多くの紅槍会は、村落レベルにおいて郷紳、地主に指導権を奪われ、封建遺制的な彼等を打倒し、「翻身」に立上ることは難しかった。したがって多くの紅槍会が反帝反軍閥の「国民革命」期には反軍閥闘争に立上ったが、村落内部の階級矛盾を問題にする「ソビエト革命」期には、紅槍会の間で、あるいは個々の紅槍会の内部で分化が起こった。また帝国主義が、義和団運動期には、教会を先頭に、鉱山利権の略奪、鉄路建設、洋貨の侵入など、各村落レベルで農民に見えるほど直接的に侵略したのに対し、一九二〇年代には、帝国主義は原料生産としての商品作物栽培を農民に行わせ、各村落レベルでの外敵として、直接的には土匪や軍閥軍が出現するという情況の中で、義和団運動に見られたような素朴な帝国主義認識はほとんど見られない。この点は最も突出した天門会も同様であった。帝国主義と封建主義の抑圧が各村落レベルまで客観的に存在している時、それらを対象化した世界観とそれと対抗できる組織を持たなければ、たとえ抗税抗捐反軍閥闘争を行い農民の再生産維持の要求を持った権力形態であろうと、長期かつ地域的拡大をして維持していく事は不可能であった。また真命天子のカリスマ的能力に頼る事なく、農民自らが解放に立上らねばならなかった。だが帝国主義や封建主義のトータルな認識は、権力構想と同様、村落共同体的小宇宙の世界で生活をしている農民には、考案しにくかった。

河南省の紅槍会は、一九二八年中頃以降、馮玉祥軍による官許の民団化に従わない天門会等への弾圧によって徐々に衰退していったが、山東省では、国民党党部による破除迷信運動と苛捐雑税に反対して、馮玉祥系の山東省政府の統治に対して暴動を起こした。それは国民党の破除迷信運動が、農民の信仰を集めている紅槍会の神々への真向からの否定でもあることへの反発でもあった。

国民党はこれらの暴動を軍事力で弾圧した後、孫良誠政権の下で既に行われていた農民への改良政策を継承し、一九三〇年代には郷村建設運動を支援した。だが日本の侵略によりその限界も露呈され、華北農村の改革は抗日戦争期の中国共産党に残されていった。[187]

註

(1) 山東省の紅槍会については第三章、河南省を中心に各省の紅槍会の事例、およびその階級基盤については、馬場毅「紅槍会運動序説」(『中国民衆反乱の世界』汲古書院、一九七四年)を参照。
(2) 二宮宏之「社会史における『集合心性』」(『歴史評論』三五四号)。
(3) 旗田巍『中国村落と共同体理論』岩波書店、一九七三年、一七六頁。
(4) 右に同じ、一七七―一七八頁。
(5) 右に同じ。
(6) 集成「山東省」(『東方雑誌』第二四巻第一六号、一九二七年八月)。

（7）福武直『福武直著作集　第九巻　中国農村社会の構造』東京大学出版会、一九七六年、二三〇－二三一頁。なお福武氏は華北においては土地廟は、各村落に必ず一つあるか、土地廟と称せられるものがなくとも他の廟の中に祀られているとされている。同上書、二一八頁。

（8）右に同じ、二一八－二一九頁。

（9）中村哲夫「清末華北における市場圏と宗教圏」（『社会経済史学』第四〇巻第三号）。

（10）G.W.Skinner, Marketing and Social Structure in Rural China（*The Journal of Asian Studies*, Vol.24, No.1, 2,3, 1964-1965）邦訳『中国農村の市場・社会構造』今井清一・中村哲夫・原田良雄訳、法律文化社、一九七九年、七－一四頁。

（11）中村哲夫「清末華北の農村市場」（『講座中国近現代史』二、東京大学出版会、一九七八年）。ただしスキナー氏の場合は、楊慶堃の調査に依拠しながら、県城所在地である鄒平が中間市場として、行政上は何らの位階がないけれども中心市場としての周村に依拠している例を示してもいるので（前掲（10）邦訳一二頁）、中村氏の述べているように県城内の市がすべて、中心市場として設定されるか疑問もある。

（12）（10）邦訳、五六頁、五〇－五一頁、五三頁。

（13）（10）邦訳、五四－五五頁。

（14）（10）邦訳、五五頁。

（15）江戸時代の百姓一揆において、蜂起に先立って多様な鬱屈した状況があって、民衆の緊張感がたかまり、些細な事実や噂にも民衆の感覚は鋭敏になったという、安丸良夫氏の指摘（『日本の近代化と民衆思想』青木書店、一九七四年、一六〇頁）に示唆を受けた。

（16）蔚鋼「義和団故事的捜集与整理」（『民間文学』、一九六二年第四期）一五頁。

（17）子貞「反奉戦争中之豫北天門会（四月二九日通信）」（『嚮導週報』一九七期、一九二七年六月）、「会民之起」（『成安県志』巻一五、故事、一九三一年）。

(18)張振之『革命与宗教』民智書局、一九二九年、一四六―一四七頁。
(19)窪徳忠『道教の神々』平河出版社、一九八六年、一五二―一五四頁。宗力・劉群『中国民間諸神』河北人民出版社、一九八六年、七九―八一頁。
(20)周宗廉・周宗新・李華玲『中国民問的神』湖南文芸出版社、一九九二年、二五九―二六〇頁。
(21)前掲『中国民間諸神』二四五頁。
(22)右に同じ、八八四頁。
(23)右に同じ、八九五―八九六頁。
(24)右に同じ、一五六―一五七頁。
(25)右に同じ、一五六頁。
(26)滝沢俊亮『満洲の街村信仰』満洲事情案内所、一九四〇年、一五八頁。
(27)前掲『中国民間的神』七〇〇―七〇一頁。
(28)前掲『満洲の街村信仰』一五七頁。
(29)前掲『中国民間諸神』四八〇頁、六三二頁―六三三頁、前掲『道教の神々』二三六―二四〇頁。
(30)前掲『支那の秘密結社と慈善結社』一三一頁、霽帆「介紹河南的紅槍会」(『中国青年』第一二六期、一九二六年七月)。
(31)「紅槍実習記」(『国聞週報』第五巻第五号、一九二八年二月)。
(32)前掲『満洲の街村信仰』一四九頁。
(33)前掲『中国民間諸神』三〇六頁。
(34)前掲『中国民間諸神』七六四頁、前掲『道教の神々』二三四―二三五頁。
(35)前掲『中国民間諸神』八一頁、前掲『道教の神々』一五三頁。
(36)戴玄之『紅槍会』、食貨出版社、一九七三年、一〇二頁、一〇八頁。
(37)宗教詞典編輯委員会(任継愈主編)編『宗教詞典』上海辞書出版社、一九八一年、九〇八頁。

(38) 前掲『中国民間諸神』八八二頁。
(39) 右に同じ、二四七頁。
(40) 前掲『宗教詞典』七八三頁。
(41) 沈薪「河南之紅槍会」(『国聞週報』四―二四、一九二六年六月)。
(42) 『定県社会概況調査』中華平民教育促進会、一九三三年、四三一―四三五頁、なお北岳についての説明は前掲『中国民間諸神』三二四頁、三二六頁による。
(43) 『中国農業の諸問題』技報堂、一九五二年、二九一―二九三頁。
(44) 前掲「紅槍実習記」。
(45) 接神のやり方については、永尾龍造『支那民族誌』第一巻(支那民族誌刊行会、一九四〇年)二七―九六頁に詳しい。また兜肚(はらがけ)の習慣については同書、九九―一〇〇頁を参照。
(46) 沈中徳「紅槍会与農民運動」(『農民運動』第九期、一九二六年七月)、前掲「河南之紅槍会」、小沢茂一『支那の農村と山東農村』満鉄調査課、一九三〇年、一〇五頁、田中忠夫『革命支那農村の実証的研究』衆人社?、一九三〇年、一四四頁。
(47) 前掲『革命与宗教』一四二頁。
(48) 右に同じ、一七二頁。
(49) 前掲「反奉戦争中之豫北天門会(四月二九日通信)」。
(50) 前掲『革命与宗教』一七〇頁。
(51) 前掲「介紹河南的紅槍会」。
(52) 前掲『支那の秘密結社と慈善結社』、一三二頁。
(53) 右に同じ。
(54) 「通化地方を騒がした大刀会」(『支那事情』三三二号、一九二八年二月)。
(55) 向雲龍「紅槍会的起源及其善後」(『東方雑誌』二四―二一、一九二七年一一月)。

(56) 前掲「反奉戦争中之豫北天門会（四月二九日通信）」、李見荃「天門会始末記」（『林県志』一九三二年、巻一七、雑記）。
(57) 前掲「介紹河南的紅槍会」。
(58) 前掲『支那の秘密結社と慈善結社』一四八頁。
(59) 一三六―一三八頁。
(60) 前掲『支那の秘密結社と慈善結社』一三三頁。
(61) 山口昌男『歴史・祝祭・神話』中央公論社、一九七四年、一六四―一六五頁参照。
(62) 前掲「介紹河南的紅槍会」。
(63) 前掲『革命与宗教』一七一頁。
(64) 李大釗「魯豫陝等省的紅槍会」（『政治生活』第八〇・八一期、一九二六年八月（ただし『李大釗選集』〔人民出版社、一九六二年〕による。なお原載の『政治生活』の期数、発行年月は『李大釗研究辞典』〔紅旗出版社、一九九四年、九九頁〕による）。
(65) 里井彦七郎『近代中国における民衆運動とその思想』東京大学出版会、一九七二年、二九〇頁。
(66) 前掲「反奉戦争中之豫北天門会（四月二九日通信）」。
(67) 前掲「河南之紅槍会」および「紅槍会とは何ぞや」（『満調査時報』六―九）一九二六年九月による。両者の人名は多少異なるので、後者の人名を括弧で記した。
(68) 前掲『革命与宗教』一四〇頁―一四一頁。
(69) 前掲拙稿「紅槍会運動序説」。
(70) 前掲『革命与宗教』一三九頁。
(71) 前掲「介紹河南的紅槍会」。
(72) 『中央通信』第六期、一九二七年九月所収。
(73) 恩銘「山東省委書記鄧恩銘向中央的報告」（山東省檔案館・山東社会科学院歴史研究所合編『山東革命歴史檔案資料選編』

第一輯、山東人民出版社、一九八一年)。
(74) 前掲「反奉戦争中之豫北天門会(四月二九日通信)」、『中央通信』第三期参照。
(75) 三谷孝「伝統的農民闘争の新展開」(『講座中国近現代史』五、東京大学出版会、一九七八年)一四一頁。
(76) 三谷孝「国民革命時期の北方農民運動—河南紅槍会の動向を中心に—」(『中国国民革命史の研究』青木書店、一九七四年)二六九頁、二七一頁。
(77) 安作璋主編『山東通史』現代巻、上册、山東人民出版社、一九九四年、五九頁、「陵県暴動計画」一九二七年一一月(前掲『山東革命歴史檔案資料選編』第一輯)。
(78) 前掲『山東通史』現代巻、上册、一二八—一二九頁。
(79) 前掲「国民革命時期の北方農民運動—河南紅槍会の動向を中心に—」二六九頁。
(80) 右に同じ、二七三頁。
(81) 『(重修)信陽県志』巻八、民政、郷団、一九三六年。
(82) 李見荃「天門会始末記」(『林県志』一九三二年、巻一七、雑記)。
(83) 集成「山東省」(『東方雑誌』二四—一六、一九二七年八月)。
(84) 『濰県志』巻一七、武備、団練、一九四一年。
(85) 看青会と「村落共同体」についての論争、およびその実態については旗田巍『中国村落と共同体理論』(岩波書店、一九七三年)を参照。
(86) 前掲『濰県志』巻一七、武備、団練。
(87) これらの実態については、馬場毅「紅槍会運動序説」(『中国民衆反乱の世界』汲古書院、一九七四年)を参照。
(88) 河南省の紅槍会については前掲馬場毅「紅槍会運動序説」、前掲三谷孝「国民革命時期の北方農民運動—河南紅槍会の動向を中心に—」を参照した。また山東省の紅槍会については、本書第三章を参照。
(89) 前掲「紅槍会的起源及其善後」。

(90) 小林一美「中国農民戦争史論の再検討」（明清時代史の基本問題編集委員会編『明清時代史の基本問題』汲古書院、一九九七年）三六〇－三六一頁。
(91) 前掲「紅槍会運動序説」一二二－一二七頁。
(92) 前掲「紅槍会運動序説」一一〇頁、前掲「国民革命時期の北方農民運動－河南紅槍会の動向を中心に－」二三九頁。
(93) 「岳維峻死耗之伝疑」（『時報』一九二六年三月一九日）
(94) 前掲「紅槍会運動序説」一一三頁。
(95) 前掲「国民革命時期の北方農民運動－河南紅槍会の動向を中心に－」二五一頁。
(96) 李太黒の蜂起については以下の資料による。①申仲銘「記魯西紅槍会三事－（第一記）李太黒抗税攻打聊城（一九二六）－（『紅槍会概述』所収）。なおこの資料は、タイプ刷りのもので山根幸夫氏を通じて申仲銘氏から送られた。記して両氏に感謝するとともに、故申仲銘氏の御冥福を祈る。なおその後、申仲銘氏の生前に、申仲銘編著『民国会門武装』（中華書局、一九八四年）に収められた。②「述紅槍会首李太黒伏法之経過」（『申報』一九二六年五月一一日）。③曲魯「東昌農民的暴動及其発展的趨勢（山東通信　一九二八年　月二八日）」（『布爾塞維克』第一八期）。
(97) 「魯南紅槍会之騒動」（『時報』一九二六年四月一五日）、「魯南会匪騒動続聞」（『時報』一九二六年四月一六日）、「蘇魯交界匪禍記」（『申報』一九二六年四月二二日）、前掲李大釗「魯豫陝等省的紅槍会」、阮嘯僊「全国農民運動形勢及其在国民革命的地位」（『中国農民』第一〇期、一九二六年一二月）。
(98) 前掲「国民革命時期の北方農民運動－河南紅槍会の動向を中心に－」二四八頁。
(99) 杞県の紅槍会については、前掲馬場毅「紅槍会運動序説」、前掲三谷孝「国民革命時期の北方農民運動－河南紅槍会の動向を中心に－」を参照した。
(100) 「河南紅槍会又与官兵開戦」（『時報』一九二六年五月一七日）。
(101) 瀟湘「河南紅槍会被呉佩孚軍隊屠殺之惨状」（『嚮導週報』一五八期、河南通信、一九二六年五月二五日）、前掲「紅槍会運動序説」一一四頁、前掲「国民革命時期の北方農民運動－河南紅槍会の動向を中心に－」二四八－二四九頁。

(102) 前掲「河南紅槍会又与官兵開戦」、前掲「紅槍会運動序説」一一五頁、前掲「国民革命時期の北方農民運動－河南紅槍会の動向を中心に－」二四八－二四九頁。
(103) 農民協進社編『中国農民問題』(三民出版部、一九二七年四月再版) 七四頁、前掲「紅槍会運動序説」一一五頁、前掲「国民革命時期の北方農民運動－河南紅槍会の動向を中心に－」二四九頁。
(104) 前掲「河南紅槍会又与官兵開戦」、前掲「紅槍会運動序説」一一五頁。
(105) 前掲「河南紅槍会又与官兵開戦」、前掲「河南紅槍会被呉佩孚軍隊屠殺之惨状」、沈中徳「紅槍会与農民運動」(『農民運動』第九期、一九二六年九月)、前掲「紅槍会運動序説」一一六頁、前掲「国民革命時期の北方農民運動－河南紅槍会の動向を中心に－」二四九頁。
(106) 前掲「河南紅槍会被呉佩孚軍隊屠殺之惨状」、前掲「紅槍会運動序説」一一六頁。
(107) 前掲「河南紅槍会被呉佩孚軍隊屠殺之惨状」。
(108)「豫東紅槍会敗潰後之近況」(『時報』一九二六年五月二七日)、前掲「紅槍会運動序説」一一六頁、前掲「国民革命時期の北方農民運動－河南紅槍会の動向を中心に－」二四九頁。
(109)「豫東紅槍会囲攻陳州之経過」(『時報』一九二六年六月四日)、「陳州四郷焚掠之惨象」(『時報』一九二六年六月一〇日)、前掲「紅槍会運動序説」一一七頁、前掲「国民革命時期の北方農民運動－河南紅槍会の動向を中心に－」二四九－二五〇頁。
(110) 天門会については①三谷孝前掲「国民革命時期の北方農民運動－河南紅槍会の動向を中心に－」(一九七四年)、②三谷孝前掲「伝統的農民闘争の新展開」(一九七八年) の研究がある。ここでいう旧稿とは、本章の一部のもとになった③馬場毅「紅槍会－その思想と組織－」(『社会経済史学』第四二巻第一号、一九七六年) を指す。なお実態調査を踏まえた最近の研究として、④喬培華『天門会研究』河南人民出版社　一九九三年、⑤三谷孝「天門会再考－現代中国民間結社の一考察－」(『一橋大学研究年報　社会学研究』三四　一九九五年) がある。特に④は天門会に関する初めての専著である。
(111) 前掲 (110) の①、②、③論文。
(112) 前掲『道教の神々』一六六－一六八頁。

(113) 前掲喬培華『天門会研究』四三―四四頁、五〇頁、前掲三谷孝「天門会再考―現代中国民間結社の一考察―」四九―五〇頁。

(114) 「会民之起」(『成安県志』巻一五、故事、一九三一年)。

(115) 山雨「南直豫北民衆反抗奉軍情形」(『嚮導週報』第一八八期、一九二七年一月)および前掲「反奉戦争中之豫北天門会(四月二九日通信)」。

(116) 前掲『天門会研究』六七―六八頁。

(117) 前掲『日本の近代化と民衆思想』一六〇頁。

(118) 前掲「天門会始末記」。

(119) 前掲「天門会始末記」。

(120) 前掲「天門会始末記」。

(121) 「汴東太康之匪禍」(『申報』一九二六年八月二六日)。

(122) 前掲『天門会研究』七六―七七頁、また前掲三谷孝「天門会再考―現代中国民間結社の一考察―」五〇―五一頁も参照。

(123) 喬培華氏も指摘しているように、この時期以後の新聞や中共河南省委は、韓が皇帝を名乗ったとしている。新聞はともかく、一九二六年冬から断続的に天門会に人を送っていた中共河南省委が論拠なしに韓の皇帝即位説を唱えたとも思えない。喬培華氏が指摘している、中共河南省委が韓の皇帝自称説についてふれているのは以下の通りである。なお喬培華氏は河南省檔案館所蔵の檔案としているが、内容から見て、中央檔案館・河南省檔案館『河南革命歴史文件匯集(省委文件)』(河南人民出版社、一九八四年)所収の文献と同じと思われる。以下喬培華氏の引用してない若干の部分も補い、原文のまま引用する。

「天門会中央来示派人工作、但以過去工作失了信仰、天門会日趨反動、団師部完全被豪紳包囲、老団師韓裕《ママ》民已頒布年号為天酉二年、改西村為〝酉(西)京〟搭蓋宮殿。擬建〝酉(西)京〟至林県的鉄道、設兵工廠、有有《ママ》専制皇帝自為了。目前派人進去非常為難」(「河南省委関於農民運動情況的報告(一九二七年九月)」『河南革命歴史文件匯集(省委文件)一九二五年―

一九二七年』一二八頁）

「象現在的天門会組織、行動便失掉階級性、土豪劣紳惨入組織；老団師部幾尽為豪紳包囲、領袖韓裕民《ママ》簡直定年号－称天西二年、蓋皇宮、建京都－名西村為西京、帝王自為了！」（「河南省委給中央的報告－関於形勢、工農運動及党組織状況－（一九二七年一一月二四日）」『河南革命歴史文件匯集（省委文件）一九二五年－一九二七年』三三二頁）

「只可惜它的領導権完全握在地主豪紳手里、呈〔成〕為絶大的封建組織、竟至走到称帝称王岐途」（「岳凌雲、張芸生関於目前情況及今後工作意見向中央的報告」（一九二八年五月一〇日）」『河南革命歴史文件匯集（省委文件）一九二八年』一八八頁））

また現在八〇歳以上になる老人が七〇年近く前のことをどれくらい正確に覚えているかという問題と、穿った見方をすれば現在の中国で、韓が皇帝を名乗ったことが知られれば、韓の評価に傷がつくというので話さないという配慮が行われたのではないかという推測もなりたつ。

(124) 長野朗『支那兵・土匪・紅槍会』坂上書院、一九三八年、三一九－三二〇頁。

(125) 「豫省匪禍之奇観」（『時報』一九二五年五月二〇日）。

(126) 前掲『革命与宗教』一三五頁。

(127) この点については、安丸良夫氏の分析に示唆を受けた（前掲『日本の近代化と民衆思想』二二三頁）。

(128) 前掲「天門会始末記」。

(129) 前掲「天門会始末記」。

(130) 前掲『支那兵・土匪・紅槍会』三四〇頁。

(131) 前掲「南直豫北民衆反抗奉軍情形」、前掲「反奉戦争中之豫北天門会（四月二九日通信）」、「奉軍入豫中之豫聞」（『時報』一九二七年二月二七日）。

(132) 前掲「天門会始末記」。

(133) 前掲「反奉戦争中之豫北天門会（四月二九日通信）」。

(134) 前掲「天門会始末記」。

(135)「張学良韓麟春僕僕京豫間」(『申報』一九二七年四月二一日)、「豫省最近戦訊」(『申報』一九二七年五月六日)、「豫西軍民大激戦」(『申報』一九二七年五月八日)。
(136)前掲「反奉戦争中之豫北天門会(四月二九日通信)」。
(137)前掲「反奉戦争中之豫北天門会(四月二九日通信)」、中共中央「致河南函」(『中央通信』三期、一九二七年八月三〇日)
(138)前掲「天門会始末記」。
(139)前掲『天門会研究』九二―九三頁。
(140)前掲「天門会始末記」。
(141)前掲『天門会研究』九六―一〇〇頁。
(142)この時期の河南省西部の紅槍会については、前掲三谷孝「国民革命時期の北方農民運動―河南紅槍会の動向を中心に―」二五二―二五四頁、二七〇頁でふれられているが、ここでは紅槍会の思想を問題にしているのであえて採り上げる。その思想や要求がはっきり解る箇所については、原文にあたって訳し直した。
(143)「河南紅槍会又与官兵開戦」(『時報』一九二六年五月一七日)。
(144)「豫西愈形紊乱」(『時報』一九二六年一二月二〇日)。
(145)右に同じ。
(146)「豫省最近之情況」(『申報』一九二七年一月一七日)。
(147)前掲「紅槍会的起源及其善後」。
(148)「豫西軍事変化現象」(『時報』一九二七年五月二三日)、「豫西混乱中之又一訊」(『時報』一九二七年五月二五日)。
(149)前掲「国民革命時期の北方農民運動―河南紅槍会の動向を中心に―」二五四頁。
(150)右に同じ、二六七頁。
(151)右に同じ、二七〇頁。
(152)この点については日常的な生活者である民衆が、百姓一揆に際してこの世界の全体性を、特定の悪役と蜂起する集団とを二つの極とする明白な善悪の二元的対抗とへと構造化してとらえるという安丸良夫氏の指摘に示唆を受けた（前掲『日本の近代化と民衆思想』一九二―一九三頁、一九六頁）。

(153) 朱其華『一九二七年底回憶』上海新新出版社、一九三三年、一四三―一四四頁。なお原文では、紫薇星となっているが（一四四頁）、星ということなので紫微星でなければ意味が通じないと考え紫微星と訂正した。また［　］内は馬場の註である。

(154) 安丸良夫氏の用語を借用した（前掲『日本の近代化と民衆思想』一九二頁）。

(155) 「河南紅槍会大激闘」（『時報』一九二六年一月一一日）。

(156) 陶菊隠『北洋軍閥統治時期史話』第八冊、生活・読書・新知三聯書店、一九五九年、二一四―二一六頁。

(157) 右に同じ、二一九―二二一頁。

(158) 右に同じ、二二〇頁。

(159) 小沢茂一『支那の動乱と山東農村』満鉄総務部調査課、一九三〇年、七二―七三頁。

(160) 右に同じ、四頁。

(161) 実際には、当時中共山東省委には土地革命を行う力量はなかった。中共と山東紅槍会については、本書の第四章、第五章を参照。

(162) 前掲『支那の動乱と山東農村』七四―七七頁。

(163) 右に同じ、七四頁、六二―六三頁。

(164) 右に同じ、五頁。

(165) 三谷孝「南京政権と『迷信打破運動』（一九二八―一九二九）」（『歴史学研究』一九七八年四月号）。なお三谷論文では、破除迷信運動は「改組派」によって行われたとしているが、私の問題関心は、国民党の全国統一初期の統治政策が紅槍会に結集した農民にどう見えたかにあるのであって、国民党内部の「派閥」による権力闘争にはない。

(166) 前掲『支那の動乱と山東農村』八一頁。

(167)　李新・孫思白主編『民国人物伝』一、中華書局、一九七八年、二四〇頁。
(168)　前掲『支那の動乱と山東農村』八一頁。
(169)　右に同じ、五頁。
(170)　例えば明治維新期における廃仏棄釈、太陽暦の施行などがあげられる。
(171)　特に馮玉祥自ら、科学文明と機械文明をもって救国の方針としたという。前掲『支那の動乱と山東農村』八〇頁。
(172)　右に同じ、七二頁。
(173)　無極道の蜂起については、三谷孝「江北民衆暴動（一九二九年）について」（『一橋論叢』第八三巻第三号、一九八〇年）が江北の民衆暴動を取り扱った中でふれているが、山東省の破除迷信運動の経過についてはふれられてないし、無極道の蜂起の経過も簡単にふれられているだけである。
(174)　『時報』一九二九年一月三〇日の記事「張宗昌図謀擾魯公然派党羽在済活動連絡各属紅槍会日兵不撤魯難未已」によれば、一九二八年一二月、張宗昌は耿興桂、方振奎の二人に大金を持たせて大連より派遣し、山東省南部の紅槍会三万五、六千人を買収したという。
(175)　「魯南無極道匪暴動」（『時報』一九二七年三月二二日）。
(176)　「滕県紅槍会与兵衝突」（『時報』一九二七年三月一七日）。
(177)　紅頂は紅頂子のことと思われる。清代、二品官以上の文武官のかぶった冠のいただきにつけた紅色の珠。花翎は同じく文武官の功労のある者のつけた孔雀の羽根。以上、主に愛知大学中日大辞典編纂処編『中日大辞典』（愛知大学中日大辞典刊行会、一九六八年）による。したがって楊老道は、官の装束を清代に戻すことを要求したものと思われる。
(178)　「滕県紅槍会　変乱原因　老道作怪」（『時報』一九二七年三月一九日）、前掲「滕県紅槍会与兵衝突」。
(179)　「滕県南路軌被毀修復　紅槍会滋擾撃潰」（『時報』一九二七年三月一四日）。
(180)　前掲「魯南無極道匪暴動」。
(181)　「魚台被紅槍会攻破　旋経軍隊撃散」（『時報』一九二七年三月一九日）。

(182) 前掲「魯南無極道匪暴動」。
(183) 前掲「魚台被紅槍会攻破　旋経軍隊撃散」。ただし前掲「魯南無極道匪暴動」の記事によれば、包囲した無極道は七百人と数が非常に少なくなっており、また一四日に魚台を陥落させたとしている。
(184) 前掲「魯南無極道匪暴動」。
(185) この部分は幕末明治維新期の日本において、幕府領主権力は民衆の伝統意識の中に住むものであり、理解しうるものであったが、維新政府は民衆の伝統意識から理解しがたい諸政策をつぎつぎと実施してゆく、えたいのしれない権力であるという安丸良夫氏の分析に示唆を受けた（前掲『日本の近代化と民衆思想』二七三～二七五頁）。
(186) 前掲「魚台被紅槍会攻破　旋経軍隊撃散」。
(187) 抗日戦争期における山東省の根拠地建設と、中共の農民運動政策については、拙稿「抗日根拠地の形成と農民―山東区を中心に―」(『講座中国近現代史』六、東京大学出版会、一九七八年)、拙稿「山東抗日根拠地の成立と発展」(『中国八路軍、新四軍史』河出書房新社、一九八九年）を参照。

第三章　山東省の紅槍会運動

はじめに

山東省は義和団の生まれた場所であり、義和団鎮圧以後、その英雄的な闘いや義和団の人々の姿は、農民の間に長く語りつがれていった。本章は、義和団の再来といわれる紅槍会運動が、一九二〇年代奉系軍閥張宗昌の下でどのように運動を発展し、さらに国民革命と北伐、蔣介石による統一というこの時代の激動の政治史の中で、どのように運動を展開したのかを検討したものである。言いかえれば軍閥の統治から蔣介石による全国統一という中国の近代化の中で伝統的な、農民の原初的な組織であり、運動形態である紅槍会が、どのように反応していったかを跡づけたものである。

本章で使用している山東省の各地域、およびその範囲は以下の通りである。

一、膠東

山東半島を中心とした民国膠東道の地域。治は福山県の煙台に置かれ、福山、蓬萊、黄、棲霞、招遠、萊陽、牟平、

文登、栄成、海陽、掖、平度、濰、昌邑、膠、高密、即墨、益都、臨淄、広饒、寿光、昌楽、臨朐、安邱、諸城、日照を管轄。

二、北部

津浦鉄路以東（津浦鉄路を含む）、膠済鉄路以北（膠済鉄路を含む）の地域。

三、南部

膠済鉄路より南（膠済鉄路を含まない）、津浦鉄路以東（津浦鉄路を含む）の地域。

四、西北部

津浦鉄路より西（津浦鉄路を含まない）黄河より北の地域。

五、西南部

津浦鉄路より西（津浦鉄路を含まない）黄河より南の地域。

一　張宗昌の統治下の紅槍会運動

1　張宗昌の統治

紅槍会の存在を、山東省の統治者である鄭士琦が、危険なものと感じ、県知事に解散を命じたのは、第二次奉直戦争からしばらくたった一九二五年四月であった。すなわち鄭は、西南部の兗州（滋陽）、曹州、南部の沂州、西北部の武城、膠東の青州（益都）、莱州（掖県）の県知事に対して、大刀会、紅纓会、小林会、紅槍会、黄天会、保安会、双棍会を一カ月以内に解散することを命じた。(1) このうち大刀会、紅纓会、紅槍会が広義の紅槍会に含まれる宗教的秘密結社である。さかのぼって一九二二年六月五日、西北部の冠県では、県城の南の要荘、菜荘に対して、一〇〇〇余人の土匪を率いて侵入してきた顧徳林と村を防衛しようとした黄沙会が衝突する事件が起き[2]、また膠東の膠済鉄路の近くの臨朐では、一九二三年中秋の夜（九月二〇日）、紅槍会が県署を攻め、四人を解放し録事堂を焼き、看守王寺魁、録事馬雲岫、巡長竇希清、警士王立邑を殺した等という紅槍会の活動を示す事件が散発しているが[3]、鄭士琦の命令から考察してみると一九二五年四月の段階では、省の統治者は、小林会、黄天会、保安会と並列しているようにまだ広義の紅槍会だけを、格別に危険視はしていなかった。

五月七日、奉天派の圧力の下で鄭士琦に代わって、奉天派の張宗昌が山東省の督軍になり、山東省を統治することになった[4]。張宗昌が最初に行ったのは、五月二五日から始まっていた青島の日本資本の大康、日清、内外綿等の紡績工場での第二回目のストライキに対して、膠澳督弁温樹徳に命じて、五月二九日、海軍陸戦隊、陸軍保安隊、武装警察を動員して、労働組合を閉鎖し、労働者に発砲し、死者六人、重傷者一七人、逮捕者七五人、逮捕されて本籍にもどされた者三〇〇〇余人という青島惨案を引き起こしたことである[5]。その後、上海における五・三〇運動を支援するためにできた中心的な団体、例えば済南の学生連合会、市民雪恥会、教職員の組織した滬案後援会、青島、煙台で設置された同様な組織を閉鎖し、これらの愛国運動に参加する者は、軍法会議にかけ、さらに五・三〇運動中には、すべての集会を禁止した[6]。このように張宗昌の統治下では、都市部のストライキや反帝運動は、徹底的に弾圧され、また都市や農村を問わず、一九二八年四月に張宗昌政権が倒れるまで、国共合作下の国民党の名義では公開で活動できなかったという臨清県のような例は多かった[7]。

ところで張宗昌が山東省を統治し始めてつき当ったのは財政問題であった。支配下の軍隊を養うために、取りあえず七月に一九二五年度の総支出一四六〇余万元、そのうち八九％を占める一二〇〇万元を軍費に支出するという超軍

表1　張宗昌政権の山東省民への収奪（捐を中心として）（1925年９月）

捐　　　名	備　　　考
１、農民を対象	
軍事特別捐	銀１両に大洋２元２角を付加（地畝捐）（合計５元３角）
軍鞋捐	銀１両に大洋３角を付加
軍械捐	銀１両に大洋１元を付加
建築軍営捐	銀１両に大洋１元８角を付加
富捐	富裕な農民が支払う。財産の多寡によって額を規定する。
２、商人および都市住民を対象	
金庫券	不換紙幣、商人を強迫して使用させ、使用しない者は銃殺する。第１期90万、第２期90万、第３期200万。
銀号押金	山東の各銀号は、押金（保証金）を支払ってから営業する。押金の多少によって発行できる銭票（銅銭代用の紙幣）の額が決まる。
房産捐	家屋にかかる。鄭士琦時代にはなかった（房屋税ともいい、後に11月中旬、周村の商民が、房屋税に反対して、税局を放火破壊した。註１）。
膠済鉄路貨捐の増加	鄭士琦時代には額が少なかったが、張宗昌時代になって増加し、津浦鉄路と同様になった。
富捐	富裕な商人および都市住民が支払う。財産の多寡によって額を規定する。
３、一般的な捐	
人捐	人頭捐
狗（犬）捐	犬一頭につき大洋５毛の捐をかける。支払わねば犬を銃殺する。
牛捐	輸出する牛１頭につき、捐は従来４元半であったが、10元半に増加。
県知事才金（保証金）	山東の県を大、中、小の３つに分け、大県県知事は３万元、中県県知事は２万元、小県県知事は１万元を支払う。

Ｓ生「張宗昌治下的山東（山東通信９月20日）」（『嚮導週報』第131期、1925年９月）、
註１「防務厳重之山東」（『時報』1925年11月21日）

表2　張宗昌軍（直魯連軍）の兵力

	長官名	軍隊の人数（人）	毎月の給養（元）
第　1　軍	張　宗　昌	9,700 （ロシア兵を除外する）	38,000
第　3　軍	程　国　瑞	20,000	89,000
第　5　軍	王　　棟	44,000余	176,000
第　7　軍	許　　琨	32,000余	137,000
第　8　軍	畢　庶　澄	23,500余 （海軍は除外する）	94,900
第　11　軍	王　翰　鳴	6,000	23,000
第　5　師	張　宗　先	6,000余	6,700
第　11　師	潘　鴻　鈞	6,100余	25,000
第　22　師	董　鴻　逵	6,000余	24,000
第　23　師	徐　源　泉	5,200余	13,000
第　28　師	婁　鶴　清	7,000余	28,000
第　50　師	杜　鳳　挙	5,500余	22,000
第　65　師	趙　享　保 （ロシア人）	ロシア兵3,000余	21,000
兵站守備隊		2,300余	10,000余
計		177,200余	706,700

その他に馬14,000余頭を有し、海軍やその他の軍を含めて毎月、総計して、200余万元を必要とした。
「張宗昌所部兵力之調査」（『時報』1926年7月25日）

事突出予算を決定した。[8]その収入を確保するために、農民達から土地税である地丁一両につき付加税六角六分、また漕米一石につき付加税一元八角を徴収し、さらに厘金を五割増しにした。[9]その他に、表1に見られる様な種々の名目の捐を徴収した。特に一般の農民を対象にした捐だけでも、一両につき五元三角にのぼり、付加税と合計すると五元九角六分にものぼった（それでも一九二七年度に比べれば軍事費の額、付加税の額どちらもまだましであった[10]）。

このような張宗昌の税収奪に対抗して、地主、富農などの富裕層から一般の自作農に至るまで紅槍会に参加し、そのため紅槍会が山東省のあちこちに広まっていった。張宗昌は、紅槍会の不穏な動きに対して、九月六日、各県の会匪を粛清する弁法四項を規定し、実施するよう訓令した。[11]だがあまり効力が無かった。

一〇月一一日、浙江省を基盤とする孫伝芳軍と奉軍との間の浙奉戦争が始まり、また河南省を支配している馮玉祥系の国民軍第二軍と奉軍の戦争の気配が濃厚となった。張宗昌は、南方の孫伝芳軍と、西方の国民軍第二軍との二方面からの戦争に備えて、まず軍隊を拡大しようとして、各地の土匪を軍隊に収編したり、募兵委員を各地に派遣して農民達を兵隊にとっていったり、強制的に人夫に徴発した。(12) かくして張宗昌軍は拡大して、国民軍第二軍との戦争の後であるが、一九二六年七月には、表2に見られるように、兵力は一七万七二〇〇余名にのぼり、それに要する軍費は、毎月二〇〇余万元にものぼった。したがって、表1のような各種の捐の徴収ではとても足りず、新たに一一月には山東省の一一一県を、一〇、八、七、六、五、四、三、二、一万元の九段階にランク分けして、計三七九万元の軍餉を割り当てて借りることを決定した。(13)

さらに土地税である田賦の一九二六年度上半期分を事前徴収したが、一二月の末には、南都の沂州等は孫伝芳軍に占領され、また西南部の兗州(滋陽)、曹州等は国民軍第二軍に占領されていたため、山東省一一二県のうち、わずか二二、三県から合計一〇〇余万元しか集まらず、この時期の張宗昌の山東支配は限定されたものであった。この間、戦争の影響もあり、一二月末には一九二六年の軍政費は三〇〇〇万元にものぼった。(14) 収支の差額をうめ、軍費に必要な額をてっとり早く集めるために、兌換できる(ただし、その期限は決まっていない。また直魯連軍が敗れれば、紙くず同然となる)山東軍用票を発行した。だがこれを濫発しすぎたことと、いつまでも兌換に応じなかったために、国民軍第二軍に戦勝したにもかかわらず、後に一九二六年四月、二〇〇〇万の公債を募集して、その一部を山東軍用票の兌換の準備をしたけれども、五月八日には、その価値が五一%に半減してしまった。

このような張宗昌による苛捐雑税徴収に対抗して、国民軍第二軍との戦争が始まった一一月中旬以後、紅槍会は各地に広がり始め、まず北部の徳州、南部の沂州（臨沂）で活発に活動し、さらに西北部の李大黒の蜂起と続き、三月末から四月の初めの南部、西南部の大蜂起と引きつがれるのである。

2　国民軍第二軍の山東省侵入から反国民軍戦争へ

一九二五年一〇月二日、浙江省を地盤とする孫伝芳軍と奉軍との間の奉浙戦争が始まった。一一月一五日、国民軍第二軍の岳維峻と五省連軍総司令孫伝芳は、徐州で会見して、共同して山東を攻めることを決定した。その決定にもとづき国民軍第二軍の側では、第二次奉直戦争に敗れた呉佩孚の残余の軍で第二軍に収編された第四師陳文釗、第五師王為蔚、第一四混成派田維勤の部隊が、徐州を経由して山東省南部へ、第二軍直系の第九師李紀才の部隊は、河南省東部の蘭封、帰徳をへて山東省西南部へ進攻した。一方、孫伝芳も白宝山を派遣して海州から沂州に進攻して、奉軍の勢力を分断しようとした[16]。

この戦争のさ中、岳維峻は国民党員朱霽青を山東遊撃隊司令として派遣して、国民軍第二軍に呼応させようとした。そして山東遊撃隊第一支隊司令には、沂州（臨沂）紅槍会の首領袁永平（袁之臣）を任命した。この紅槍会は、彼の率いる大刀会と国民党員候六合の率いる抱犢崮山地の大土匪孫美遙の旧部下によって中核部分が構成されていた。九月三〇日、この部隊は、国民党員劉幹臣司令の率いる山東遊撃隊第二支隊とともに、張宗昌の部下の黄凰起部隊を破り志気が大いにあがり、余勢をかって、一〇月四日、袁永平（袁之臣）は紅槍会数百人を率いて、臨沂県城を占領し、囚人を解放し、山東国民自治軍第六路軍（国民第五軍）を自称し、布告を出した。その後、本来は友軍である孫伝芳軍の蔣穀軍が入城してきて、それとの対立のために、一〇月一八日、臨沂県城を退出して抱犢崮山地に入った。一月二六日頃には、紅槍会の首領袁永平（袁之臣）、王思宣等は、一万余人の紅槍会を集め、国民軍に呼応し山東国民自治軍第六路軍第五軍（国民第五軍）を自称し、兗州（滋陽）の保衛団の武装解除を行い、強力な勢力となっていた。さらに孫伝芳軍の陳儀部隊とも連絡を取っていたという。[17] 張宗昌は、一二月中頃に、部下の尹徳山を沂州鎮守使にし、さらに王思毓の部隊を沂水に駐屯させ、紅槍会を攻撃させた。[18]

国民軍第二軍は、破竹の勢いで進み、一一月二六日までには、西南部の曹州、津浦鉄路沿いの臨城、済寧を占領して、前鋒は泰安に至った。だがこの時期に、呉佩孚の河南を通過したいという要求を、河南督弁である岳維峻が拒絶していて、呉と岳の間が対立していたが、孫伝芳が仲介して、呉が河南を通過しないかわりに、旧呉佩孚系の陳文釗、王為蔚、田維勤部隊の指揮を呉佩孚直系の靳雲鶚に任せることにした。しかしこの決定は国民軍第二軍に重大な損害をもたらすことになった。なぜならば、呉佩孚は既に張宗昌と密約を結んで、ともに河南の国民軍第二軍をはさみ打ちすることを決めていた。そのため靳雲鶚は、陳文釗、王為蔚、田維勤の部隊を動かさず、李紀才の部隊は独力で、一一月二七日から一二月二日まで泰安で張宗昌軍と戦ったが、援軍を得られず、津浦鉄路沿いの曲阜から兗州（滋陽）一帯に退却せざるを得ず、国民軍第二軍の山東攻撃計画は一頓挫した。[19]

一方、奉系の郭松齢は、馮玉祥と密約を結んで（郭は、奉系の李景林も味方に入れようとし、密約の中には、直隷、熱河を李景林の勢力範囲とする条項があった）、連合して張作霖を倒そうとした。一一月二二日、郭は通電を発して、張作霖の下野を求め、翌日、灤州より東北に進攻し、山海関通過後、東北国民軍を名乗り、破竹の勢いで進み奉天を目指した。この時、奉系の直隷の李景林と山東の張宗昌は「中立」の態度を取り、郭に呼応しようとして、二五日には、李景林が「保境安民、中央を擁護する。奉系との関係を離脱する」との通電を発し、さらに張作霖に婉曲に下野を促す通電を発した。だが李景林は、馮玉祥が宋哲元を熱河に派遣して占領し、さらに国民軍第二軍の鄧宝珊が直隷を奪取しようとするのを見て、密約が守られないと判断し、この間の親郭、親馮政策を転換し、張宗昌とともに直魯連軍を組織し、国民軍への戦いに備えた。さらに張作霖とのよりを戻すために、灤州を攻撃して郭軍の後路を断った。その上で、李景林と張宗昌は急速に呉佩孚に近づいた。[20]山東省における張宗昌と呉佩孚系の靳雲鶚との密約はこのような動きの一環である。

一二月四日、李景林は討馮を通電した。そのため国民軍第二軍の鄧宝珊の部隊は、保定から津浦鉄路沿いの馬廠に進み、南路から天津に迫り、国民軍第一軍の張之江の部隊は、京津鉄路沿いに落垡から楊村に進んで、北路から天津に迫った。さらに国民軍第三軍の孫岳の部隊も応援にかけつけた。そして国民第一軍の李鳴鐘が討李総司令に就任し、国民軍全体の指揮をとり李景林軍との間で馬廠、楊村で激戦が行われた。山東省の張宗昌も程国瑞、徐源泉の両軍を津浦鉄路沿いに北上させて徳県をへて青県、滄州一帯に移動させ、李景林軍を援助した。[21]この時、程国瑞は徳県の一部の紅槍会を帰服させて国民軍との戦争に当らせようとした。[22]国民軍の猛攻のまえに、李景林は一二月二四日天津を放棄し、李の部隊は山東省北部の徳県に撤退し、張宗昌軍と一緒になり、直隷省は国民軍の手におちた。

この直後、張宗昌軍の北路の大本営が置かれ、駐屯軍の多かった徳県では、紅槍会が強力な勢力を持ち、村落の武装自衛活動を行っており、県城を三〇里離れた所に少数の軍隊や李景林軍の敗残兵が入りこむと、紅槍会に武装解除されたという。[23]

一方、郭松齢軍は関東軍によって行動をいちじるしく制限され一二月二三日奉天の手前の新民の決戦で、張作霖の支援にかけつけた呉俊陞配下の黒龍江騎兵軍により大敗北をして、郭軍は潰滅した。ただ砲兵旅長魏益三が一九二六年一月三日、楡関で、馮軍との合作を宣布し国民軍第四軍を名乗った。[24]

一九二五年一二月三一日、呉佩孚は討奉戦争の終了を通電し、ここに直系の呉佩孚、奉系の張作霖、張宗昌、李景林、晋系の閻錫山の反馮連合戦線が結成され、国民軍は一転して孤立することになった。馮玉祥は、翌一九二六年一月一日、下野を通電し、旧敵呉佩孚と手を結んでも、直隷派と奉天派の連合を阻もうとしたが、国民軍の孤立状態は変らなかった。[25]

これより先、一九二五年二月、ひそかに呉佩孚、または鎮嵩軍の張治功の意を受けて、国民軍の統治かく乱のために、河南省出身の大土匪孫殿英（孫奎元）[26]の二万の軍勢は、河南省西部の隴海鉄路の鞏県の近くの嵩山を出て、二路に分かれて移動を始めた。その一路は、河南省西部の紅槍会と連絡して、洛陽を占拠して、隴海鉄路の開封－洛陽間を切断しようとしたが、国民軍第二軍の康旅に破られた。しかし孫殿英の率いる他の一路は東に向かい、一二月一日に京漢鉄路の官亭駅、臨穎駅を破壊し、さらに京漢鉄路を越えて陳州（淮陽）を攻破した。[27]孫殿英はさらに東に向かい江蘇省北部の豊県、沛県に入り、その後、北に向かって一九二六年一月中頃には山東省西南部の魚台に入った。山東省では、当時直魯連軍と国民軍第二軍の戦争が大詰を迎え、軍隊は土匪討伐を顧みる余裕がなかった。そのため魚台の郷村の紅槍会八〇〇〇人が集合して、魚台の南郷で孫殿英軍と、独力で三日にわたる死闘を行なった。[28]その後、孫殿英軍は直魯連軍に収編された。

山東省における軍事面では、一九二六年一月一八日、直魯連軍の方振武部隊が、直隷・河南・山東省境地帯で国民軍との一致行動を唱え、直魯連軍から寝返って国民軍第五軍を名乗った。一方、張宗昌は、呉佩孚、靳雲鶚との連係をさらに深めた上で、一月一九日、津浦鉄路の大汶口以南に撤退していた国民軍第二軍の李紀才、田玉潔部隊に大攻勢をかけた。国民軍第二軍は、西南部の鄒県、滕県一帯の徐の指揮下の田維勤、王為蔚、陳文釗の部隊が張宗昌軍とひそかに通じていたので、南北から挟撃される形になり、汶上、寧陽、兗州を放棄し、津浦鉄路の支線の済寧まで退いた。二二日、張宗昌、李景林、靳雲鶚は、奉安で会議を開き、三人は結盟して兄弟となるとともに、靳軍は直魯連軍が山東省西南部に進攻するのを援助するのに対し、直魯連軍は靳軍が河南省東部に進攻するのを援助して、将来呉佩孚を洛陽に迎えることを決定し、呉系と張宗昌の結託は公然化した。直魯連軍は、二四日から相次いで、山東省西南部の嘉祥、巨野、曹州、鄆城をおとして、方振武部隊は直隷省の大名に退き、国民軍第二軍の李紀才、田玉潔の部隊は岳維峻の命により河南省に戻り、山東省における国民軍の勢力は消滅した。(30)

一九二五年一一月からのこの国民軍第二軍の山東省進入以後、軍隊や敗残兵が増え、民衆への誅求が激しくなり、土匪が横行してきて、それに対抗して紅槍会の勢力が盛んになってきて、やがて三月からの南部、西南部での紅槍会の大蜂起が起きるのである。(30)

河南省では、一九二六年一月から呉佩孚軍が国民軍第二軍に攻撃をかけた。すなわち靳雲鶚軍は山東省西部から河南省東部に進入し、寇英傑軍は武勝関を越えて南部から京漢鉄路を北上し、鎮嵩軍は、隴海鉄路に沿って陝西省から河南省西部に進入してきた。また閻錫山軍は石家荘を三月六日に占領し、国民軍第一軍、第三軍と第二軍の連携を断った。この呉佩孚系諸軍の攻撃と、国民軍第二軍の苛捐雑税に苦しむ紅槍会の蜂起により、国民軍第二軍は三月の中頃には潰滅した。岳維峻、鄧宝珊軍も鄭州から隴海鉄路沿いに陝西省に退こうとして河南省西部に来た時、紅槍会により包囲され武器を奪われ潰滅し、岳維峻自らも風陵渡で閻錫山軍の捕虜になってしまった。(31)

その後、直魯連軍は、直隷省にいる国民軍第一軍、第三軍に対して、津浦鉄路沿いに二月一九日から攻勢をかけ、日本、イギリスを初めとする八カ国の列強が、義和団運動弾圧後に結んだ不平等条約である辛丑条約にもとづき、国民軍の大沽口封鎖に対して、武力干渉を行おうという示威を示した大沽事件を利用しながら、奉軍と呼応しながら進み、三月二四日に天津に入り、李景林、張宗昌、褚玉璞等も天津に入城した。そして直隷督弁には、直魯連軍の褚玉璞が任命された。四月一〇日、国民軍第一軍の鹿鍾麟は、大沽事件の時の八カ国の最後通牒に反対の意思を表明したデモ隊を弾圧して、三・一八事件を引き起こした段祺瑞の執政府に対して、クーデターを起こして倒した。その後、国民軍は、四月一五日、戦力を保全して戦わずに北京を放棄して南口に撤退し、一二日、奉軍と直魯連軍は北京に入城した。[32] その後、奉軍、直魯連軍、呉佩孚軍は、南口の国民軍と対峙し、八月二二日、国民軍が放棄したのに乗じて、一五日に南口を占領するまで、この地域に大軍を駐屯させていった。

3　東平県の蜂起と李太黒の蜂起

前述したように、一九二五年一一月から始まった国民軍第二軍の山東省進入に対抗して、張宗昌軍は、民衆への種々の収奪を強めた。また河南省の例から見ても、国民軍第二軍も民衆への収奪をしたと思われる。[33] この時期の苛捐雑税の強化、人夫の徴発等により、国民軍第二軍が山東省を撤退した後、各地の紅槍会が蜂起していった。

西南部の東平湖沿いの東平では、前山東督軍である鄭士琦の系統を引いた第五師（七月から八月にかけて、張宗昌軍に武装解除されそうになり、張宗昌軍と衝突したことがあった）[34] から、国民軍第二軍第一二師に収編された王翰章の部隊が、一九二五年一〇月にやって来て県城及び農村部に駐屯した。しかし給与が欠乏したため、兵士達が反乱を起こしそうになり、保衛団団長王慶雲の斡旋により商民達が県城及び農村部で募金をして、二万元を集めて給与を立て替え、兵士の反乱と略奪を未然に防いだ。ほどなく、山東省における国民軍第二軍の攻勢が停滞局面に入っていくのに対応して、すでに張宗昌軍の一員となっていた元の第五師師長孫宗先が、師長の職についた。この部隊は、一九二六年一月二三日頃、ほかに移動していったが、この間、東平県では二万元を立て替えた以外に銅銭八二万余吊を、支払わねばならなかった。

孫宗先師が去った後の二月二四日夜、紅槍会が県城を包囲して攻撃を始めた。県城側では、李酔明団長が民団を率いて戦い、銃や大砲を発砲して、多くの紅槍会員を倒して撃退した。[35] 攻城の原因は詳しくは解らないが、それ以前の張宗昌政権による軍事費徴達のための各種の税や捐の収奪に加えて、孫宗先師の駐屯による軍費や食糧の徴発に対する不満により、駐屯軍の去った隙をついて県の行政組織のある県城攻撃に向かったものと思われる。この蜂起は失敗したが、山東省南部の大蜂起の先駆となった。

一方山東省西北部では一九二五年一二月、聊城を中心とした地区で、折からの国民軍第二軍との戦争のために、人夫の徴発、捐の取り立て、農民から官用車を出させる等の搾取を強めていた張宗昌の統治に対して下級読書人である清の秀才の李太黒に率いられた紅槍会による抗糧抗捐闘争が始まった(36)。

李太黒は、本名は李裕徳であり、聊城県の西南の武聖村の人であり、唐の有名な詩人李太白を慕って自ら李太黒と名乗ったとか(37)、あるいは本名は李成徳であり、陽穀県の人であり、紅槍会に入会しようとした時、斎戒沐浴して扶乩に吉凶を問うたところ「あなたは天上の大黒星です。人間に光明を放ちにやって来ました。天下を横行して相手になる人はいません、ただ百万の兵に遇うことを恐れるだけです。」という占いが出たので、李太黒と名乗ったとも言われている(38)。後者の話は、後に彼が土匪孫百万の部下に殺された後に、農民の間に流布した話ではないかと思われる。

李太黒は祖先伝来の家産として四半頃余（五〇畝余り）を受けつぎ当時五〇余歳の老年に達していた。彼は平素から、人々の紛糾を和解させたり、貧乏人を憐んだりして、当地の名望家として一般の農民の信頼を集めていた。一九二五年冬（一二月）臨清で教師をやっていたが、年末年始の休暇で家に帰ると、農民がやってきて、張宗昌政権の統治の過酷さを訴え、身を挺して反抗しなければ救われないと述べた。李太黒はそこで意を決して、同族の李保太、李崇徳、李四斌を首領として、最初、三〇〇余人の紅槍会を組織し、抗糧抗捐、兵匪に反対する等のスローガンを掲げた。最も具体的なスローガンは「大車を出さず、小糧（地畝捐に付加した雑捐(39)）を完せず」というものであった。このスローガンは張宗昌政権の搾取に悩む農民の心をとらえ、二〇日足らずのうちに、聊城付近の冠県、堂邑、莘県、陽穀、寿張、臨清等の七県の農民が次々と紅槍会に加入してきて、八〇〇〇人の人数となり、軍備を整えて、当時東臨道の中心であった聊城を攻撃して、貪官汚吏を捕える準備を始めた。

当時東臨道尹であった陸春元（字は達三）は、老獪な官僚であり、平生、地主豪紳と結びつき彼等の支持を得ていた。彼は李太黒の蜂起を聞き、一方では聊城の城門を閉じて不測の事態に備え、他方では暫時、人夫の徴発、捐の取り立てのため農村部に人を派遣せず、闘争の鎮静化をはかりつつ、陰謀をめぐらして、李太黒に率いられた紅槍会を弾圧しようとした。

一九二六年三月、陸春元は、恐らくは李太黒の孔子崇拝に乗じて、孔教会会長李守素と民団の丁某、趙某を代表にして農村部に派遣して、李太黒と交渉を行わせた。李太黒は多数の紅槍会員を集めて交渉に臨んだ。李太黒の要求は、聊城、冠県、堂邑、莘県、陽穀、寿張、臨清の七県の銭糧雑捐を一律に免除し、特に民間に行って人夫徴発、捐の取り立て、官車を出させることは許さないというものであった。李守素は、李太黒の話を聞いて、口実を設けて陸春元に伝達しようとしないだけでなく高笑いをして、紅槍会員の怒りを買った。怒りを静めるために追従笑いをしながら「みなさんの提出した条件は正しい。だが私は自分の考えでは処理できないので、私を聊城に戻して道尹と相談させてほしい。」と述べ、この場を脱出して、陸道尹のところへ報告に行った。

陸春元は談判がならなかったので、さらに計略を用い、李太黒を殺して紅槍会の勢力を消滅しようと考えた。一方李太黒は李守素が返答に来なかったので、談判は決裂したと考え、すぐさま数千人の紅槍会を率いて聊城県城に突進し、紅槍会員を城南の大堤口に駐屯させ、陸春元に県城を出て自らの口から、かれらの要求と条件に答えさせようとした。

この時、李太黒は清朝時代に官服であった黄馬褂を着て、薄黄色の旗を掲げ、轎車（騾馬にひかせる車つきのかご）

または轎子（かご）に乗って、日常生活と異なる芝居じみた格好をするとともに、「民国一五年を廃して、宣統一八年に復す」ということを主張し[40]、政権形態として陸道尹およびその背後にある中華民国の政権の代りに清朝復活ということを考えていた。さらに轎車の中には孔子、子路の神位、周将軍の倉、張飛の画像を供えており[41]、彼の精神世界が伺われる。

この時、李太黒が、数千の紅槍会によって聊城県城を奪取することは可能であったといわれている。だが李太黒は、陸春元に威勢を示して屈服させようとした。一方老獪な官僚であり、冷徹なリアリストである陸春元は、県城防衛の兵力が不足していたので、策を用い直魯連軍に収編した土匪孫百万軍を県城の東の運河の西岸で待ち伏せさせた。その上で李守素に命じて八里庄の李太黒の所へ行かせ「すべてがうまくいった。李太黒が県城に行くことを望む。陸道尹は誠意をもって接待し面談するだろう」と述べさせて、李太黒をおびき出そうとした。紅槍会員は李太黒がだまされるのを恐れて、県城に行くことに反対し、また李守素を刺殺しようと言うものもいた。李太黒はそれをとどめて、李保太とともに県城に向かう途中、待ち伏せていた土匪孫百万軍の発砲した弾に当って殺されてしまった。その後当地では、李太黒が挙兵して聊城攻撃を行う前に、卜者に吉凶を占ってもらうと「百万に当るべし」という占いが出たが、彼は陸春元は李太黒の一撃に堪えられないと思い込んで、意気揚々と県城に向かったが、思いがけず占いの通りに孫百万の手にかかったという話が、流布されたという。紅槍会員は指導者が死んだのを見て、烏合の衆化して蜘蛛の子を敵らすように四散してしまった。陸春元は見せしめのために李太黒の首を切って、聊城の南門に掛けて、三日間さらし首にして、大衆に見せつけたという[42]。このようにして李太黒に率いられた紅槍会による抗糧抗捐を要求した聊城包囲の闘争は失敗してしまった。

ところで紅槍会に結集した農民たちが、抗糧抗捐という経済的要求に添加して、旧来の政権の代りに、新しい政権を考え出すという側面は、彼等が知識人でもないため非常に難しかった。それ故、その役割は李太黒一人が果たすことになった。旧来の伝統的な教育を受け、清の秀才となり、下級の読書人であった李太黒は、自らの衿持を支えていた清朝が崩壊して、秀才の資格が意味を失って後、うつうつとして楽しまず、一九一七年に張勲が復辟を行った時、大変喜んだが、復辟が失敗したのを聞いて、がっかりして数日間食事をとらなかったことがあり、(43)頑固な清朝復活論者であった。ただし李太黒の考えた清朝復活といっても、前述したように黄馬褂を着て、薄黄色の旗を掲げ、轎車、または輀子に乗って、「民国一五年を廃して、宣統一八年に復す」というものであり、それ自体はあいまいなものであった。李太黒の姿の背後に既に小林一美氏が嘉慶白蓮教反乱の性格について文化人類学的手法を用いて述べているように、演劇的な舞台装置と道化的役割と敗北した時の生け贄を彷彿させるが、(44)まさにその役割を李太黒は演じたのであった。

李太黒は、前述したように占いを行って、事に処しての吉凶を問い、孔子の崇拝者であり、また周将軍、張飛、関羽の崇拝者でもある。この事は、これらの芝居や見せ物の主人公、農耕儀礼の神々が、「降神付体、刀槍不入」するという共同意識で団結した紅槍会(45)の指導者としてはふさわしいものであったが、中仲銘氏も指摘しているように、(46)民国時代の、しかも五四運動後になって清朝復活を唱えるのはあまりに陳腐であり復古的である。このような蜂起を国民革命の一環として組みこんで、政治的、思想的指導権を発揮すべき国共合作下の中共（中国共産党）の山東省西北部における実態は如何なるものであったろうか？当時聊城の比較的大きな二つの学校、山東省立第三師範と山東省立第二中学には、共産党員がいたが、その多くは青年学生であった。彼等の一部は広東に行って黄埔軍校で学んでおり、残りは聊城にいて学んでいたが、わずかに若干の思想文化宣伝ができるだけで、農村に入りこんで大衆を組織し、軍事工作を展開することができなかったという。山東省西北部の党組織の基礎を築いた王寅生、趙以政等の二、三人は、北伐に備えて広東から戻ってくる途中であり、当地にはいなかった。したがって李太黒の率いる紅槍会に対して、中共は農村部に入って指導できる力量は無かった(47)。しかもこのよう紅槍会に代表される農民運動に対して、中共山東省委は基本的には一九二七年七月の国共分裂まで十分な指導性を発揮できなかった(48)。

李太黒の率いる紅槍会による抗税抗捐を要求した県城包囲闘争は、以上のように中共との関係を持つことなく起き、一時的に陸春元道尹に人夫の徴発、捐の取り立てをやめさたが、李太黒が陸春元のわなによって非業の死を遂げることによって終了した。だが李太黒の行動様式は、聊城西南郷の農民の間でこの後も語りつがれていった。一九二八年の初頭、農民達は張宗昌の統治に苦しみ異口同音に「李太黒がもしも今指導したなら、どんなに多くの人がついて行くだろうか！」とか「李太黒は勇気がありすぎて、無策であった。彼は一人で県城に行くべきでなかった」と述べていたという(49)。ここに農民反乱の指導者が、農民の間で伝承され共同意識化される例証を見出すことができる。さらにまた李太黒と直接の系譜をたどることはできないが、指導者が黄馬掛を着るという行為は、一九二七年一一月、高密県の大刀会の首領劉作霧の行為、一九二九年三月、無極道が、国民党県党部の破除迷信運動に反対して暴動を起こして滕県を攻めた時、指導者の楊老道が黄馬掛を着ていたという行為に見出されるのである。

4　南部、西南部の紅槍会の大暴動

山東省南部、西南部の津浦鉄路沿いの汶上、寧陽、兗州（滋陽）、済寧等の地方は、前述したように国民軍第二軍と直魯連軍の戦場となり、張宗昌政権の税捐の収奪の外に、戦争による直接の被害を受け、さらに敗残兵や土匪の襲撃にさらされていた。そのためこの地域に急速に村落自衛の紅槍会が広まっていった。

この地域で、最初に紅槍会が広まっていたのは汶上であった。汶上では以前、紅槍会首郭廷倹（郭廷簡(50)）の父で、

郷紳で清末の秀才である郭晨誥が「士紳の資格により民団を組織し、土匪から防御していた」。その後、郭は武村に紅槍会の老師張荷豊、その弟張荷幹を招き、一九二三年一月二日、武村に紅槍会が成立した。郭晨誥は推されて会首（宮長）となり、各村落の壮丁を入会させ、しばらくして組織が大きくなっていった。したがってこの紅槍会は名望家であり富裕な郷紳の指導下にあった。郭晨誥は二月に土匪との戦いで殺されたが、三男郭廷倹が父の志をつぎ会首（宮長）となり、広く会員を招くとともに法術の訓練を行い組織強化に努めた。その目的は主に土匪からの防衛ということであったという。

一九二四年冬、県城の西部でも紅槍会が組織されていった。すなわち汶上県五福区秦荘の秦大文（秦大年）がその中心人物であった。秦は高等学堂卒業生でかなりのインテリであり、彼の家は農業をやっていたが、県城内にも斎聚昌雑貨店を開いていた。ところが兵隊により災難を被り倒産し、さらに訴えられた。秦は怒って故郷に戻り紅槍会を組織して、五福区分宮長に推された。

一九二五年冬になると、紅槍会は全県で八、九万人に発展し、全県の一三区を連合した組織が出来、郭廷倹、秦大文、呉立信が全県総宮長（大宮長）に推された。そしてその組織は、戦時には汶上以外の山東省西南部の兗州、泰安、肥城、平陰、嘉祥、寧陽、東平、鄆城、曹州、西北部の斉河、聊城、高唐、直隷省の大名等一三の州、県に連合関係を持つようになっていた。

ところで汶上の紅槍会の組織には、県―区―社―郷の四ランクの宮長がいた。宮は平時は事務所で、戦時になると司令部になった。彼らは真武を神として奉り、各宮には「炮打玄天（真武の別名）」の旗をたてていた。会員の間では、「老師」「宮長」以外は、互いに「師兄」と称していた。

直魯連軍と国民軍第二軍との戦争が起こり、さらに引き続いての直隷省における国民軍第一軍、第三軍との戦争のさなかには、泰安県にある泰山以南の各地の直魯連軍の駐屯軍は、給養の不足によって、軍事特別捐の外に丁漕一両ごとに四元を納めさせたが、その督促はきわめて厳しく、各地で民変＝紅槍会による暴動を引き起こすことになった。一九二六年春、汶上でも直魯連軍第七軍の許琨軍が、農民に対して毎畝六角を足して徴収し、さらに県知事章広銘もそれに乗じて一角を上乗せした。そして彼らは捐の徴収の際に農村で強奪をした。さらに小汶河が連年氾濫を起こし、農業は大凶荒で農民は飢餓状態となり、故郷を捨てたり、子供を売らざるを得ない状況に追い込まれていた。

汶上紅槍会総宮長郭廷倹、秦大文等は、農民のこのような窮状に対して、すでに一九二五年冬には、坑捐を唱え始めた。そして多くの紅槍会員も呼応し、新しく増加した捐の支払いを拒否するとともに、張宗昌に迫って県知事章広銘を罷免せざるを得ないようにさせた。秦大文等は、この機に県知事とそれに追随する区長と決着をつけようとして、県知事の交代の一九二六年三月八日、五福区の紅槍会を率いて、五福区保衛団の在所を占領し、一〇〇余丁の銃と弾薬を奪った。各地の紅槍会も呼応し、半月足らずのうちに、九つの区の銃や弾薬を奪った。同時に紅槍会は区長の住んでいるところを調査し、不法に奪取した人民の財産を没収した。

新任の県知事黄太勲は、一方では張宗昌に密告して「速やかに大軍を派遣して鎮圧すること」を請求するとともに、士紳曹秋潭等を談判に派遣し、紅槍会員の闘志を麻痺させようとした。第一回の談判の時に、紅槍会の代表は、「平和的に解決するためには、地方で土匪を見ず、軍隊は騒擾せず、官府は苛捐雑税を課さないことを保証しなければならない」と主張した。三月中旬、第二回の談判の時に、黄太勲は人を派遣して銃の返還を要求した。紅槍会の宮長達は「銃の返還には、一、昨年加徴した毎畝一角の地畝捐の取り消し、二、県と区の二つの政府の例年の公金との差額の精算、三、各区の区長の改選、という三つの条件に答えねばならない」と要求し、黄知事も承諾し、県の高等小学堂が決着の場所に指定した。黄知事の意図は紅槍会の闘志を麻痺させることであり、紅槍会側は一方では代表を派遣するとともに、黄知事の裏をかいて、軍隊が到着する前に、武装して県城を占領する準備を秘密裏に行った[51]。

一九二六年三月二四日、汶上の紅槍会の首領秦大文、郭廷倹は、紅槍会員を率いて県城に入り、県の警備隊の武装を解除し県署を襲い、前県知事章広銘、現県知事黄太勲を人質にした。そしてこの事件が南部、西南部の紅槍会の大暴動の開始となった。県の名望家である前述の士紳曹秋潭が仲介に派遣され、何とか平和的に解決しようとしたが、紅槍会の側は、県の徴税収取を支えている県の武装力である警隊、保衛団を紅槍会の指揮監督下に入れるという条件を出したので交渉は行きずまった。さらに紅槍会は、命令によって汶上に来て調査をし処罰を行おうとしていた直魯連軍第七軍の許琨軍と衝突した。第七軍側は、紅槍会の法術を破るために、黒犬一〇〇余を殺しその血を銃につけたが（彼らは血が法術を破ると信じていたものと思われる）、多勢に無勢であり、紅槍会により第七軍第三団（連隊）が包囲されて武装解除され、兵士一〇〇人ほどが殺され、趙団（連隊）長も拘留された[52]。正規軍を破った紅槍会の勢力は一挙に拡大し、六、七万人という大勢力で、汶上県城を占拠し続けた。さらに東に拡大して、津浦鉄路沿いの兗州（滋陽）を襲って県知事を殺し、その上済寧県城を包囲した。その時、紅槍会は大砲、機関銃を持ち、自ら給養を備えていたという[53]。

汶上県知事を追放した紅槍会は、兗州（滋陽）からの軍隊が西進するのを防ぐために、会員の一部を寧陽に派遣した。寧陽県知事李輔中には事前に、汶上県で軍隊と紅槍会が対峙している知らせが届いていただけであったが、突然多数の紅槍会が県城に現われた。李県知事は異変に備えて城門を閉じて、人を派遣して何をしようとするのかと問うと、紅槍会は捕えた匪徒を法廷の訊問のために渡しに来たのだと答えたので、李県知事が城門を開いて匪徒を受け取ると、紅槍会は何もせずに退去していった。だがその晩、多数の紅槍会員が集まって、県城に入って来た。李県知事は知らせを聞き、あわてて県の役所の事務員とともに、カトリックの教会に身を避けた。紅槍会は県知事の姿が見えないので、大変怒って県の役所内で使用している物を破壊した。その後、紅槍会は七日間、県知事を追放して県城を占拠したが、廟宇、学校、公共機関内だけに居住し、各会員は、白ら大餅、饅頭等の調理済みの食品を携帯しており、毎日住民に命じて湯茶を送らせるだけで、ほかに全く害を与えないという。[54] 軍閥の軍隊と異なって自己の規律を維持したのであった。なお当時寧陽の紅槍会は、紅門、玄門及び義和団期に発生した金鐘罩の三つの分派に分れていたという。[55]

さらに紅槍会は津浦鉄路沿いの曲阜駅を四月九日に占拠した。だが直魯連軍が鉄甲車でもって突撃してきたので、曲阜駅の出札所、賓館、鉄路、橋などを焼き、出札員一名を殺し、鉄道警備の警官数名を負傷させた上で西に撤退した。[56] その後、再び兗州を急襲しようとして、董鴻逵の率いる杜芷裳旅所属の九三団と九四団と衝突して阻止された。[57] また四月九日には、姚村付近の鉄道が紅槍会により掘り返され、駅の建物、鉄路賓館が焼かれ、鉄道警備の警官五、六人が殺され、一五、六人が負傷し副駅長が殺された。だが直魯連軍のロシア兵部隊が、鉄甲車に乗って突撃したので、紅槍会は撤退した。[58]

この時期、汶上、寧陽の外に山東省西北都の陽穀、東阿、東平、鄆城、嘉祥、鉅野等の八県に紅槍会が広まり、人数は五万～八万に及び、汽車、電信、郵便等を破壊した。[59]

このように紅槍会が汽車、鉄道、電信、郵便等を破壊したことは、かつて義和団が、列強の中国侵略の象徴としてこれらのものを破壊したことを彷彿させるが、紅槍会にとってはこのような意味はなく、単に直魯連軍の援軍の要請の伝達、ならびに援軍の運搬を阻止するために、これらのものを破壊したのであろう。

また済寧付近の二〇里鋪（堡）には紅槍会の司令部が設けられ、紅槍会首大刀劉四に率いられていた。[60] そして済寧、兗州、曹、沂等の県の紅槍会は一〇余万に及んだ。さらに省都済南の南の八里窪地方には紅槍会一〇〇〇余人が現われた。[61]

このように山東省南部、西南部、西北部一帯に紅槍会が至る所に出現し、張宗昌の統治に脅威を与え、特に中心たる汶上、寧陽では県城が占拠され、済寧は包囲され、兗州（滋陽）は紅槍会の攻勢にさらされていた。

ところでこれらの済寧、汶上、兗州の紅槍会の内部には、様々な反張宗昌勢力が入り込んでいた。例えばひそかに一部の軍人が指揮をしており、特に前兗州鎮守使第六旅旅長張培栄は紅槍会と関係を持っていた。また前山東省議会副議長王洪一、前山東塩運使夏継泉が、当時、直隷省で直魯連軍と対決していた国民軍の首領馮玉祥の意を受けて、紅槍会を煽動していたと言われている。[62] さらに大刀会や国共合作下の国民党員朱煥章、朱秀文等が内部で煽動していた。[63] このように紅槍会の蜂起の背後に馮玉祥や国民党の働きかけがあり、その意図は北上していった直魯連軍の背後をつき後方を攪乱させることだと思われる。

一方、張宗昌は自己の統治に対する大規模な反乱に直面したが、主力軍は北上して直隷省で国民軍と戦闘中であり、山東省内の兵力は手薄であった。そのため、許琨の率いる第七軍の外に、急遽第二二師董鴻逵の部隊を山東省北部の徳州から南下させ、さらに第三軍程国瑞の率いる第二六師を直隷省の天津、滄県等から南下させ、[64] 反乱の中心、汶上、寧陽、兗州（滋陽）、済寧に向かわせ、[65] 大規模な弾圧を開始した。

四月九日晩にはこれらの軍隊は、まず兗州（滋陽）に移動し、四月一〇日早朝にはさらに紅槍会が県城を占拠している寧陽に向かった。そしてまず兗州県城以北二〇里以外にある紅槍会のいる村を焼き払い、年若い農民をほとんど虐殺した。[66] その後、寧陽県内に入った軍隊は、計三度紅槍会と激戦し、八〇〇余人の紅槍会を殺害した。残りの六、七〇〇人の紅槍会は各村に逃げ込み、毎日午後三時になると出没し、食糧を掠奪したという。[67]

寧陽県城には第七軍許琨の率いる部隊と第七軍第二七師第二一七旅旅長で兗州鎮守使張継善の部隊計三個旅が向かっ

たが、寧陽を占拠していた紅槍会は、かなわず県城を退去し、軍隊は一四日までに寧陽県城を占拠した。(68)その後軍隊は、寧陽以西のすべての村民は紅槍会員であるとし、各村を四方から包囲し、まず村民の貴金属を持ってこさせ、その後各村に火をつけ、村民で逃げ出す者がいればすぐさま銃殺した。村内にいる者はすべて焼き殺され、村民の多くは火を避けるために井戸にとびこんで溺死するという凄惨な状況が生じた。(69)

紅槍会の維持している最後の拠点汶上県城に対しては、四月一五日には第七軍許琨の率いる三個旅が寧陽をへて東から臥牛山より進攻し、曹州鎮守使杜鳳挙、第四軍副軍長方永昌が一個旅二営（大隊）を率いて済寧をへて南から進攻し、第二二師長董鴻逵が、五営を率いて兗州より西南に進攻し、三方向から汶上に向かった。(70)

同日、紅槍会約三万人は、県城を去って、西側の開河、馬家口、南家旺一帯に退いた。一方、浦（淄）青道尹白璞臣と汶上の紳商と各軍長官が会議を開いて、紅槍会に対処する方法を討論した。その中で白璞臣と汶上の紳商が、平和的に解決することを主張し、軍隊から紅槍会の免罪許可証を下付し、紅槍会は武装解除して郷里に帰ればすぎ去ったことは追求しないという宥和策がとられた。恐らくは兗州（滋陽）や寧陽の村々の農民が軍隊に虐殺されたという知らせが届いており、白璞臣と地元の住民の利害に敏感な汶上の紳商がそれを避けようとしたのではないかと思われる。ともあれこれに応じて汶上の東、南、北の三郷の紅槍会は次々と武装解除して去っていった。だが西郷の紅槍会は、強硬な態度を持し、軍隊に対して警戒して宥和策を認めず、汶上県城に反攻すると大言壮語していた。そして一七日には、一〇〇〇余人の紅槍会が軍隊と衝突して殺された。一八日早朝、軍隊は総攻撃令を出し、紅槍会は応戦して八時間激戦したが、午後遂に支えられず、西に逃げて大運河を越えて嘉祥に撤退した。その後嘉祥県城によって守備している紅槍会は、約一万前後にのぼった。(71)

また一方では、汶上から北西に行き大運河を越えて、寿張、陽穀に向けて、六、七万に及ぶ紅槍会が撤退していったが、その大部分は、老若男女の農民であったという。さらに河南省境のすぐ近くの西南部の曹州でも、当時、紅槍会の勢力が盛んであったが、汶上、済寧、嘉祥等の県の紅槍会の多くは、曹州に逃げてここの紅槍会と一緒になり、その勢力は三、四万に及んだ。[72]だが軍隊の討伐は急であり、四月二六日までに曹州西郷の紅槍会三〇〇〇余人はうち破られ、嘉祥県城の紅槍会は軍隊の討伐に直面して、県城を放棄して逃走した。[73]

ところで山東省西南部の紅槍会は、蜂起するに当って、人を派遣して安徽、河南省内の紅槍会に呼応してもらう約束をしていたが、それが果たされる以前に敗れてしまい、その後河南省東部に逃げ、杞県を中心にして勢力を持っていた紅槍会の首領婁百循（尋）の支配下に入っていったと言われており、[74]曹州から河南省東部に逃げ込んだ紅槍会員も多かったものと思われる。

四月二七日、第二二師長董鴻逵と浦青（淄青）道尹兼宣撫員白璞臣は、済南にもどり汶上、寧陽の紅槍会は、すでに粛清されたと報告した。汶上、寧陽には事後処理のために善後局が設けられた。紅槍会員は武器を善後局にわたし、始末書を提出して、紅槍会を再び学ばないと声明すると、善後局から免死許可証が与えられ、それ以上追求されなかった。清郷団・保衛団等の善後措置については、すべて善後局が県知事と一緒にとりはからうことになった。[75]紅槍会に結集した農民達は、このように表面上、軍閥の統治に恭順の意を示して、これ以上の死傷者を出すことを免れた。だが紅槍会は地下にもぐって、組織を守り、信仰されていったと思われる。

汶上、寧陽、兗州、済寧を中心とした紅槍会の動きは、直魯連軍の弾圧によって下火になってきたが、山東省のあちこちにまだ多くの紅槍会が存在していた。当時、山東省の紅槍会は、寧陽にみられるように、紅門派と玄門派に分かれていた。紅門派の紅槍会は、赤い兜肚（腹がけ）をつけ襟に赤い線を結び、民家を襲って略奪したり、誘拐をして身代金を強要する等の悪事も行い、土匪と類似した行動様式をとった。一方、玄門派の紅槍会は、黒い兜肚（腹がけ）をつけ、襟に黒い線を結び、暴虐をとり除き善良な民を安んじて村民を防衛するという宗旨にもとづいた行動様式をとったという。この点からみて、玄門の方が富裕な農民によって組織されたのではないかと思われる。また両派の行動様式の違いもあり、玄門は紅門と時々衝突した。だが両派とも軍隊を敵視するという点では同一であり、もし軍隊が討伐に来れば、両派力を合わせて防衛した。たとえ大軍が県城や鎮に駐屯しても、紅槍会は農村部等において、保安司令部を設立し、軍隊と同じ組織をつくり、隠然として軍隊と対抗した。軍隊が招撫しようとすると、玄門は絶対に受けず、紅門だけが受けた。だが紅門も軍隊に招撫されたとしても、唯々諾々と従っているわけでなく機会があれば、隊をなして武器を携えて脱走した。というのは、当時、紅槍会は槍だけでなく機関銃や迫撃砲等の近代的武器を備えており、紅槍会に入会する者は、歩兵銃一丁を持っていかねばならなかった。したがって銃がなく買う金もない者は、まず軍隊に入り、その後、隙を見て銃を携えて脱走して紅槍会に逃げ込んだからだという[70]。

このように各地の紅槍会の一部はすでに蜂起の兆しを見せていた。そのため張宗昌は、五月四日、林泰を旅長にして、主力軍が北上した後の紅槍会討伐の専任にし、三〇日以内に紅槍会を粛清して、会を解散し帰農させることをもくろんだ[77]。三日、山東省西北部の河南省境のすぐ近くの観城で紅槍会が騒擾を起こし、さらに一〇日までには、駐屯軍に反抗して衝突した[78]。観城は、汶上の紅槍会が北西に撤退していった寿張、陽穀のすぐ近くにあり、この事件は汶上から撤退して紅槍会によって引き起こされたものと思われる。

七日には、省都済南から南へ津浦鉄路の泰安までの地域に黒槍会が出現した。紅槍会の多くが白弁の木の槍を武器にしているのに対し、黒槍会はもっぱら連発銃を武器にし、それを田畑に応じて金を割りあてて購買した。この割りあて金は給養の元手となり、食事を与えたりする外、会員一人一人に毎月大洋三元の給与を与えるのに使用された、黒槍会はこのように近代的な武器を使用していることと財政的な基盤が権立している例外的な結社であった。また一般的に紅槍会の教師は弟子に対して、財を貪らない、色を貪らないという禁欲的な戒を説き、かつ紅槍会のある各村では大きな旗を掲げるのに比し、黒槍会にはこのような戒もなく、標識もなく、秘密の色彩が強かった。ただ兵隊と土匪に抵抗することを職務とし、だんだんと広い地域に伝わり、多くの人々が加入してきた[80]。さらに二一日になると、黒槍会は北は済南から南は江蘇省境に近い津浦鉄路の韓荘までに広がっていることが判明した。そのため張宗昌と孫伝芳は連合して討伐に乗り出し、張宗昌は軍隊を済南より南下させ、孫伝芳は四個師の兵力を韓荘に特派し、両方からはさみうちにして弾圧することにした[81]。なお黒槍会がその後どうなったかは不明である。

六日、東の方でも紅槍会の蜂起が本格化してきており、膠済鉄路の南の諸城一帯の紅槍会の蜂起に対して、膠東に駐屯している第八軍畢庶澄は、鄧団を討伐に派遣した[82]。一四日までに、諸城、莒県の二県においては、大砲、機関銃等の武器を備え、一グループ約一〇〇〇余人の紅槍会が、数多く集まっていた。この二県では、県知事が警備隊を率いて、駐屯している軍隊とともに紅槍会と闘っていた。また膠済鉄路の南の安邱では、県城から八〇里のところに、一九二五年の一一月～一二月にかけて紅槍会が蜂起した沂州（臨沂）一帯から移動してきた多数の紅槍会が出現し、県城を襲う勢いを示した。安邱の軍警は迎撃したが、大変手こずり援軍を乞う羽目におち入っていた。

張宗昌は、自己の統治に重要な関係のある膠済鉄路を、紅槍会の攻撃により破壊されること阻止するために、第三軍程国瑞軍およびその他の軍隊を急遽膠済鉄路に移動させ、博山、坊子、濰県、周村等の地帯に分駐させ、不測の事態に備えなければならなかった[83]。

だが膠東の紅槍会はこの後の活動は伝えられておらず、弾圧されて鎮静化していったものと思われる。山東省の紅槍会が、弾圧の痛手から回復して来るのは、その年の秋になってからであった。

すなわち、一九二六年の秋、山東半島の牟平県の西南部に、西側の棲霞県の紅槍会が逃亡してきた。冬になると、恐らくは棲霞県の紅槍会の影響を受けて、牟平県の西南部に大刀会が出現し、四甲、地口、崗頭、大河東、磨山一帯に広まっていった。だがその後しばらくして、大刀会は軍警と郷団により弾圧されてしまった(84)。

また直隷省のすぐ近くの徳県(州)では紅槍会の勢力が強く、前述したように国民軍と直魯連軍との戦争の最中、県城から三〇里離れた所に少数の兵士が入り込むと紅槍会により武装解除されるという状況であった。また徳県に隣接した陵県では、それ以前から農民層の下降分解によって生まれてきた土匪の略奪、誘拐がさかんに行われ、そのため農民の中で、富裕な家の多くは、県城に引越して難を避けた。また多少の財産があるが、引越しする力の無い家では、夜間、自分の家で寝ず、偏僻な所にある貧しい家の部屋を借りて泊り、不安な一夜を過ごすという状態であった。そのため土匪からの防衛のために、農民は次々に紅槍会に入会していった。このような状況は直隷省境に近い徳県、徳平、臨邑一帯でも同様であった。特に陵県では、紅槍会の法術とほぼ同様な効力を持つ、いわゆる坎卦、離卦、兌卦、全髪会、白雞会等の名称の組織も存在した。また紅槍会が盛んになると、土匪の多くが紅槍会を名乗って、略奪行為を行う等のことが起こることがあった。だが陵県の三分の一の村には紅槍会が存在し、特に北関、東関、于家道口、東鳳凰店、趙家寨、農家寨一帯のほとんどの村には、紅槍会があったという。

ところで紅槍会の中心は九宮道紅槍会であり、袁家橋東王張屯村の張老五が呼びかけ、最初連荘会という形(実態は紅槍会)で組織化につとめ、その後張老五が大師兄となり、袁家橋の範振玉が二師兄となり、多くの村々に組織が広まった。一九二四年、土匪張棟臣が賃荘を占拠し、各地で略奪や誘拐をし、紅槍会と衝突した。しかもあろうことか徳県知事林介鉦が張棟臣と密かに結託し、張が敗北した時には、兵を出して徳州に迎え入れることさえした。一九二五年林介鉦は徳臨道道尹に昇任したが、今度は白集一帯の土匪黒大個子と結託した。黒大個子は林介鉦を後ろ盾とし「天下第一団」と称し、「天下第一団に人々は金を出さねばならない。俺が要らないということだけは許すが、おまえが払わないことは許さない」と勝手な理屈を唱えて農民から金を集めるとともに、林に金銀財物を送り見返りに銃弾を得ていた。そのため当地の農民は林に対して恨み骨髄となっていた。

両者の間が緊張している中で遂に対立が決定的になった。一九二六年九月一〇日、林介鉦は紅槍会の弾圧を開始した。すなわち彼は一個営（大隊）の兵を引き連れ、袁家橋東に行き、人を派遣して紅槍会の「仏堂（これは入会の儀式等が行われる場所と思われる）」の太鼓を壊させ、会の中心人物である二師兄範振玉等五人を捕えた。大師兄張老五は知らせを聞き、すぐさま太鼓を鳴らして会員を集め、林介鉦の部隊を攻撃して、押し切りで林の砲手の腰を真っ二つに切る等一〇〇余名を殲滅した。解放された範振玉はその場を逃走した林介鉦を辺臨鎮で捕らえ、処刑しようとしたところ、当地の紅槍会の頭目で郷紳である劉文元が命乞いをし、林介鉦も二度と紅槍会を攻撃することはしないと表明したので命拾いをした。

ところが林介鉦は復讐の念に燃え徳州に逃げ戻るとすぐさま、袁家橋東、辺臨鎮一帯の里長、郷長ならびに王長屯の劉希令、辺臨鎮の劉文元等の郷紳に対して、三日以内に大師兄張老五を渡さなければ、この一帯の村を討伐するという命令を出して脅迫した。そのため郷紳劉希元は林介鉦の脅迫に屈し、甥の劉洪訓が張老五の友人であるという関係を利用して、張を誘い出して殺した。林介鉦道尹はその首を城門に掛けて見せしめにするとともに、紅槍会の復讐に備えて張宗昌に援軍を要請した。そのため張宗昌は徐源泉師と賀文良旅の部隊を派遣してきた。

紅槍会と軍隊は最初陵県の北の徳県で衝突したようであり、その後一〇月二六日に徐源泉の部隊が、紅槍会組織の中心である袁家橋東を攻めた時には、事前に伏兵を配置し、太鼓の知らせを聞いて各村から救援に駆けつける紅槍会を待ち伏せて攻撃し、さらに袁家橋東や辺臨鎮等で放火殺人を行った。一方紅槍会の二師兄範振玉は、危機的な局面を打開するために、菜園荘、馬荘等の各村の紅槍会を動員し、一〇月二六日賀文良の部隊と戦った。紅槍会は「刀槍不入」のスローガンを叫び勇敢に戦い、菜園荘では兵士一〇余人を刺殺したので、賀は激怒して、すぐさま大軍を率いて菜園荘に報復に行った。村民は軍隊の声を聞いて避難していたが、賀旅は全村の放火・略奪・殺人を行い、さらに合計三六村の村の五〇〇〇余軒の家を焼き、数百人を殺すという虐殺を行った(85)。

このように、この地域では南部、西南部の兗州（滋陽）や寧陽の村々の農民と同様な放火、虐殺を被った。

5　北伐開始以後の軍事情勢と一九二七年一月以後の山東各地の紅槍会

この間、中国全体の政治状況は大きく変化していた。七月、北伐を開始した国民革命軍は、怒濤のような勢いで北上を続け、国民革命軍の中央軍は、一〇月一〇日に武昌を占領し、呉佩孚軍を河南に退却させた。一方、蔣介石総司令の指揮する右翼軍は、一一月八日に南昌の第三次占領を行い、江西省を国民政府の支配下に入れた。一方、敗れた孫伝芳軍は江蘇、浙江、安徽省に撤退した。

このような北洋軍閥の総崩れの中で、張作霖は、一一月一四日から天津に、奉軍、張宗昌、緒玉璞等の直魯連軍の将領、呉佩孚、孫伝芳、閻錫山の各々の代表を集めて蔡園会議を開き、「江蘇省への援助は、直魯連軍が責任を負い、呉佩孚への援助は、改めて奉天軍が責任を負う」ことを決定した。そして張作霖は、援軍の派遣を口実にしながら、ひそかに孫伝芳、呉佩孚の地盤に自己の支配力をのばそうとした。また各軍を統一的に指揮するために、討赤軍統率弁事処を設け、張作霖を全国討赤総司令にし、また孫伝芳、呉佩孚、閻錫山を副司令に推し、討赤出兵を宣布し、国民革命軍の北伐を阻もうとした。呉佩孚、閻錫山は、副司令の職に同意しなかったが、張宗昌は会議の決定にもとづき、済南より直魯連軍を南下させ、二八日には、津浦鉄路の南端で、長江をはさんで南京の対岸にある江蘇省の浦口に移動させた。これ以後、直魯連軍の一部は、一九二七年六月初めに山東省に撤退するまで、江蘇省で蔣系の国民革命軍の北伐に直面することになった(86)。

一二月一日、張作霖は蔡園で安国軍総司令に就任し、孫伝芳を安国軍副司令兼蘇皖贛浙閩五省連軍副司令に任命し、張宗昌を安国軍副司令兼直魯連軍総司令に任命した上、孫伝芳軍を奉天派の軍隊の指揮下に入れた。また長江方面では、孫伝芳軍が前線を担い、直魯連軍が長江の北岸で後盾となるという任務分担が決定された(87)。

二月、河南省では、呉佩孚軍は国民革命軍に内応した反奉派の靳雲鶚、魏益三軍と、親奉派の寇英傑軍に分化していた。張作霖は、呉佩孚の地盤である河南省に対して、二方面から軍を侵入させた。一路は、隴海鉄路沿いに進攻した直魯連軍第三五師孫殿英軍で、二月二二日に開封を占領した。もう一路は、京漢鉄路沿いに進攻した奉軍であり、これは張学良、韓麟春軍と、前敵総指揮于珍軍から成り立っており、奉軍は河南省北部の紅槍会等の抵抗と、靳雲鶚の率いる河南保衛軍の抵抗に会いながら、黄河を渡って三月一七日に鄭州を占領した(88)。

一方、南方では、二月一七日、国民革命軍が浙江省の杭州を占領したのに乗じて、二月一九日から、上海で上海総工会の指令により第二回ゼネストが起こり、革命政権の樹立をめざして、二二日からスト中止命令の出た二四日にかけて労働者と孫伝芳軍および警察との市街戦が行われた。この後、直魯連軍第八軍軍長兼渤海艦隊司令の畢庶澄が、孫伝芳軍に代って上海の防衛に当ることになった。また直魯連軍の褚玉璞軍が南京の防衛に当ることになった。さらに蚌埠に集中していた直魯連軍は滬寧鉄路沿いに展開することになった。だが孫伝芳軍に代わって直魯連軍が前面に出ても北伐の勢いをとめることは不可能であった。三月二〇日、蔣系国民革命軍の白崇禧軍（広西派）は、上海のすぐ近くの龍口を占領した。三月二一日、中国共産党の指導の下で上海の約八〇万の労働者が第三回目のゼネストに立ち上り、その中で、工人糾察隊の武装蜂起が始まり、直魯連軍とのはげしい市街戦の後、これを破り上海の実権を掌握した。二二日、蒋系国民革命軍第一軍（白崇禧軍長）第一師薛岳の部隊が上海に入城し、二三日、上海臨時市政府が成立した。二二〜二四日にかけて、直魯連軍は、滬寧鉄路沿線一帯および南京を放棄して、江北に撤退した。[89]

その後、四・一二クーデターを引き起こした蒋介石は、労働者および工人糾察隊の武装を解除し、労働者や共産党員を逮捕、殺傷するとともに、上海臨時市政府、国民党上海市党部を接収し、反共、反革命を公然化し、さらに四月一八日に、国民党右派による南京政府を組織し、武漢政府に対抗した。

五月一三日蒋介石は総攻撃令を下し、蒋系国民革命軍の何応欽軍、白崇禧軍、李宗仁軍は、三方面から長江をわたり江北に進軍し、直魯連軍、孫伝芳軍と戦った。すなわち一路は五月一五日に渡江し、その後津浦鉄路の南端の浦口を占領し、一路は二一日に渡江し、その後瓜洲、揚州を占領し、もう一路は二〇日に渡江して、その後安徽省の巣県、定遠をへて、二一日に津浦鉄路沿いの蚌埠を占領した。[90] この時、蚌埠付近の紅槍会は、国民革命軍に通じて、直魯連軍の後方攪乱を行うとともに、蚌埠鉄橋を切断し、さらに直魯連軍第一五軍軍長馬済を殺害した。そのため第一五軍は、指揮者がいなくなり混乱して退却していった。[91] 蒋系国民革命軍は、直魯連軍の守っていた江蘇省北部の徐州を五月三〇日に占領し、孫伝芳軍の守っていた同じく江蘇省北部の海州を六月九日に占領し、山東省境に迫った。[92]

一方、武漢政府の北伐軍は、四月一九日より河南省に入り、奉軍と戦いながら京漢鉄路沿いに北上し、五月三〇日には隴海鉄路との合流点鄭州を占領した。一方、隴海鉄路沿いに鎮嵩軍と戦いながら東進してきた馮玉祥の率いる国民軍連軍は、六月一日、武漢政府の北伐軍と鄭州で合流した。ここにおいて河南省における奉軍の敗北は決定的となった。

また山西省の閻錫山は、すでに国民革命軍に呼応して、国民革命軍晋綏連軍総司令を名乗り、武漢政府により第三集団軍総司令に任命されていたが、奉軍の鄭州からの撤退を見て、改めて国民党の旗を掲げ、六月九日、国民革命軍北方総司令の職に就任した。

張作霖は、江蘇省における直魯連軍の敗退に直面して、六月の初めには、張宗昌に電令して直魯連軍に実力を保全したまま山東省に戻らせ、また奉軍に河南省の黄河以北、および直隷省へ撤退させた。そして六月一八日には、安国軍政府大元帥に就任するとともに、鎮威軍、直魯連軍、五省連軍の名称を取り消し、安国軍に統一し、孫伝芳（第一軍団長）、張宗昌（第二軍団長）、張学良（第三軍団長）、褚玉璞（第七軍団長）を、それぞれ各軍団長に任命した[93]（しかし、本章では、この後でも通称にしたがって奉軍、直魯連軍の名称を用いる）。

ところで日本の田中義一内閣は、蔣系国民革命軍が山東省境に近い徐州に迫り、また武漢政府の北伐軍と馮玉祥軍が河南省の鄭州に迫った五月二八日、日本人の生命財産の保護を名目として、山東出兵を宣言し、六月一日、「満州」からの日本軍二〇〇〇余人は、青島に上陸しさらに膠済鉄路沿線に展開し、中国の内戦に干渉する姿勢を示し、暗に張宗昌政権の維持を企図した[94]。六月二八日には、日本軍一五〇〇人は済南に移動し、七月六日には、さらに五〇〇〇人の日本軍が、大連から青島に派遣された[95]。

直魯連軍が江蘇省に派遣されたこの時期、直魯連軍の本拠である山東省では、各地で紅槍会を中心とする民衆の蜂起が起きていた。

まず産塩地である東部の膠東の膠県では、一九二七年一月南部の大珠山に紅槍会が出現し、勢力が大変盛んで、膠県の塩局を襲って略奪を行った。付近の住民の訴えにより、張宗昌の部下畢庶澄は、万団（連隊）長に命じて全団の兵士を率いて討伐に行かせた[96]。この事件の結末は不明であるが、紅槍会は完全に弾圧されたものではないと思われる。三月五日、ロイター社の北京電によれば、膠県を含むと考えられる山東省の産塩区域及び青島以南の沿海地方で大刀会が、人を拉致したり、負傷させたりし、さらに県の中心である県の役所、塩局等を焼却破壊し、多数の塩警（塩務警官）を負傷させていた。そして畢庶澄が弾圧に派遣した軍隊と戦闘中であった[97]。これらの事件が後述する膠県における大刀会の活動の始まりとなった。

四月に入り、直魯連軍が江北を支配し、上海、南京を含む江南を支配した蔣系国民革命軍と対峙していた時、恐らくは国民党の働きかけを受け、直魯連軍の背後を攪乱することを狙ったと思われる土匪や民衆の動きが起きた。すなわち江蘇省に近い南部の費県で大土匪劉黒七が、土匪三〇〇〇人（二万人という説もある）を率いて、一三日、県城に入城した。そして監獄、拘留所を破って、囚人を解放するとともに、県の倉庫、財政処を襲って、現銀、銃弾を奪い、さらに某方（恐らくは国民党）の旗を掲げ、直魯連軍と対抗するとともに、各地の土豪劣紳の除去を呼びかけた。それに応じて、二一日には、費県の近くの嶧県で飢民二万余名が県城に入城した。彼等は、劣紳王宝田、飽丕級等数人に対して、県城に招いた軍隊の名義を借用して、流通券三〇〇万串を私的に発行し、物価を数倍に上げたこと、県の役所を支配し、本人の地丁税を減らして貧民への課税を増加し、人民の生活を悪化させ飢餓をもたらしたことを非難したという[98]。

一方当時河南省に近い西北部の各地には、呉佩孚の部下で奉軍に投降した寇英傑軍所属の薛伝峯軍が駐屯していたが、紅槍会や農民は薛伝峯軍と対立を深め、各地で蜂起した。すなわち四月、朝城で薛伝峯軍の騒擾に対して、紅槍会と貧民が暴動を起こし、県城を三度にわたって占領し、薛伝峯軍を駆逐した[99]。五月、朝城の近くの范県で、紅槍会が薛伝峯軍を駆逐することを目標にして暴動を起こし、県知事を追放して、一ヵ月余にわたって県城を占領した[100]。

膠東の青島では、かって江蘇省、山東省の省境地帯で一万余人の大刀会の会員を集めて大勢力となり、後に弾圧を受けて、青島に潜んでいた首領丁元礼が、五月二八日、軍隊と警察に捕らえられるという事件が起きている[101]。ただ大刀会の勢力は膠県で依然として維持され、六月、膠県南郷に大刀会（紅槍会）の首領鄧徳奎、字は寿千が現われて、南郷一帯に会員を獲得していった。[102] さらに、大刀会は膠県の西南約六〇キロメートルにある諸城の近くまで広まっていた。当時諸城には、江蘇省北部から山東省に撤退してきた孫伝芳軍が駐屯していたが、それに対して一九二七年三月に孫伝芳軍から寝返った蔣介石系国民革命軍の陳調元、葉開鑫の部隊は、沂水、炎城を占領して、前鋒は諸城の近くに迫っていたが、これらの部隊は六月一八日、諸城の南方朱盤で大刀会と衝突して、蔣系国民革命軍側は四名の死者を出し、大刀会側には一〇余名の負傷者を出した。[103]

蔣系国民革命軍は、津浦鉄路沿いにも北上して、山東省南部で直魯連軍と戦った。張宗昌による苛税の徴収、紙幣の濫発、軍糧の徴発がたびたび行われたので、この時期、山東省の各地で紅槍会が、張宗昌に反対して蜂起し、[104] 直魯連軍の移動する所に出没しては、その行動を妨害し、戦闘力を減少させ、戦局を不利にさせていた。そのため張宗昌は、まず紅槍会を殲滅しようとして、以前、滕県で紅槍会員七〇〇余人を捕えたが、そのうちの三〇〇人を、見せしめのために六月二三、二四両日に分けて斬首にした。[105] またこの頃、江蘇省南部に近い臨城（薛城）では、紅槍会および蔣系国民革命軍の便衣隊が襲撃して二五日に占拠したが、二八日に直魯連軍により奪回された。[106] 二九日、蔣系国民革命軍の前蜂は、紅槍会、土匪とあわせて三、四万の大軍となり、滕県城を占領したが、七月五日に直魯連軍の徐源泉、張宗輝等の部隊により奪回された。[107] このように臨城、滕県一帯では激戦が行われ、この地帯の紅槍会は、蔣系国民革命軍に呼応して張宗昌と戦ったのであった。

西北都の陽穀県では、六月に一万余人の農民が抗糧を要求して県城を包囲したが、組織もなく指導者もないため、陸春元道尹にだまされて、解散した事件が起きていた。[108]

一方、河南省に侵入した馮玉祥軍の方では、六月一三日に終了した鄭州会議の結果、馮が河南省主席に任命され河南省の統治を任され、さらに六月二一日に終了した徐州会議以後、蔣系国民革命軍の山東省への北上に呼応して、馮軍は西南部から山東省に攻めこみ曹州、鉅野、鄆城、嘉祥、金郷を占領した[109]。この時期山東省西北部に隣接した河南省東部では、馮軍と奉軍の戦闘が行われていたが、河南省北部の新郷、濬県、滑県、濮陽、直隷省南部の紅槍会は、国民党に呼応して活動していた。さらにこれらの紅槍会が山東省の西北部の観城、朝城、范県等に進撃し、東昌（聊城）で乱を起こすという話が伝わり、范県駐屯の薛伝峯は防備を固めるとともに四、五、六月に蜂起した范県、朝城、陽穀の紅槍会等と急遽和解を行ったが、濮県の紅槍会とは和解が成立しなかったという[110]。

七月になると、このような山東省南部への蔣系国民革命軍の進撃、山東省西南部への馮玉祥軍の進撃に直面して、孫伝芳軍、直魯連軍の中から国民革命軍への寝返りが相次ぎ、孫軍と直魯連軍に一時的に大きな打撃を与えた。例えば膠東に退却していた孫伝芳軍所属の周蔭人軍で、六月二三日、兵変が起こり、周が迫られて長官をやめ、陳以燊が後をついだ。七月二日、陳は馮玉祥軍の第三九軍軍長の職につき、膠済鉄路の高密から蔡家荘までを破壊し、青島と済南を分断するとともに、青島駐屯の第八軍祝祥本に向けて進攻しようとした。また白崇禧とひそかに連絡を取っていた孫伝芳軍の鄭俊彦もこれと同一歩調を取った。この時、山東省に出兵していた日本軍は、公然と中国の内戦に介入し、祝祥本を助けて青島の手前の城陽駅に展開し、そのため陳軍は南泉駅より前進できなかった。さらに陳軍を強迫して膠済鉄路を修理させた。九日、陳軍は迫られて諸城に退却し、鄭俊彦は孫伝芳の下に再び帰り、張宗昌の率いる直魯連軍の危機は、日本軍の介入によって救われた[111]。日本軍は、張宗昌の敗北の可能性の一応無くなった九月八日になって、やっと撤退を完了するのである。

また直魯連軍の一方の頭目であった李景林の働きかけによる国民革命軍、馮玉祥軍に呼応する動きもあった。すなわち李景林は郭松齢事件の時、郭に呼応しようとしたことが災いして、一九二六年五月、南口に撤退していた国民軍との戦争のさ中、免職され、その軍の一部は解散され、一部は奉軍に収編されたが[112]、蒋系国民革命軍が、江南の上海、南京を占領した直後の一九二七年四月一五日、国民革命軍に呼応して事を起こそうと天津で密謀していたことが洩れて日本に亡命した[113]。その後、七月になって、直魯連軍第一八軍副軍長崔芳庭は、李景林の密命を受けて、第一八軍長王玉秀所属の李子銀旅、郭世環旅を、西南部の単県で武装解除し、国民革命軍、馮玉祥軍に呼応した。また山東省西南部の紅槍会、民団も蜂起してこの動きに呼応し、済寧西北へ前進し、張宗昌は劉志陸軍を急拠済寧防衛に派遣した。この時、直魯連軍内の李景林の旧部下は、李景林の密命を受けて、今にも反乱を起こしそうな不穏な情勢であったという[114]。

だが蒋介石は、六月二一日に終了した徐州会議以後、山東省への北伐は馮玉祥に任せ、共産党への「清党」と武漢政府への「西征」の準備に重点を置き始めた。一方、武漢政府の方も唐生智が中心となって、南京政府への「東征」の準備を進めていった。この両政府の軍事的な対立状態は、七月一五日、武漢政府が反共化しても続いた。この機に乗じて、直魯連軍と孫伝芳軍は、七月二三、二四日の両日、津浦鉄路沿いに大反攻をし、蒋系国民革命軍は敗れて山東省を撤退し徐州に後退した。孫伝芳軍は八月八日徐州を占領し、一七日には浦口に至り、蒋系国民革命軍は、長江南岸に撤退した[115]。

かくして、蒋介石による山東省への一回目の北伐は失敗した。八月一四日、蒋介石は下野し、一九日、武漢政府は南京政府との合体を宣言した。

だが蒋系国民革命軍が山東省を撤退しても、馮玉祥軍の山東省西南部での直魯連軍との戦いは続き、八月六日には、靳雲鶚軍が、曹州の紅槍会を前鋒にして、直魯連軍と戦い、また鄭大章の率いる騎兵某団は、七日に済寧を占領し、さらに済寧と兗州（滋陽）を結ぶ津浦鉄路の支線を破壊し、その上兗州に向かって進攻していた[116]（なお靳は、九月に入って、馮によって孫伝芳、張宗昌との内応を疑われ、六日、第二方面軍総指揮を免職され、さらに馮軍に攻められて、九月一二日には、その軍は潰滅した(117)。

一方、西北部の朝城、観県、范県では、九月、駐屯していた薛伝峯軍が、張宗昌の命令によって直隷省の東明に移動することになった。だが蒔軍が初めこの地に移動してきた時、武器が不足していたので、朝城、観県、范県の民団の武装を解除して武器を奪い、村落自衛に支障をきたしたため、紅槍会等の「地方の人民」の反対を受けた。その後、地方の紳董が調停して、軍隊がその地方を完全に保護する責任を負い、軍隊が移動するまでは民団の武器を提出するという妥協が成立した。いよいよ朝城駐屯の薛軍が移動しようとした時、紅槍会が前の約束をたてにとり、蒔軍が以前に提出させた武器をすべて置いていく事を要求した。薛軍が応じなかったため、紅槍会員数千が集まり、薛軍と約七、八時間にわたって戦ったが、遂に敗れてしまった。この時、紅槍会七〇余人が戦死し、薛軍も一〇余人が戦死した。薛軍はさらに県城付近の三村を放火破壊した。また范県駐屯の薛軍は、移動する時に県の警備大隊長を監獄に入れ、一等警佐虞林を殺し、さらに獄中の全囚人を解放して、范県城を大混乱におとし入れて去っていった(118)。

6　大刀会の暴動

前述したように、膠県、諸城等の膠東では、一九二七年一月以後、大刀会が塩局を攻撃する事件が伝えられていたが、遂に大規模な暴動が起きることになった。

膠県では八月、南郷の王哥荘、蕭家荘等で、紅槍会（大刀会のことと思われる）が各村に手紙を送って、銭糧を県に納めることを許さず、従わない者は死刑に処すると脅し、各村で、村落のリーダー格の各城区区長蕭彩等三四家が脅迫された。膠東防守司令祝洋本は知らせを聞き、南郷一帯に部隊を派遣して紅槍会を討伐に行かせたほか、布告を出して、郷民が紅槍会に加入することを厳禁した[119]。

八月二日にはまた、膠州湾に面した紅石崖を離れること二〇里の港頭に、大刀会三〇〇余人が突然現われて塩局を強奪し、官員七人を連れ去り、四人を負傷させた[120]。青島に駐屯していた膠東防守司令祝祥本は和平策を採り、警庁(警察署)から人を派遣して諭して和解しようとした。さらに八月三日午後、司令部より陸海軍の飛行機を膠県まで飛ばして大刀会の情況を調査させた(この飛行機は誤って膠県城に二〇余発の爆弾をおとしていった[121])。四日、警備隊の管恩成隊長が劉恵林副司令(副総隊長)を連れて県城を出発し、県城から四〇里の田家窰まで至ったところ、窩洛子、南辛安、劉家屯に大刀会二〇〇〇余人が集まっており、その勢力は大変盛んで、窩洛子に向かって前進しているとのしらせが届いた。管恩成隊長が村に着くと、大刀会一二〇〇余人が現われたので、管隊長が和平解決を諭すと、大刀会員は南辛安に行って会議をもつことを要求した。管隊長は劉副司令とともに(南辛安で)村の区長と各社長二〇余人を招集して諭した。大刀会も和平解決に応じて、即日会を解散して反省書を出して再び事を起こさないと述べて[122]、一まずこの事件は落着したようである。

だが九月になると王台鎮以南の大刀会の勢力が盛んになり、二三日、県西方において十二字の大刀会首領王小広が、小柳家屯荘、飲馬泉荘等に勢力を振っているとの報告が県城に届いた[123]。

一〇月一日、張作霖は討閻声明を発表し、奉晋戦争が起こった。晋軍(閻錫山軍)と奉軍は京綏、京漢鉄路で戦い、晋軍に協同して馮玉祥軍が、隴海鉄路を東進して、一度放棄した江蘇省北部の徐州、山東省西南部の済寧を目指して直魯連軍と戦い始めた[124]。かくして華北における大規模な戦争が再び始まった。

同日夜、塩税徴収機関である紅石崖塩務稽核(検査)分所が、王台鎮の大刀会(紅槍会)四〇〇余人に襲撃されて打ちこわされ、金品が略奪され、職員三人が連れ去られて、塩警(塩務警官)二人が殺され、騎兵銃、歩兵銃三丁が奪われ、警隊は危険を感じて青島に避難した[125]。この事件が大刀会の大規模な蜂起の先がけとなった。

ところで前述したように一九二七年初頭以来、大刀会がこの地域の塩局（塩務稽核分所のことと思われる）をたびたび襲っているのであるが、この地域は、中国でも有数の産塩地帯であり、また第一章で述べたように、民運民銷制地域である。当時、馬哥荘、紅石崖、海荘、潮海、陳家港、女姑、南方、下崖、小石頭、王家荘、海西、後家韓の二区に分かれた塩場があった。ただ司馬秤一〇〇斤（約六四キログラム）当り、二元七角もの高率の塩税を取られ、それに反抗して大刀会の蜂起が起きたといわれている[126]。

一方、官憲側は従来の和平解決策を捨て、大刀会の武力弾圧に踏み切り、膠県の王天偉県長は、祝宏徳団長とともに大刀会の勢力の盛んな南郷の王台鎮まで前進し、一方では警備第三大隊長孟伝永の部隊を西南の杜村に派遣して、分かれ道で遮断して討伐させることにした。四日、祝団長の率いる部隊は、王台の西南の挿旗崖、亮甲埠一帯で大刀会と衝突し、大刀会一〇余名を殺し、残りの大刀会は四散した。だが西南の杜村に行った警備第三大隊孟伝永の部隊は、多数の大刀会によって攻撃され馬警一名が殺された。祝団長は警備隊を援軍に派遣した。ところが早朝六時、多数の大刀会が集まってきて本隊のいる王台を逆襲して包囲攻撃し始め、祝団所属の三営の楊永挙営長が包囲の中で殺され、王県長も包囲されてしまった。だが膠東防守司令祝祥本の命によって、五日に青島を出発した李吉祥団長の率いる援軍が到着して、包囲がとかれた。この戦いで軍隊側では楊永挙営長、兵士四二名が戦死し、大刀会側も多数の死者を出した[127]。

また塩務稽核分所が襲われた紅石崖では、膠県の警備隊と青島から祝祥本によって派遣された軍隊によって、大刀会は包囲され多くの会員が殺され、数百の長槍が奪われたが、一部の大刀会は包囲を突破して北に逃走していった。すでにこの地域の大刀会は、西南方の莒県、諸城一帯の紅槍会と連絡し一〇余万の勢力をほこり、険によって布陣し、軍隊とみるとすぐさま待ち受けて殺し、依然として大きな勢力を持っていた。萊膠道尹杜芬はこの状況を見て、青島に行って膠東防守司令部に急を告げ、さらなる軍隊の派遣を乞うた。

七日、大刀会の反乱の大規模なのに驚いた張宗昌は、膠東防守司令祝祥本自らに指揮をとらせ、青島に駐屯していた五二七団（李吉祥団長）の一営を率いて機関銃、迫撃砲を持って膠県に行かせた。さらに張宗昌の衛隊旅長任徳福に一団を率い膠県に行かせた。またすでに祝祥本によって派遣されていた李吉祥団も膠県に戻ってきた。[128]これらの軍隊の外に、各県の警備隊一〇〇〇余人が膠県に集合した。これらの軍隊はただちに王台に弾圧のため移動して、祝宏徳団と一緒になって西南に進撃した。三日より八日にかけて王台鎮一帯では、軍隊・警備隊と大刀会が数度衝突したが、大刀会の武器は劣弱で、銃弾も不足しており、多くが短刀を持っているだけであり、数百人が殺され、王台の南三〇里の大珠山付近で潰滅し、残りは南に逃げた。七日夜、祝祥本司令と任徳福旅長、王県長は部隊を率いて一まず膠県城に戻った。[129]

一方、高密県南郷の溝頭集一帯では、膠県西郷の苑戈荘、舗集一帯の大刀会が逃げこみ、唐忠信の率いる集団に加わり、九日、高密県の南郷の扼城河、道郷荘付近で、高密県の警備隊と衝突した。すぐさま高密県当局は、祝洋本に急を告げたので、祝は膠県から二団の軍隊を高密県に移動させて、高密県の軍隊とともに討伐させた。また膠県の南方の諸城県方面では、駐屯軍の尹錫五団が、大刀会の討伐を行っていた。[130]

一一日、四日に警備第三大隊の孟伝永の部隊が手痛い打撃を受けた膠県西南二五里の杜村一帯に対して、任徳福旅長が、王団、徐団を率いて出かけ大刀会と衝突した。この戦闘で大刀会は勇敢に戦ったが、三〇〇余人を殺され、手製の大砲、武器等を奪われ、杜村から高密県の城律一帯に逃亡した。任徳福軍は、大刀会の拠点となっていた杜村一帯の一五荘に放火し、逃げ遅れた多くの女、子供を焼死させた。[131]一方、王台にいた祝宏徳団は、警備隊とともに再び膠県の南郷の紅石崖、薛家島、霊山衛一帯に討伐に行った。

一三日、任徳福旅長は、膠県の大小仏楽で大刀会二、三〇〇〇名を発見し、すぐさま攻撃して数十名の大刀会を殺し、手製の銃三〇余、ブリキ製の筒の破裂弾一〇〇余を奪った。大刀会は、高密県の褚家王呉一帯に敗退した。同日、祝宏徳団長は、膠県の黄山屯で多数の諸城、日照、莒県からやって来た会員を含む大刀会六〇〇〇—七〇〇〇人と遭遇した（これらの大刀会は、前述したように、紅石崖の紅槍会と連絡を取りあっていたので、紅石崖の救援にかけつけたか、あるいは前述したように諸城駐屯の尹錫五軍によって弾圧されたので、膠県に逃走してきたものであろう）[132]。祝宏徳軍は、三方から攻撃して、数百人の大刀会を殺した[133]。残りの大刀会は、王台鎮の南の大珠山に逃げこんだものと思われる[134]。

というのはこの頃、弾圧されて四散した膠県の大刀会は、王台鎮の南三〇里の大珠山に結集していた。すなわち祝祥本配下の軍隊に討伐された紅石崖の大刀会が、首領紀納堂（紀約堂）に率いられて大珠山に逃げこみ、五〇〇〇余人が集まっていた。さらに諸城駐屯の尹錫五軍に弾圧された諸城、日照の紅槍会が、膠県の大、小珠山に逃げてきて一緒になった。彼等は当地の住民（農民）に食糧物品を供給させるほか、農民の金銭財産を強奪し、家屋を焼くなど、多くの故郷を離れて他県からやって来た会員を含んだせいか、土匪と代らない行為をした。王台鎮にいる祝軍も、大刀会の勢力範囲に入って再び包囲されることを恐れて、毎日、付近を遊撃するほかあえて遠出せず、大珠山にいる大刀会に対して手出しをしなかった[135]。このように軍隊の弾圧により、多くの会員が殺されたにもかかわらず、再び王台鎮の近くの大珠山には紅石崖や諸城、日照から逃走してきた大刀会が集合し、大きな勢力を持ち始めてきた。

一方、もともと王台鎮にいた大刀会は、軍隊の弾圧に会い東の即墨県に逃げ、いたる所で煽動したため陰島、下崖等で、無数の大刀会が現われて大珠山に呼応し始めた。彼等は村落に出入し、大きな勢力をほこった。大刀会けとりわけ海西警察分駐所を敵視し、危険を感じた孫巡官は、一四日、警察官全員を引き連れて青島に避難してきた。警察が海西を離れたため商民は恐慌状態に陥ったという。[136] このように大刀会の勢力は東方の即墨まで拡散していった。

任徳福旅長は、膠県の杜村及び苑戈荘から逃走した大刀会を追って、一四日、膠県の西方の高密県に入り城律から出発して、辛荘、上大港等で大刀会二〇〇〇余人に遭遇し長時間戦い、首領一人、会員数百人を殺し、多くの連発銃、手製の銃を奪った。[137] これから三昼夜、任徳福軍と大刀会は、激戦を続け、溝頭、楊家屯等の村は、恐らくは軍隊の放火によりほとんど焼けてしまった。[138] 一七日、軍隊は捕えた大刀会の首領一五人全員をさらし首にして、高密県より膠県に持参して各要路にさらし首をかけ見せしめとした。[139]

だが高密県の大刀会の勢力は、このような弾圧にあってもまだまだ盛んであった。その後膠東防守司令祝祥本の命によって、高密県知事が、警備隊を大刀会討伐のために派遣したが、逆に大刀会に包囲され、警備隊長姜泰然、分隊長呉東揚、李玉軒が戦死し、警兵二〇余名が殺され、武器五、六〇が奪われるという敗北を喫した。山東省当局は知らせを聞いて、砲兵一営、歩兵一営を派遣し、また諸城駐屯の尹錫五団も援軍を出し、諸城民団団長鄭冠卿、高密総隊長鄒鳳五、諸城隊長王魁武も、民団の団勇や警備隊の警兵を引きつれて、高密に集まり四方から大刀会を包囲攻撃した。その結果大刀会の首領秦七、劉星南等が捕われ、大刀会は四散した。ただし軍隊はここでも放火殺人を恣に行い、村内に一人、二人の大刀会の加入者があっても、村内の老若男女すべてが殺戮され、全部で七〇余の村落が焼かれてしまった。[140]

このように弾圧されても、依然として膠県の大珠山付近、即墨県の陰島、下崖地域、高密県で、大刀会の残党は侮りがたい勢力を維持していた。またこの頃、山東省全域でも種々の紅槍会運動が展開されていた。例えば膠州一帯では紅槍会、別名紅旗会も盛んであった。また南部の莒県、日照一帯では、「土匪から防衛し、村落を保護することを任務とする」黒旗会があった。また西南部の曹州一帯や河南省には藍旗会（別名提籃会）があった。これは多く女子が入会し、出陣して突撃する時に、提籃（手提げ籠）一個を携えて行く。そして相手方の銃弾は、この籃（籠）の中に入ってしまうと言われていた。さらに諸城県の南郷には鉄鏟子会があった。かれらは出陣する時には、鉄鏟子（スコップ）一個を携えて行く。もし敗北したり、敵が迫って来た時には、地面を掘って姿を隠して逃走し、土遁の法であると言われていた。さらに沂水一帯には孝帽子会があった。かれらは出陣する時には、みな孝服（喪服）を着て、哀杖（喪主の持つ杖）をつく。また敵に直面して三叩首の礼を行うと敵はすぐさま地面に倒れてしまい、催眠術にかかったと同じであったという。これらの会は斎戒沐浴して呪文を唱えることによって銃や槍にあたらない、ということを唱えた広義の紅槍会に含まれる宗教的秘密結社でもあった[141]。

張宗昌は、奉晋戦争及び馮玉祥軍との戦いが行われている中で、武力討伐策に手こずり、背後から大刀会に攪乱されることを恐れて和平懐柔策に乗り出した。二二日、膠県知事王天偉は、省政府より税捐徴収の責任者である膠路統捐局総弁柴勤唐、武力弾圧の責任者である清郷総弁徐鴻賓を連れて、膠県王台鎮に行って、村落のリーダーである紳董、各村の社長、荘長を召集し、南郷の黄山屯に集まっている大刀会の首領に対し、解散することを勧めた。さらに直魯連軍運輸総司令兼津浦路局長韓文友が斡旋して（韓文友は膠県南郷王台の出身であり、王台の大刀会員と同郷で、平素から信頼があつかった）各荘の社長が保証して、省当局及び軍隊の和平条件が提出された。

甲、大刀会側は、武器、大刀、腹掛け、秘文等のものをすべて引きわたす。焼かれ、破壊された各村には、官府より相当する補償をする。

乙、官府側は、事件の追及を行わないことを許す。以前に新しく加えた賦税は、暫時取りやめる。

この条件で両者の間で一応の妥協が成立した[142]。二三日、まず腹掛け一六六個が引きわたされ、次々に続いた。これらの納入には、大刀会の首領が責任をもって処理を行った。例えば斉城、陽武両区は王恭、朱仲、龍泉両区は紀月堂、高城区は李明亭が責任をもって処理した。李吉祥団（五二七団）、祝宏徳団（五六五団）は、王台に駐屯し、黄山屯の大刀会の動きに備えるとともに、協同して王台の大刀会の武装解除を行った。さらに二三日、任徳福旅長、王、徐両団が、高密県の距城河から膠県の黔陬、舗上集に移動してきて、威圧を加えた(143)。二四日、大刀会は武器、大刀、腹掛け等千数百余を提出し、韓文友はそれを持って済南の張宗昌のところへ復命に行った。

省当局及び軍隊側はこれで一件落着するかと思った。確かに大刀会の多数は妥協案を呑んで、武器や腹掛けを提出した。しかし一部の強硬派はさらに、三つの条件を提出し、それを省当局および軍隊側が呑まなければ闘争を終息させることに反対した。その条件は以下の通りであった。

一、軍隊が焼き破壊した村落を官府は元通りにするよう賠償すべし。

二、殺された大刀会衆、各人に大洋三〇〇元を暗償すべし。

三、毎年地丁以外のすべての税捐を、官府は一律に取り消すべし。

省当局及び軍隊側にとって大刀会の強硬派の出した条件は、とても認められないものだった。さらに提出された腹掛けの多くが、にせ物であることが判明し、大刀会側の和平への意図を疑わせて和議は決裂した。省当局および軍隊側は、新たに周村より膠県に移動してきた第一六旅旅長張駿の率いる部隊を、二六日、王台にむかわせた。さらにすでに王台に移動していた李吉祥団（五二七団）、祝宏徳団（五六五団）をこれに呼応して進攻させ、さらに諸城駐屯の尹錫五団を進攻させた。その上、各県の警備隊に道案内させ、他県に大刀会が逃亡するのを阻止させた。さらに省当局および軍隊側は、すでに膠県の県役所に捕らえていた王台の大刀余首領紀循徳（清の武挙）を、和平の望み無しと考えて、王台に護送してさらし首にして、見せしめにした。ところでこれらの軍隊の給養は、すべて現地で調達され、一日に糧食一万余斤を必要とした。これらは、膠県の紳士が商会に命じ買い集め、そのため饅頭、焼餅の値段が、一日一日と上昇していき、民衆の生活を苦しくさせたという(144)。

一方、大刀会側は、譲歩派と三つの条件を認めさすことを唱える強硬派に分裂し、その上、内訌を起こして自らの力量を弱めていった。もともとこの土地の大刀会は、紅、黄、藍、白、黒旗会の五種に分かれていた。強硬派はもとの黒旗会であり、土匪流氓の類も会の中に入れて戦闘力を強化していた。一方、譲歩派はもとの紅旗会であり、入会するにはその土地の会員の紹介を必要とし、土匪流氓の類を入会させなかった。したがって黒旗会は、土匪流氓のようなルンプロ層も含み、より下層の農民によって組織され戦闘力が強く、紅旗会はそれに比較してその土地の中層の農民によって組織されたのではないかと思われる。この両者は意見が対立して衝突し、殺しあいとなり、強硬派で戦闘力の強い黒旗会が妥協派の紅旗会を破った。その後、紅旗会の一部は軍隊に帰順し、首領范華亭は、義勇隊隊長に任命された。さらに黒旗会は白旗会とも衝突し、軍隊との戦いよりは内訌に精力をさいた。軍隊側は、この機に乗じて「漁夫の利」を収めようとし、王台鎮に駐屯している軍隊の一部を、大刀会の残存している王戈荘集に移動させた。

当時大刀会の組織的勢力は、王戈荘集に一〇〇〇余人、また膠県の西南郷の宋家荘には大刀会数百人が残存していた。かれらは宋家荘の農民に対して、糧食代として大洋五〇〇元を要求し、その期限を一日として、期限を過ぎて納められなければ全荘を焼くと土匪や軍隊と代らない脅しをかけていた。また膠県堯王一帯の一〇〇余里付近には、依然として五〇〇〇人の大刀会がいた。二二日に省政府より派遣された柴勤唐、徐鴻賓、韓文友等が王台に行って宣撫した時に、「大刀会は武装を解いて帰農するか、連荘会、団練等に編成されて、地方を防衛せよ」と述べたのに対し、大刀会は「ぜひ正式の軍隊に編成してほしい」という軍隊への収編要求を出した。大刀会のこの要求は前述した紅旗会等一部を除いて認められなかったようであるが、和平解決策を採った軍隊もあえてこの地域の大刀会を追撃せず、にらみあいの状態を続けた。また高密で捕えられ牢獄に入れられていた大刀会の首領劉星南に対しての釈放運動が起きていた[145]。

高密では、一一月五日大刀会が軍隊と最後の衝突をした。大刀会の首領劉作霖は、清朝時代の黄馬掛を着、紅頂花翎をつけていた[146]。そして「糧（を納めるの）に反抗しない。ただ雑税に反抗するだけだ」と述べていた[147]。また大刀会の一部は、河南省東部から山東省を攻めていた馮玉祥系の国民軍連軍攻魯軍司令梅鈞部隊と連絡をとり、張宗昌軍の後方擾乱を行い、膠済鉄路の膠州、高密間のレールをこわした。張宗昌は山東省の動脈である膠済鉄路の輸送が阻まれるのを恐れて、濰県坊子駐屯の第三軍程国瑞部隊所属の趙鴻昌旅に、濰県より西側の鉄道防衛を行わせ、また青島の祝祥本部隊に命じて、防衛地を狭め膠東一帯を重点的に防衛させることにした[148]。

しかし一一月一一日以後、大刀会と軍隊との大規模な衝突は起きていない。省当局と軍隊側は、大刀会側の強硬派と妥協派の分裂につけこみながら、妥協派の一部を紅旗会のように帰順させたり、膠県のように首領の音頭とりで武装解除をさせていった。また強硬派に対しては、軍隊の力を背景にしながら、徐々に威圧していった。大刀会の首領の中で、前述したように妥協派の紅旗会大刀会の范華亭は帰順して軍隊に収編され義勇隊隊長となり、強硬派と思われる（黒旗会大刀会?）周立亭、李雲亭は逮捕され、孫瑞亭は逃亡した。かくしてこの反乱は鎮静化していった。その場合に、前述したように一〇月二二日に一応成立した二条件のもとで、省当局及び軍隊側の間で妥協が成立したようである[149]。膠県でも、一一月二二日、警備隊副司令（副総隊長）劉恵林の率いる警備隊に大刀会員哀世貞が逮捕され、二七日には、強硬派と目されていた南郷の黄山屯一帯の大刀会が、武装解除して解散することになった。

一二月初めには、祝宏徳団、李吉祥団がなお王台に駐屯して警戒をしたが、その他の軍隊は撤退をした。そして多くの大刀会員が説得に従って解散し、各村の社長、荘長から保証書が出された[150]。

省当局及び軍隊は、大刀会の強硬派に対して徹底的な弾圧を行わなかったのは、前述したように、当時、北方では、京漢鉄路、京綏鉄路沿いに奉軍が閻錫山車と戦い、また南方では、馮玉祥軍が一路は隴海鉄路の蘭封、帰徳から山東省西南部に向かおうとし、もう一路は徐州に向おうとして直魯連軍と戦っていたので、大刀会弾圧にまわす兵力の余裕がないという軍事情勢があったと思われる。したがって膠県の大刀会の勢力は、この後も根強く残っていった。

一九二八年一月には王台の南の辛安で、土匪孫協（孫鴻賓）、梁毅が国民革命軍別動隊司令部を設立し、孫協が総司令、梁毅が副司令となっていた（これは彼等が自称したにすぎないかもしれない。だが前述したように膠県大刀会の一部と、馮玉祥系梅鈞部隊と連絡をとった事例もあり、また後に辛安の国民革命軍別動隊司令部が警備隊と軍隊に占領された時、役所で用いる公印、旗、腕章、多数の印刷物が発見されたことから、すでに一二月一六日に徐州を占領して、合流した国民革命軍第一集団軍（蒋介石系）と第二集団軍（馮玉祥系）から何らかの働きかけがあったのではないかと思われる）。彼等の部下は、薛家島、紅石崖警所を別々に包囲して武器を奪った上、一九二八年一月一一日、霊山衛、龍泉、孫家荘、趙家荘、徐哥荘等に数十人ずつの集団で現われ、南軍（国民革命軍）別動隊と自称し、各村に分かれて入って強奪をした。翌一二日、王晋荘一帯を騒擾しようとし、まず人を派遣して、大刀会の首領鄧寿千、王恭等を脅迫して、彼等を参加させようとした。だが張宗昌の率いる直魯連軍に対しての妥協派と目される鄧寿千等は、土匪のグループが各村を強奪したせいか、この申出をはっきりと拒否した。それればかりか保衛団とともに土匪と戦い、彼等を追い払った。その後、王県長は、祝祥本配下の混成一営、祝宏徳団長の率いる部隊等の軍隊、副総隊長劉恵林の下の警備隊、保衛団を派遣して、一月一五日までに、首領の孫協を殺し、土匪を四散させ、辛安にある国民革命軍別動隊司令部を占領破壊した[151]。

以上の経過からみて、大刀会の妥協派の中には土匪軍と手を結んで共通の敵張宗昌政権を打倒して新しい世界（「清朝復古」的なあいまいなものから、国民党・国民革命軍の支配する極めて現実的な世界までの幅があるが）を求める指向は希薄であった。

この事件のあと大刀会の一部は、張宗昌政権にさらなる忠誠の意を示すためか、以前大刀会の首領と思われる紀月堂が責任を持って武装解除を行った朱仲区等で、護符、腹掛け三〇〇件を各社長に提出した。これらは二月二三日、第三警察分所の武⿱艻先の手を経て県に納入された(152)。しかしこれらの動きにもかかわらず、この地区における大刀会の勢力は根強く続いていくのである。

二　国民党統治下の紅槍会運動

1　孫良誠の統治

一九二八年四月、蒋介石は北伐を再開し、国民革命軍第一集団軍（蒋介石系）は、津浦鉄路沿いに三方面に分かれて山東省南部から、国民革命軍第二集団軍（馮玉祥系）は山東省西部から、直魯連軍、孫伝芳軍と戦いながら山東省の省都済南を目指した。四月二二日、第一集団軍と第二集団軍は泰安城外で合流した。四月三〇日、張宗昌は済南を捨てて徳州に逃亡し、張宗昌の山東省統治は終わった。翌五月一日、国民革命軍第一集団軍第一軍（劉峙）、第九軍（陳調元）、第四〇軍（賀耀祖）は済南に入城した。

一方、日本軍は、国民革命軍の北伐に対して、露骨な武力侵略を行い、四月中旬、日本の居留民保護を名目として天津、青島一帯から済南に軍隊を集結させ膠済鉄路を占領し、さらに田中義一内閣は日本国内から熊本の第六師団（福田師団長）を青島に派遣し、青島から済南に向かわせた。その結果、山東の重要な都市、青島、済南、龍口、煙台には日本軍が進駐することになった。五月三日、日本軍は入城している国民革命軍に発砲して死傷させ、さらに中国の外交官蔡公時および随員一二名を殺し、悪名高い「済南事件」を引き起こした、四日までに中国側の軍民一〇〇〇余人が殺されたという[153]。

蔣介石は、日本軍との全面衝突を避け、五日、国民革命軍の主力を済南から退出させ、一〇日には警備のため済南に留まっていた少数の国民革命軍も済南より退出させ、済南を迂回して北伐を継続することを決定した。蔣介石は、黄河を渡って北上していく第一集団軍、第二集団軍の指揮を馮玉祥に任せるとともに、山東省の地盤を馮玉祥軍に与え、山東省の主席として、第二集団軍第二方面軍の孫良誠を任命した。これ以後、一九二九年五月まで、日本軍は、済南及び青島、ならびに膠済鉄路二〇華里以内を軍事占領し、中国軍の駐屯を許さず、軍事施設も設けさせず、宣伝活動も禁止した[154]。山東省政府は、一九二九年五月に日本軍が撤退するまで泰安に置かれた。

張作霖は、北伐の大勢が定まるのを見て、全軍に総退却命令を出して、六月三日、北京を離れ奉天へ戻ろうとしたが、六月四日、この機に「満蒙問題」の解決をはかろうとした関東軍に皇姑屯で爆殺された。再び日本軍の武力干渉の危機がせまる中で、蔣介石は、馮玉祥は一九二六年の大沽口事件以来、帝国主義各国の評判が悪いので、閻錫山系の第三集団軍に平和的に北京に入城させることにした。第三集団軍は、六月八日、北京に入城し、北伐は一応の完成を見た。この時、直隷省は河北省に、北京は北平と改称された[155]。

河北省（直隷省）に撤退していた孫伝芳軍の残りの部隊は、六月に閻錫山軍の第五軍団に収編された。一方、天津近郊に展開していた直魯連軍の中から徐源泉の部隊が、国民革命軍に帰順した。残りの直魯連軍の部隊は、河北省の灤州で、白崇禧の率いる国民革命軍第四集団軍（広西派系）と、すでに東北易幟の決意を固め国民党に接近しつつあった張学良の率いる奉軍の楊宇霆軍に挟撃され、九月一九日に白崇禧軍に収編されて消滅した。張宗昌と褚玉璞等少数の軍人は大連に逃亡した[156]。

ところで山東省においては、省内の東西を通る膠済鉄路沿線二〇華里以内を日本軍が占領したため南北に分断され、

表3　膠東における旧直魯連軍（1928年7月）

	人　数	駐　屯　地	備　考
劉珍年軍	21,000余	萊州、沙河鎮、新河鎮、夏邱堡、平里店、朱橋廟、後虎頭崖、黒港口神堂	3師1混成団、旧直魯連軍第4軍方永昌の部隊。
劉荆山軍	5,000余	昌邑、寒亭、寿光	7営。
鍾震国師	2,000余	煙台、龍口、黄県、文登	
斉玉衡旅△	800余	莱陽、平度	
祝祥本軍	3,000余	即墨、莱陽	
顧震部隊			
盛祥生旅△	400	膠州	
顧震部隊			劉珍年軍に撃破され、武装解除された。
潘　旅△			
劉志陸部隊			
彭芝芳師△	400余	平度、李哥荘	
劉志陸部隊		平度、李哥荘	劉珍年軍に撃破される。
林　剛　師△	500余	平度、李哥荘	
彰祖佑軍	400	平度、北店子	平度の警備隊、保衛団を収編。
謝文炳軍△	800余	安邱	
周坤山旅（崑）	600余		劉珍年軍の指揮下に入ることを交渉中
張福才軍	500余	黄県	自主民軍、劉珍年軍に武装解除。

「膠東現有軍隊之調査」(『時報』1928年7月17日)、
△は、この時期に国民革命軍に帰順しているもの、陶菊隠『北洋軍閥統治時期史話』第8冊　p. 236参照。

膠済鉄路の北部の膠東では、表3に見られるように旧直魯連軍の残部が駐屯し実質的な支配を行なっていた。その後、旧直魯連軍の中でも分化が起こり、国民革命軍に帰順するもの、地方の雑色軍となるもの、あるいは武装解除されるものなどがあり、一九二九年二月には表4（1）、（2）のように山東省の軍隊は再編された。膠東地方では依然として、旧直魯軍系の雑色軍、あるいは国民革命軍に帰順した顧震軍、劉珍年軍が駐屯していた。また旧直魯連軍に収編されていた土匪軍が、旧直魯連軍が潰滅したため、再び土匪化し地方に蟠踞した。

孫良誠の率いる山東省政府は泰安に置かれていたが、それを支える国民革命軍は大きく四つに分かれていた（表4（1）参照）。一、馮玉祥系、二、蔣介石系、三、旧直魯連軍を帰順させたもの、四、土匪を帰順させたもの。

表4　山東省における軍隊（1929年2月）

（1）国民革命軍

	長官または代表者	人数(約)	駐屯地	備考
第3軍兼独立第1師	孫良誠	10,000	泰安	馮玉祥系　第22師(吉鴻章師長)が中心
独立第2師		10,000	済寧	
第1師	劉峙	10,000	兗州	蒋介石系
第49師	任応岐	12,000	徳州	馮玉祥系
暫編第17師	馬鴻逵	5,000	武定	〃
暫編第21師	楊虎臣(城)	8,000	沂水、莒県	〃
暫編第1師	劉桂堂	10,000	日照、莒県	土匪劉黒七が1928年4月招撫を受け劉桂堂と改名、蒋介石系
暫編第6師	顧震	19,000	諸城	旧直魯連軍第27方面軍兼第47軍、蒋介石系
	斉玉衡	2,000	安邱	旧直魯連軍
	劉志陸	6,000	双羊店	〃
	彭知芳			〃　以上暫編第6師に含まれる。
	楊剛			〃
	盛祥生	2,500	王台	〃
顧震直属第48旅	劉福龍	8,600	沂州信興鎮	〃
暫編第1軍	劉珍年	14,600	芝罘	旧直魯連軍第4軍　方永昌の部下、蒋介石系
第1師	〃	12,000	芝罘	〃
第2師	王錫伯	500	竜口	〃　以上暫編第1軍に含まれる。
〃	劉開泰	1,500	莱州	〃
〃	泰毓堂	1,000	沙河、平度	〃
第3師	何益三	12,000	牟平	〃
第4師	李錫銅	12,000	蓬莱、黄県	〃
第5師	施忠誠	1,000	棲霞、莱陽	〃
第48師	徐源泉	30,000	滕県、鄒県	旧直魯連軍第6軍、蒋介石系

小沢茂一『支那の動乱と山東農村』満鉄調査課　1930年　p.20～p.21, p.3～p.9より作成。ただし人数は疑わしいものもあるが、それにかわる史料がないのでそのまま掲載した。

（２）雑色軍（地方の治安維持を標榜する土匪類似軍）

	長官または代表者	人数(約)	駐屯地	備考
魯東保安軍（自称）	朱泮藻	15,000	寿光	旧直魯連軍参謀
朱泮藻直属	〃	5,000	〃	〃
第1師	黄鳳岐	2,000	〃	旧直魯連軍第３軍旅長、魯東保安軍の実質的指導者、満州馬賊出身者
第2師	鄭振吉	600	口阜	旧直魯連軍、朱泮藻の部下
第3師	張敬亭	500	鄭母集	〃
第１師(黄軍)				
〃 第601団	高玉璞	2,000	昌邑	黄鳳岐の部下　以上魯東保安軍に含まれる。
〃 第606団	何志鴻	1,500	寒亭	〃
〃 第604団	李大信	1,500	広饒	〃
〃 所属		500	羊角溝	〃
〃 所属	朱全義	250	臨淄	〃
〃 所属	張雲龍	3,500	馬窩	〃
〃 所属	張守成	400	博興	〃
〃 所属	李大信	300	高苑	〃
〃 所属		500	桓台	〃
〃 所属		200	斉東	〃
膠県警備隊	劉恵林	600	膠州	
	張化成	1,200	高密	
	趙輔臣	700	海陽	
	李淵	500	石集頭	
	左雨農	1,000	萊陽	旧直魯連軍
	劉鴻章	1,000	蘭底	旧直魯連軍、彰祖佑の部下
	李英烈	300	黄旗埠	
	王新斉	1,000	馬宿	
	劉傑臣	1,000	高里街	
	王子成	150	朱家小荘	土匪
	劉徳泉	2,000	石臼所	
	劉楽天	1,000	陵河	
膠東地方連合保安隊	陳子成、紀子成(誠)	3,400	高密、昌楽	陳子成は元、土匪孫百万の部下、元直魯連軍第６軍営長。紀子成（誠）は元直魯連軍団長、または営長。
益都県人民自衛団副総司揮（自称）	范長城	700	臨朐	
	劉振標	700	青州(益都)	
	呉延年	400	〃	満州旗人
益都県人民自衛団総司揮（自称）	竇寶璋	1,200	〃	土匪の頭目
	張明九	5,000	章邱	土匪出身、元直魯連軍営長
	孫殿英	1,200	桓台	土匪出身、元直魯連軍第14軍所属であったが、徐源泉の下で国民革命軍に帰順。1929年２月に離脱。

前掲、『支郡の動乱と山東農村』p. 9～p.19. p.21～p.23. p.57より作成。

一、馮玉祥系の中で、孫良誠軍は規律も厳格で民衆に直接危害を加えることはないが、他の部隊は軍規もきびしくなく、特に馮玉祥軍の傍系でもある任岐応軍は、一九二九年二月二二日（二五日という説もあり）に津浦鉄路を南下してきた部下の兵四〇〇〇名が桑園において反乱を起こし、付近の村落の農民四〇〇〜五〇〇名を拉致し、斉東において県警の武装を解除し県公安局長を逮捕し、途中掠奪を続けながら膠東の雑色軍黄鳳岐（孫殿英という説もある）の下に逃げこんだ事件を引き起こした。また馬鴻逵軍は、章邱にいる土匪張明九軍を討伐に行って、逆に打ち破られてしまうというていたらくであった。このように山東省支配の中心となるはずの馮玉祥軍の統治力は、決して十分なものではなかった。[152]

二、蔣介石系の劉峙軍は、山東省の支配を馮玉祥軍に譲った蔣介石のお目付け役として派遣されたと思われる。

三、旧直魯連軍から収編されたものの中で顧震軍は、膠済鉄路以南に分駐していた。顧震は自己保全を旨とし、土匪劉桂堂（劉黒七）と攻守合作の約を結んだ。彼等の行動は、膠東の雑色軍と同じで、村落を襲撃したり、略奪をするので、連荘会、紅槍会とたびたび衝突を起こした。一方、劉珍年軍は、膠済鉄路の北側の膠東に分駐し、日本軍の膠済鉄路占領のため、他からの勢力が及ばないのに乗じて自己の勢力拡張を行ない、蔣介石、馮玉祥に対して巧みに自己保善策をとった。

四、土匪劉桂堂（劉黒七）は、顧震および雑色軍の黄鳳岐と義兄弟となり、表面は国民革命軍に属していたが、ひそかに反馮の態度を取っていた。軍隊の中にも土匪出身者も多く、民衆に対する行動も土匪と異ならないといわれている。

以上のような国民革命軍の実態から、孫良誠の率いる山東省政府の支配地域は、多く見積っても山東省一〇七県のうちで、西部の五〇県であった。[158]

ところで孫良誠の下での国民党の支配は如何なるものであったろうか。孫軍は、馮玉祥麾下の軍隊中でも最も優秀で、軍規も厳しく飲酒、喫煙、麻雀、公私娼に遊ぶことを禁止し、阿片吸飲者は銃殺にした。また軍服の右胸には、馮の写真を焼きつけた徽章をつけ、また左胸には、「わたしは不平等条約撤廃のために命をかける」という標語を書いた白い布をつけていた[159]。

農民に対する政策としては、一方では共産党による土地革命の運動を禁止しながら[160]、他方で省、県、郷鎮区に農民識字運動委員会を設け、農民を農民夜学校、農民半日夜学校、各種補習学校に入れ、民権の主体たる農民に対する思想教育や識字教育を行おうとした。また農民協会を組織し（その構成員は、土豪劣紳、買弁、阿片吸飲者、賭博者を除く男女一六歳以上の自作、半自作、雇傭手工業者、農村労働者であり、自作農を中心とし、地主の加入もこばまないものであった）、その仕事は、郷村自治、農民自衛、種子耕具改良、灌漑、道路修理等農民生活の改良的色彩の濃いものであった[161]。

課税の面では、農民の負担を軽くしようとして、商工業者への負担を重くした。すなわち家屋税、営業許可税、営業登録税、食牛の搬出のさいの護照費及び印紙、石油税をそれぞれ重くした。また農民に関係の深い土地税については、一九一四年に出された「山東財政庁地丁改徴銀元細則」によれば、地丁一両に対して国税として銀元一元八角、地方税四角、合計二元二角と決められていたが、張宗昌の統治時代、博山では国税、地方税それぞれに対する付加税を合計して、地丁一両に対して一四元の多きに達した。孫良誠は付加税を二元八角におさえて、地丁一両に対して、国税、地方税、付加税をあわせて四元にしようとしたが、訓政期における民権準備のための費用として、地方党務費、地方立法費、地方行政費、地方司法費、公安費、地方教育費、地方財政費、地方農鉱商費、地方工程費等の付加税を課したため、結局、国税、地方税、付加税を合わせて八元以上となり、新しい省政府の下で苛捐雑税の撤廃を願っていた農民の不満を買った[162]。

山東省の民衆に特に大きな不満と恐慌をもたらしたのは、県公安局や国民党県党部の創設による破除迷信会や裔聖公自決会の行った破除迷信運動であった(163)。県公安局や国民党県党部等の運動を進めた連中は、北伐の成功後訓政期に入ったとして、人民が民権を行うにたるように、人民の政治知識能力を訓導させようとして、早急にこの運動を展開していった。これは蔣介石の統治下に入った南方の江蘇、浙江、安徽等の省で行われ、民衆の反発を受けたが(164)、北方でも馮玉祥系軍隊の統治している山東、河南、陝西等の省でも行われた。

　この運動は、宗教否認、迷信打破、神像・廟宇・祠堂の破壊、寺産・廟産の没収、旧習打破として行われた。具体的には、中国各地の信仰を集めている泰山の廟をこわし、三〇〇〇人の道士僧侶を泰山より追放した(165)。また張宗昌がかつて孔子を尊び孔子の七六代目の子孫孔令貽（衍聖公）と義兄弟の契りを結んでいたこと(166)への反動もあり、孔家一族の世襲財産の四分の三が没収され、孔令貽も辱められた。農民の崇拝している寺廟も破壊され、道士僧侶は還俗させられた。泰山のふもとにあり省政府のおかれていた奉安には、岱廟があったがこれも破壊され、会議所、図書館、平民理髪所、平民休息所等に改修された。旧習打破としては省政府に付設して、放足所を造り、婦女の纏足を禁止し、また婦女の解放を唱えた。県党部は農村に行って、弁髪を強制的に切ったり、陰暦を廃止して太陽暦を強制したり(167)、旧正月を廃止したりした(168)。

　農民に親しい宗教、寺廟、風俗を「迷信」として政治権力によって禁止したことは、中国では中華人民共和国成立以後の大躍進期、あるいは文革期にも見られた現象であり、また日本でも明治維新期に見られたことであるが(169)、このような措置を採った上で、山東省政府、国民党党部は、近代的な理念と科学主義の信念(170)にもとづいて、三民主義の宣伝を行い、さらに当面の政治課題の宣伝を行った。例えば泰安では、県城内外の壁や屋根や門柱を問わず「三民主義を実現し、民国《ママ》革命を達成しよう」「駐華の日本陸海軍は撤退せよ」「日本帝国主義を打倒せよ」等という文字を白ペンキで書いたという[171]。

2　膠東と北部の紅槍会運動

前述したように張宗昌政権崩壊以後、一九二八年五月に泰安に省政府が置かれたが、日本軍が膠済鉄路沿線二〇華里を占領し、中国軍のこの地域への駐屯を許さなかったため、膠東には省政府の権力が及ばず、この時「膠済鉄路の南北には盗賊（土匪）が蜂起した。その上、張宗昌の残りの部隊が膠東一帯に分散し、到る所で給養を求め、兵の給与を無理に出させ、人夫と家畜を捕え、多くの騒擾が起きた[172]」という状態であり、土匪と旧直魯連軍に対抗して、村落自衛の紅槍会運動が、特に膠東および北部で引き続き盛んであった（他の地区では、一九二八年八月、山東省西北部の莘県の黄沙会の蜂起、一九二九年三月、南部、西南部の無極道の蜂起を除いて、紅槍会運動は鎮静化していった）。

一九二八年一二月末までのこの地域の紅槍会運動を簡単にまとめると、膠東では、膠県で、五月以後、大刀会が再び活動を開始し、一二月の末まで活発に活動した。また八月になると西北部の莘県で黄沙会による県の役所の包囲が行われた。膠東では、さらに平度で、四月以降、紅槍会の活動が盛んになり、九月に、土匪丁守己の占拠していた県城包囲闘争が行われた。莱陽では、同じく九月に、紅槍会、連荘会が、施忠誠軍と衝突した。北部の膠済鉄路沿いの章邱では、県城を占領した大土匪張明九に対して、九月以後、紅槍会、人民自衛団、民団が、張明九駆逐のために県城包囲を行った。また招遠、棲霞では一二月、無極会（道）が活動を開始した。以下、それぞれについて詳述する。

膠県および膠東

膠県には、五月に旧直魯連軍の顧震軍（六月に国民革命軍に帰順）と周崑山軍が移動して来た。その後顧震軍は、劉志陸軍（六月に国民革命軍に帰順）とともに、旧直魯連軍の方永昌軍と戦うために平度に移動していった。そのため周崑山軍が城内に駐屯することになった。周崑山は膠高保安司令と自称し、その軍隊を保安隊に改め、日本軍と交渉して膠済鉄路沿線にもかかわらず駐屯を認められた。だがその人数は一〇〇余人しかおらず、そのため県警備隊の匡耕山部隊二〇〇余人、崔継盛部隊二〇〇余人、斉某部隊一〇〇余を加えて六〇〇余人としたが、銃は三〇〇余丁しかなかった。ただ雑色軍ほど兵の給与を多く求めず、兵の略奪も無く県城の民衆は一安心であった(173)。

膠東の混乱の中で、前年一〇月から一一月にかけての反乱への弾圧で大きな打撃を受けた膠県大刀会の活動が、再び活発になってきた。五月には、韓信区の大刀会二〇〇余人が、即墨県南嶺の大刀会三〇〇余人と一緒になり、各村に現われた。六月初旬、兵士三〇〜四〇人の護衛つきで、即墨県から車九〇余台で銃や大砲を運んで来たところ、大麻湾河口で大刀会に阻止され、兵士二〇余人が殺傷され、車は即墨県南嶺に運ばれてしまった。また大刀会は、東馬哥荘の塩務分局を襲い、塩巡一〇余人を殺害し、金品をすべて奪った(174)。七月に入ると、膠東における混乱が膠県に波及し、膠県の東郷、西郷、南郷に土匪が、捐を出させたり、誘拐して身代金を取ったり、村落に放火をしたりした。東郷の沿古河崖一帯でも土匪が各荘で捐を出させたり、誘拐略奪を行った。東郷に出現した大刀会は、土匪と何度か戦い、数人の土匪を殺した。そのため各荘の農民は、土匪の復讐を恐れて次々と県城に避難してきた(175)。

また膠東一帯では、旧直魯軍系の勢力による国民党支配を覆そうとする動きが起きた。すなわち七月には旧直魯軍系の政治家平魯泉等が画策して、平度に於いて膠東民衆自治連合会を組織し、一部の紅槍会と残余の軍閥と結びつき、兵を集め、各県の警察民団を連合して、国民党の支配に対抗し始めた。特に山東省政府の任命した三名の県長（恐らくは国民党党部も）を追放して、連県自治を行い、省政府に対抗し始めていた(176)。さらに、膠県でも、膠高保安司令周崑山が、山東省政府の任命した霍樹声県長と柳長泰（柳子開）公安局局長を、八月一一日に拘禁してしまい、省政府の統治に反抗し、楊紀光を県長に任命した。その上九月二四日には、柳長泰公安局局長を殺してしまった(177)(これらの動きも張魯泉の使嗾によると言われている(178))。また八月には、旧直魯連軍の鍾震国軍が煙台で、方永昌軍が膠東で反乱を起こして省政府の支配を覆そうとした。当時、直魯連軍は天津以東に追いつめられていたが、張宗昌はこの動きに合流しようとして山東省東部に軍を向けようとした。だが山東省のほかの旧直魯連軍は動かず、結局、九月になってこの企ては失敗し、鍾震国と方永昌は下野して逃走した(179)。ただ膠東に省政府の支配が実質的に及ばない状態は、この後、ますますひどくなっていった。

膠県では前年、南郷の大刀会は武装解除し解散したが、前述したように再び勢力を回復してきた東郷の大刀会は、前年の一〇月〜一一月にかけて村落を焼き、農民を殺した軍隊に対して怨恨をいだき、軍隊の駐屯している県城攻撃を企てていた(180)。彼等は即墨、平度の大刀会と連合して数百人となり、「全部で二、三〇〇〇人となるので、膠県城を占拠するのだ」と公言していた。八月一四日、または一六日、三〇〇余人から四、五〇〇人の大刀会が攻城を始めた(181)。大刀会は東圩門から進入し東門と南門に向かった。東門の外側には大関帝廟があり、数十人の軍隊が駐屯していたが、突然大刀会が現われてそのうちの数人が廟の中に入って、軍隊の連発銃数丁を奪った(182)。両者の戦闘の中心は南門への途中にある天后宮で行われた。そこには南郷の王戈荘から撤退してきた警察の第四分所(李振崙所長)、辛安から撤退してきた第三分所(呉海亭所長)の警兵が駐屯していた。そこに保安隊の周崑山、斉団、匡耕山団が加わり、さらに警察の第一分所(馬品陞所長)、第二分所(馬品賢所長)の警兵が応援に加わった。大刀会は、周崑山司令の指揮する保安隊、劉冠儒警察総所長の指揮する警兵と数時間闘ったが遂に敗退した(183)。さらに戦闘を聞いてかけつけた駅駐屯の日本軍(小野友三郎隊長)にも追撃されて、大刀会は県城の外に敗走した(184)。この戦闘で大刀会側の死者一〇余人、負傷二〇余人、さらに生け捕りにされた者一人、軍警側の死者一人、負傷二人、その他に乞食一人、商人一人が負傷した(185)。

また日本軍に追撃されて数十人の大刀会員が死傷した[186]。

その後膠県の東北郷の大刀会は、攻城失敗による打撃と会員である農民が秋の収穫の取り入れに忙しくしばらく鳴りを静めていたが、取り入れが終わると再び会員を集め各荘で捐（寄付金）を要求し始めた。そして北郷の馬店の市の立つ日ごとに会員が出向いて行って市を「弾圧」した。これはおそらく市の立つところから捐（寄付金）が出されなかったためであろう。九月一四日、馬店の市を「弾圧」に来た六、七〇人の大刀会は、各自ピストル、大刀、矛や槍等の武器を持ち、五、六〇発発砲しながら示威を行った。馬店の市の立つ九月一九日、市を「弾圧」にやって来た大刀会は二百数十人に増加した。彼等が「近いうちにまた攻城するのだ」と公言していたという話が膠県城まで伝わり、保安隊の周崑山は防備を固めた[187]。その後、九月中に先手を打って周崑山指揮下の県城の警備隊が、劉恵林、匡耕山に率いられて大刀会討伐を行い、若干の銃や大砲、弾薬を没収して、県城攻撃を未然に防いだ[188]。

一方、前年一度武装解除し、その後は土匪孫協の呼びかけにも呼応しなかった膠県南郷の陽武区、斉城区一帯でも、大刀会首領陸八が、大刀会員四〇〇余人を集め、勢力を振い始めた。だが九月一八日、王戈荘の公安局、陽武区の団練、南郷の治安維持の責任を持っている警備隊分隊長孫漢臣の率いる警備隊が、大刀会討伐に出かけ、南郷の水城荘で大刀会を破り、大刀会の首領陸八等二八人を殺したため、この地方の大刀会は、大きな打撃を受けた[189]。

なお膠東で旧直魯連軍系の反乱が起きた八月には、山東省西北部の河北省境にすぐ近くの莘県で、黄沙会の首領陳天興が、会員を率いて県城に乗り込み、県長のいる県の役所を包囲し、納税を取り扱う櫃書[190]を役所から放り出してしまった。その後五条件（内容は不明）が県側に入れられたので県城から退去し、張魯集、高嶺子、羅家荘等を占拠した。莘県、朝城の県長は、省政府に急電して、兵を派遣して討伐することを請うていた[191]。

平度

膠済鉄路の北側にある平度では、すでに一九二七、八年頃に、西南郷に紅槍会が存在していた。特に西隣りの昌邑の白槍会と連絡があり、法術を伝える師も多く昌邑から招かれ、やがて東南郷にも広まっていった[192]。ところで、平度には、一九二八年三月以来、直魯連軍第二二軍兼二二路総指揮の劉志陸の部隊が駐屯していた。四月、劉志陸は指揮下にある方永昌の部隊を併合しようとして、方永昌軍と新河で戦い敗れてしまった[193]。その時、方永昌の部下の劉珍年の兵は新河で呂家集、潘家窪の諸村の紅槍会に攻められて五人を殺され、方永昌軍は深くそれを怨みに思うようになった[194]。

この劉軍と方軍の戦闘の混乱の中で、東郷の土匪が軍に投じたり、四郷の紅槍会が蜂起し、県城の人間の多くが青島に避難することが起こった。五月、劉志陸軍は国民革命軍に帰順し、顧震軍とともに、膠済鉄路の北側の沙河で方永昌軍と再び戦ったが、方永昌軍の策にはまって大敗し、各軍は散り散りになって膠済鉄路を越えて南に逃げ、膠県、高密、諸城、安邱に駐屯した。その時、四月に劉志陸によって県知事に任命された李及は、劉とともに平度を去った。その後方永昌が軍を率いて平度にやって来たが、その途中で、方永昌の部下の劉開泰は呂家集を通る時に、前に劉珍年の兵が攻められ五人が殺されたので、呂家集を攻撃しようとした。呂家集の郷老が懇請して紅槍会の武器を軍に納め紅槍会を解散させたので、やっと攻撃を免かれ紅槍会の実質的勢力は維持された。一方、古県（古峴の間違いではないかと思われる）、冷哥荘、仁召では、紅槍会がしばしば土匪を破っていた。かくして平度では、紅槍会の勢力がだんだんと盛んになってきた[195]。その後方永昌は、李及の前任者で張宗昌に任命された李煜の幕客陳基厚を代理県知事に任命するとともに、銀五万元の軍資金を得て去っていった。

東郷の土匪丁守己等は、平度県城の軍隊が去ったのを見て、六月八日、県城を占領した。彼等は県の金庫を掠奪し、獄を破って囚人を釈放し、捕目白相臣を殺し、さらに巡警局に行って警兵戴鴻昌を殺した。その後商会に行って、為替手形二〇〇〇〇元、アヘン三〇〇〇元、現銀四〇〇〇余元、銅元票七〇〇〇余緡、雑用の什器を奪った。彼等は農会会長崔延清と許、杭の三軒の家を略奪した。そして陳基厚に代理県知事の職を続けさせるとともに、毎日銅銭一〇〇〇〇緡を供給させ、酒席を設けることを要求し、そのため県の公金もほとんど浪費されてしまった。また付近の村落に対して、人を派遣して各村の武器を出させ、銀元を出せば武器の没収を免除した。[196]

このような土匪の搾取に苦しんだ農民達は各地の紅槍会に援助を求め、さらに連荘会とも連合して、五、六〇〇〇人の勢力となり、[197]小張哥荘の人で紅槍会の首領王泮亭が指揮して、土匪駆逐のための県城攻撃の行動を九月二二日に始めた。これには紅槍会の外に、白槍会、紅帽子会も参加していた。[198]九月二四日晩、両者は東郷の白沙河で衝突し、どちらも勇猛果敢で多くの死傷者が出たが、土匪の方は衆寡敵せず、二五日早朝、県城内に撤退し四門を閉じて内側から砂土、煉瓦の囲いをして補強した。[199]その後県城の人間から両者の和議を行おうという試みもあったが失敗し、代理県長陳基厚は、恐らくは和議を行おうとして県城の外に出て、紅槍会の首領王泮亭にそのまま留め置かれてしまった。[200]紅槍会と連荘会は松や柴や草を積んで火をつけて門を焼こうとしたが、門の外側は鉄でおおわれていて効果なく、主砲や迫撃砲を持ち出して日夜を分たず砲撃を行い何とかして県城を陥落させようとした。[201]この攻城の時に紅槍会等は、二〇華里以内の農民すべてに食事を供えさせて、ちょっとでもそれに応じなければ目をかっと見開き拳を広げ狂ったように歯を噛んだといわれ、その熱狂ぶりが伺われる。また攻城の列の中には、年寄りや若い農民が、農具や木の杖を持って参加し、その行き来は常なくその数を数えられないほどであった。[202]包囲を続けながら、紅槍会と連荘会は、一〇人で一小隊を作り、県城の外に、土匪が隠れていないか一軒ごとに捜査をし、土匪の連長陳啓広を捜し出し、その他に多数の武器弾薬、青天白日旗一枚を見つけ出した。そして陳啓広とその八〇歳になる母を墨氷河のほとりで処刑してしまった[203]。だが県城を落とすことができないうちに、逆に土匪が夜の闇にまぎれて紅帽子会に変装して、縄につかまって城壁を降り、包囲している紅槍会等を外から攻撃して、紅槍会等の会員二〇〇余人を殺し、その他の者を敗走させた。さらに東関、南関、北関の民家数百室、高等小学校に火をつけ、紅槍会等の会員を焼き殺した。ただ西関の白槍会だけは事前に退去していたので、西関だけは焼かれなかった。かくして県城攻撃は失敗し、その囲みは解かれてしまった。

その後旧直魯連軍の彰祖佑の部下劉鴻章等が、その部下数百人を率いて諸城から膠済鉄路を越えてやって来て、平度の南郷に駐屯した。だが二〇〇〇余人にものぼる土匪の占領している県城に対して、あえて手出しをしなかった。ところで方永昌が省政府への反乱を企図して失敗し九月に下野した後、方永昌の部下劉珍年は、通電して国民党中央に服従し、国民革命軍第一集団軍暫編第一軍長兼第一師長となり、芝罘（煙台）に駐屯していた。一方、方永昌は大連に逃亡した[204]。このようにして約二万人の劉珍年軍が国民革命軍に帰順したが、膠東においては依然として省政府の権力が及ばず、地方の混乱もおさまらなかった。

平度を占領していた土匪丁守己は、軍隊に収編されることを求めて芝罘（煙台）にいる劉珍年に兵を派遣することを請うた。また紅槍会の首領王泮亭は、土匪討伐のための援軍を派遣することを、液県にいる劉珍年の部下の第二師長劉開泰に求めた。両者の相対立する思惑の中を、劉開泰は兵を率いて平度県城にやって来た。劉は土匪を収編すると見せて、土匪の武装を解除して捕え、その上で放火の罪でもって七〇余人を処刑した。その処刑を見るために県城の人々は道を一杯にし、歓声がこだましたという。劉は残りの土匪を軍隊に収編し、さらに劉鴻章を介して紅槍会の首領王泮亭に会い、紅槍会も軍隊に収編した。このようにして土匪丁守己の平度占領は終わった。劉開泰は、彼の徒党劉元鶚を代理県知事陳基厚に代えて県知事に任命し、さらに部下の兵を平度に駐屯させた[205]。

ところが土匪の県城占領による被害に苦しんだ平度の民衆にとって、劉開泰軍の平度進駐によっても事態はそれほど好転しなかった。例えば、九月に劉開泰の兵が県城から農村部の南郷の瓦子邱に行って、副営長崔某が紅槍会に勾留されてしまったため、劉開泰軍は怒って付近の一〇余村を焼いてしまった[206]。さらに現銀五〇〇〇元を出させ、民衆からしぼり取った財物を日夜大八車に載せて、本拠地の掖県に運んでいった。その後劉開泰軍は一一月にほかに移動していったが、同じく劉珍年の部下の第四師（李錫桐師長）が代って駐屯することになった[207]。

萊　陽

平度の東の萊陽も旧直魯直軍系の軍隊の搾取に悩まされていた。というのは、かって旧直魯連軍の劉志陸が斉玉衡軍を派遣して県城に駐屯させたが、同じく旧直魯連軍の左雨農が民軍をつくり、その勢力は極めて大きくなり、ついに斉玉衡軍を追い出してしまった。左雨農は国民革命軍に収編されて青天白日旗をかかげる一方、重い捐税を取って、民衆を苦しめてその怨みを買った。そこで同じく旧直魯連軍の方永昌の部下で劉珍年系（国民革命軍に収編）の施中誠が、左雨農にとって代った。施中誠もしばらくして丁漕を徴収しようとして、連荘会の大反対を受けた[208]。

ところで萊陽に紅槍会が生れたのは、一九二八年四月の張宗昌政権崩壊以後であった。というのは、省政府の権力が膠東に及ばず、土匪が各地で蜂起するのに対し、農民は自衛を図らざるを得ず、そのために団練を作ったり、紅槍会に入会していった。当時、萊陽の北の棲霞、招遠に無極会（道）、西の平度に紅槍会、東の海陽に白旗会があった。萊陽に最初に伝わったのは棲霞、招遠に近い西北郷であり、ここに呂永山、辛祖楽を首領として紅槍会が生れた。最初、土匪討伐に成果があったが、後になると陰で脅迫、仇殺、誘拐を行ない、その行為は土匪と異ならなくなった。九月中旬、施中誠部隊が討伐に行き、娟裏、院裏等の村を焼いたが、完全に討伐できなかった[209]。（ただしこれは、施中誠が丁漕徴収をしようとしたのに対して、紅槍会が反対して施中誠に討伐されたのかもしれない）。

施中誠の丁漕徴収に反対して、各連荘会は立ち上り、九月二四日、施中誠軍と戦った。この戦いで双方の死傷者は数百人にのぼり、軍隊により三二の村が焼かれてしまった。その後、連荘会が提出した七カ条の要求を施中誠が認めて、講和が結ばれた。これを見ると、農民達が軍隊の駐屯によって、どんな被害を受けたかが明白である。

一、徴収する丁漕は、毎両四元だけであり、少しも増してはならない。

二、給与として銀を徴収しているのであるから、別に給養を調達してはならない。

三、保衛団の武器は県の費用で購買したのだから、（保衛団を軍隊に）改編して（武器を）持っていってはならない。

四、人々は（戦いの後で軍隊を）恐れおののいているので、県城の軍隊は、四郷に分かれて（入って）はならない。

五、土匪討伐は郷の連荘会が責任をもって行なう。もし土匪の大軍があれば、軍隊の援助を請う。

六、禍首劉紹周を銃殺する。

七、被災区を救済する。

施中誠がこの七カ条を認めて、さらに劉紹周を銃殺にして、この争いは一まず決着がついた(210)。

章　邱

済南の東方約五〇キロメートルにある膠済鉄路沿いの章邱では、元直魯連軍営長であった土匪張明（鳴）九が、張宗昌政権崩壊後、一九二八年八月に、部下一五〇〇人を率いて県城を占拠した。その後、部下は五〇〇〇人にふくれあがり、糧食給与を求めて各村落を襲撃し始めた。各村落では自警団を組織し、それに備えていたが、各村連合しての自衛の必要を感じ、九月になって、県城から東一五華里の相公荘に各村落の代表者が参集して、各村に紅槍会を樹立し連荘自衛を図ることを決議した。そして相公荘を中心にして各村より五人当り一人を出し紅槍会を組織し、各村連合して張明九の襲来に備えるとともに、五〇〇〇人が集合して、章邱県城包囲を始め、昼夜交代で張明九軍からの防衛にあたった。張明九側では、糧食を求めて時々、隙をついて包囲を突破し、村落を襲撃したのでこの包囲はあまり効果があがらなかった。その後、博山県の梁錫山という男が、一三県連合人民自衛団という名称の民団を組織し自ら団長となり、県城包囲に参加してきた。その組織の仕方は、五人当り一人、あるいは各戸より一人、または五畝の土地所有者は一六歳から五〇歳までの男子一人を出させて団丁とする等各村ごとに異なったやり方をとった(211)。

その後一〇月になって包囲している紅槍会、民団は三〇〇〇余人に達し、さらに萊蕪の一部の紅槍会も続々と章邱に移動してきた。その給養はすべて章邱で工面しなければならず、章邱出身の資本家が多い済南の旅済章邱同郷会に寄付金を募り給養を準備した。一方、張明九側は県城内の士紳等をすべて人質に取り、銃殺すると脅迫したため、紅槍会、民団側は攻城せず包囲を続けながら張明九と対峙した(212)。その後山東省政府も馬鴻逵軍の便衣（平服）隊一五〇〇人を派遣し、紅槍会、民団、便衣隊が連合して、攻撃を開始したが、逆に張明九軍に破れてしまい、付近の村落が襲われてしまった。そのため一〇月一一日頃には、章邱県城付近の膠済鉄路の棗園荘、明水（章邱）、龍山駅から毎日数千人の避難民が、列車に乗って避難していった(213)。

紅槍会、民団は一度破れても四散せず、包囲を続けた。一一月から一二月にかけて彼等は、東、南、北の三方から包囲したが、張明九側は県城の西部から自由に出入りし、紅槍会が一人もいないのに乗じて、西部の馬棚、寧家埠等の村落において、放火、殺人、略奪、誘拐を続けた。県城内でも放火、略奪、強姦、殺人が行われ、住民の六、七割が虐殺され「済南事件」の時よりひどかったという。はなはだしくは、処女を裸にして城壁に立て、包囲軍の弾丸の的にするような加虐的な行為も行った。城内の池や井戸には凌辱された上で殺されたり、凌辱を逃れるために自殺した女性の死体が充満していたという。一方、紅槍会、民団の側では、章邱人の中に、張明九を章邱に駐屯させて正式の軍隊に改編してしまえという意見と、張明九を討伐せよという意見が分かれており、また張明九が県城内で一一〇〇人を人質にしているので、積極的には攻城できなかった。張明九の方も数カ月にわたる包囲を受け、徐々に困難を感じ始め県城を退去することも考えたが、部下が反対したことと、雑色軍で寿光を本拠にしていた魯東保安軍の黄鳳起、朱泮澡等が、再三にわたって、もうすぐ兵隊、銃弾、金銭を補給すると伝えたため、県城を去らず、そのため紅槍会、民団と張明九軍の対峙は続いた(214)。

張明九は、一二月六日、歴城県の東北にある鴨旺口荘に手紙を送り、給養五万元を章邱県城に送らねば村人を皆殺しにすると脅迫した。翌七日、鴨旺口荘の民団団長張采亭、副団長李大成は、各里の荘長を召集して対応策を相談し、決して給養を納めず抵抗することを決めた。そして各区の民団、紅槍会に手紙を送って援助を求めた。八日朝には、灘頭、張馬屯、冷水溝、沙河鎮等の紅槍会合計五〇〇〇余人、千家閘子の黒旗会一〇〇〇余人、五張馬荘、水坡荘、大宰荘の連荘会四〇〇〇余人が急を聞いてかけつけ、その後も続々と紅槍会、民団がかけつけ、一二日までには二〇〇余人の馬隊を含んで二万人の勢力となった。民団副団長李徳軒、李驥雲、教練張文秀がすべてを指揮し、党家郷一帯で防衛をしていた。その後、張明九軍が鴨旺口荘にやって来たかどうか不明であるが、恐らくやってこなかったものと思われる。

その後、魯東保安軍の朱泮澡が、旅済章邱同郷会に働きかけて、以下の事が決まった。朱は張明九部隊を配下に収編し、章邱から退去させる。その条件として旅済章邱同郷会から二万元を出し、朱から張軍に渡して綿衣を備えさせ移動させる。もし張が退去しなければその金は朱より返却する。実際に五〇〇〇元が朱に渡されたところで、張明九が朱軍こそ収編されるべきだと言って怒り出し、この話は途中でこわれてしまった。その後、朱は章邱の紳民に対して、朱の部下である黄鳳起に連絡して、張明九を討伐させて章邱から追放することを提案した。だが章邱の人々は、黄鳳起の悪名がとどろいていたので、「暴を以て暴に変える」ことを恐れて、何等の返答もしなかった。だが朱と黄と張は裏で連絡を取りあい、一二月の上旬頃、今度は朱の部隊が章邱の西北の四村に進攻して来て、防衛した民団を破り、一〇〇余人を殺傷し、付近の村落を放火掠奪した。また章邱の北の旧軍鎮に対して、綿衣数千、軍餉一〇〇万匹を要求した[215]。

このような旧直魯連軍系の土匪張明九による章邱県城占拠による付近一帯への収奪及び混乱と、民団、紅槍会の県城包囲は、一九二九年二月まで続いていったが、張明九の章邱県城占拠は、山東省政府の統治を覆そうとしていた旧直魯軍系政治家張魯泉の働きかけがあったといわれている[216]。

即墨と膠県

一〇月二四日、膠県の東の即墨では、大刀会、紅槍会が県城の西の南泉一帯で、民団と戦ってこれを破り、さらに県城を攻撃した[217]。また二六日には、馬哥荘塩務局が紅槍会に襲われ、霍区官、蘇巡官、趙弁事の三人が殺された[218]。

膠県では一〇月六日、周崑山軍が、県長に任命していた楊紀光を同行して去って行き、捕われていた霍県長も逃走した。ついで一一月になって旧直魯連軍から国民革命軍に帰順した顧震がやって来て、膠県の県政府を王台鎮に設け、丁糧（田賦）雑税合計五六万元を徴収した[219]。一一月二八日には、顧震の部下の盛祥生軍が、九月に大刀会を弾圧した当事者である前警備隊分隊長の孫漢臣と土豪李善亭等と結託し、県城の南の舗上集から北の宋家屯に移動し、さかんに苛捐（過酷な寄付金）を取り立てた。農民達は冬の寒さの中で雨の日も奔走して苛捐を運んだが、払い込みが完了しないと鞭打たれた。

このような盛祥生軍の暴虐に怒って、一二月七日、多数の大刀会は宋家屯の東南から、連荘会は西北から盛祥生軍に攻撃を加えた。戦場となった宋家屯付近の難民達は、老人や妻子を引き連れて、弾雨の中を避難していった。だが両者の戦力はかけ離れており、大刀会、連荘会は敗退した。盛祥生軍は、宋家屯の東北門から迫撃砲を撃ってから、全軍が追撃にうつり、閻家屯の前の大路溝をまっすぐに進み、近道をして大刀会を攻撃したので、大刀会は遂に敗走した。盛軍は大刀会を追って大杜哥荘に至り、民家を焼き、略奪を行い、大刀会の怒りを買った。この日午後一時〜三時頃、大刀会一〇〇〇余人が再び集合して、毛家屯から北官荒北に急行し反攻しようとしたところで、盛軍に遇い二時間激しく戦い双方にかなりの死傷者を出して、またも大刀会は敗退し、三人が捕虜となった。翌八日、盛軍は宋家屯を根拠地とし、大、小杜哥荘、蔡家寺の三カ所に分駐し、三人の捕虜を宋家屯、大、小杜哥荘にさらし首にして見せしめにした。大刀会は再び五里堠子に集合するとともに、平度、即墨の紅槍会、大刀会と連荘会に求援要請をして再起を図ろうとした。来援した紅槍会、大刀会は徐々に王家集に集まって来たが、なかなか盛軍と戦う以前の勢力を回復できなかった。盛軍も兵隊を続々と舗上集から北上させるとともに、王家河頭に駐屯していた顧震の部下の李震軍を移動させて、大刀会に備えた。

一二月二二日午後、盛軍は大刀会弾圧の行動を開始した。その隊は二手に分かれ、一軍は王朱集を攻め、もう一軍は五里堠子を襲った。だが王朱集にいた来援した紅槍会、大刀会は、盛軍を見て戦わずして四散してしまった。そのため、ここを攻めた盛軍の一軍も五里堠子に向かい、五里堠子の大刀会や農民は、独力で盛軍と戦う羽目におち入った。五里堠子はわずか一〇〇余戸しか住んでいない村であり、新しく圩壁を村の周囲に築いたが、短くて防衛には不十分であった。盛軍側では、大刀会の宿敵である前警備隊分隊長の孫漢臣等が軍隊を指揮して、東、西、南の三方から包囲攻撃した。強風が吹き雪の降りつもる中で、薄暮から戦いが始まり、大刀会は村内から手製の大砲や連発銃を猛烈に発射した。農婦もまた戦いに加わり、圩壁に登って上から煉瓦や石をおとした。夜半になって、包囲していた盛軍は寒さのため手がかじかみ、銃を持てないので、一まず崔家嶺、夏哥荘一帯に撤退した。村内の大刀会は戦力の不足を感じ、かつ弾薬が底をついたので、遂に「隣村に救援を乞うてくる」と偽って、村民を見捨てて去っていった。残された老人や年少者はなお死守していた。その後しばらくして盛軍は再び戻ってきて、攻撃を再開したが、日の出近くになって大刀会がいないことに気づき、東南の小門から一斉に村内に入り、殺人、放火を行ない、その火は一昼夜燃えていた。その後、盛軍は農民を脅迫して、糧食を出させて宋家屯まで牛馬に載せて運ばせた。この戦いで村民六四、五人が殺された。しかし、二八日早朝、盛軍は突如として平度に移動していき、膠県北郷の村民は、やっと安心することができたという[220]。

この事件で農民を見捨てたため大刀会への信頼が薄れたせいか、一九二七年の初頭以来、膠県で大きな勢力を持っていた大刀会は、徐々に衰退していった。王台鎮に於いて丁糧雑税を徴収していた顧震軍も、一九二九年二月、楊虎城（臣）軍に追われて、膠済鉄路を越えて即墨県に去った。残存した大刀会も後述する東郷の石瀬子王家荘の王孝行に率いられた例のように、連荘会等の合法的名目を名乗って、表面的には姿を消していった。

棲霞と平度

膠東の棲霞、招遠等では、一九二八年四月に起きた旧直魯連軍の方永昌軍と、旧直魯連軍から国民革命軍に収編された劉志陸軍との戦い以後、この地域の秩序は乱れ、民衆は軍隊の収奪と土匪による誘拐に悩まされ、自衛を計らざるを得なくなっていた。その時、済南で働いていたある男が、秋になってたまたま故郷の棲霞県の南部に帰った時、滕県、嶧県の無極会（道）の法術の効能を絶賛した。農民達はそれを聞いて心を動かされ、みなで金を出しあって滕

県に行って、宗師を招いて、村落に設壇して弟子となり、この地域に無極会（道）を広めていった、

一二月六日、棲霞県の安公安局長が、退任に備えて彼の本籍である掖県に戻る途中で、招遠県の畢郭村の旅館に泊った。安は、軍人達のよくやるように「餞別」を求めた。村の首となる人が「餞別」の免除を求め、村民も村の畑は荒れ果ててやせているので「餞別」を準備できないと答えると、安は「もし三〇〇元を準備しなかったら、今日の夜必ずこの村の人間を殺してしまい、鶏や犬も留めないぞ」と脅した。村民が困惑して無極会（道）員に相談すると、招かれてこの地方にやって来た宗師が「われわれの会がしなければならないのは、民を保護し悪人を取り除くことであり、今がまさにその時だ！各会員はみな腹をすえて前進して決闘しよう。もしみなの髪の毛一本でも傷ついたなら、わたしの首でもって償おう！」と大見栄を切って無極会（道）の会員を励ました。そこでまず三、四〇名の童子班が出発していって、安の泊っている旅館に到着した。安はすでに寝入っていたので、無極会（道）は戸や窓を押し開いて突入し、四人の護衛兵を打ち倒し、安と安の妻妾子女を捕え、村の北の谷へ連れて行って次々と殺した。

この事件は、棲霞駐屯の李道和に知られた。李はすぐさま上官の劉珍年に電報をうつとともに、萊陽、招遠駐屯の軍隊とともに無極会（道）討伐に向かったが、逆に無極会（道）に襲われ、李営の兵士数十人が殺された。その後、劉珍年から和平処理という返電が寄せられ、無極会（道）側も「われわれも（国民党の）党義を信仰し、圧迫された民衆と連合して、国に禍いし民を害なう土匪を取り除くことを願い、軍隊に難くせをつけない」と軍隊との協調を明らかにした。同時に一部の紳士と地方の老先生が両者の間を調停したため、無極会（道）は武力討伐を受けることなく、この事件は結着した[221]。そして後にこの地帯の無極会（道）は、一九二九年一月末から四月にかけての劉珍年軍と張宗昌軍の戦争に巻きこまていくのである。

一二月、平度では入れ代り立ち代り多くの軍隊が現われ、平度の民衆に種々の負担を負わせていた。劉開泰に代っ

て、二月から駐屯していた第四師副師長劉選来は劉珍年を討つと称して、銀二万五〇〇〇元を徴収し、県の公安局や民団の武器を奪って北に移動していった。その後第二師劉開泰軍が龍口よりやって来て、入城し、数日駐屯して車馬を求めて北に去った。また二九日には顧震軍所属の盛某（祥生？）の部下の李震軍が膠県から移動してきて入城した。この混乱の中で、紅槍会の首領唐鎮山は西南郷の紅槍会を率いて入城し、その後一九二九年三月まで県城に駐屯していた。また劉桂堂軍の秦営も現われ、毎日饅頭を供給させた。このような各軍の様々な徴収は、平度の民衆にとって負担の限界に達していた(222)。

3　張宗昌の山東省奪回作戦

一二月二九日、張学良は東三省の易幟を行い、同日、南京政府は張学良を東北辺防軍総司令とし、奉天省を遼寧省に改め、内部に対立を含みながらも、国民党の全国統一は完了した。大連に亡命していた張宗昌は、張学良が南京政府への服従を誓ったため、独力で、再起をかけて、山東省の奪回を決意した。その場合に、軍事力としては一方では膠東に残存している以前の部下の旧直魯連軍（表面的には国民革命軍に帰順しているものも含む）に依拠することを企てるとともに、他方で、山東省政府の支配下で、国民党の「破除迷信運動」に代表される「近代化」政策と対立を深めていた山東省南部、西南部の紅槍会の軍事力を利用しようとした。一二月頃には、張宗昌は秘かに耿興桂、方振奎の二人に大金を持たせて、大連から済南に派遣した。耿と方の二人は、そこから人を派遣して山東省南部の各地の紅槍会に金を渡して味方につけた。最も多いのは肥城で、顧、張、李、呉、趙、董等の八人の首領の会員数百人～三〇〇〇人、計一万四〇〇〇人、寧陽では、李、楊、張等の四人の首領の会員三〇〇人～三〇〇〇人、計四五〇〇～四六〇〇人、平陰では首領劉の会員の一部五〇〇〇余人、曲阜では首領郭の会員の一部五〇〇〇余人、大汶口では、馬、盧の二人の首領の会員三〇〇〇余人、最少は泰安で、首領李の会員の一部二八〇〇～二九〇〇人、以上合計三万五〇〇〇～三万六〇〇〇人の紅槍会を味方につけた(223)。他に滕県、済寧、さらには膠東にも大本営を置いていた無極道とも連絡を取り、その首領李光炎、王伝仁と青島で秘密会議を持ち、四万元の資金を与えるとともに、三月一一日（孫文の命日で、龍抬頭の日）に暴動を起こすことを決めた。さらに旧直魯連軍系の政治家、軍人、例えば張魯泉、張敬堯等が、各地の旧直魯連軍、土匪、旧官僚と連絡をとる活動を担った(224)。

一九二九年一月、旧直魯連軍から国民革命軍に帰順した暫編第一軍長兼第一師長劉珍年は、部下の第二師長劉開泰を免職にした。劉開泰は大連に亡命して、張宗昌に窮状を訴えるとともに援助を要請した。山東省奪回を狙っていた張宗昌にとってこれは絶好の機会であった。張は、劉珍年が張の再起に反対していたので、劉開泰を助けて劉珍年を倒し、山東省奪回の足がかりを得ようとして、数万の金を劉開泰にわたして援助を約束した。劉開泰は、張宗昌の部下方永昌と祝祥本とともに、一月二四日、大連から龍口に戻り、その日の晩、部下の第二師の将兵を率いて反乱に立ち上がった。反乱軍は、龍口で新任の龍口市長を殺し、公安局の武器弾薬を奪い、日本人経営の大連、吉屋両行を含む全市の略奪を行った。黄県でも反乱軍によって、商会会長、黄県県長、劉の後任の第二師師長、参謀長、営長が殺され、県城内が略奪された。二五日、反乱軍は龍口、黄県を去って、萊州（掖県）と招煙一帯、棲霞に撤退し、さらに煙台を攻める気配を見せた(225)。ところで、一九二九年一月芝罘（煙台）のアメリカ領事は、招遠県では、紅槍会のために、たった一人の徴税人もこの数カ月間入っていないと報告している。招遠県の県知事は辞職してしまっており、後任の県知事は、その職につくために県に入れなかった(226)。

それ以前に軍隊に多くの村落が焼かれたことがあるので、反乱軍に駐屯された招遠、棲霞一帯の紅槍会は、自衛のために蜂起した。一方、招遠、棲霞に撤退していた劉開泰は、二九日、掖県の反乱軍と紅槍会に連絡をとり、煙台を攻める準備をしていた。

一方、劉珍年軍側では、第四師李錫同部隊で、副師長劉選来が旧直魯連軍の史書簡に買収され、さらに雑色軍の黄鳳起と気脈を通じ、李錫同に迫って反劉珍年側についた。第五師長の施忠誠は、それ以前に師団から団（連隊）に改編されたのに不満を持っており、この機に萊陽、棲霞、海陽三県を根拠地として、劉珍年軍からの独立を宣言した(227)。このように劉珍年軍は四分五裂してしまい、結局、劉珍年側には、劉珍年自らが師長をしている第一師、反乱に加わらなかった第二師の若干の部隊、第三師何益三の部隊が残っただけであった。

日本は、「龍口の中国の官憲は治安を維持する能力が無いので、自衛の方法を取る」（煙台の森岡領事の声明、一月二六日）とし、在華日本人の生命財産の保護を名目とし、煙台の日本陸戦隊を一五日龍口に上陸させるとともに、旅順から欅、桑の二隻の駆逐艦を龍口に派遣した。イギリスも、龍口の騒動が煙台に波及することを恐れて、威海衛から軍艦を二六日に煙台に派遣して、在華イギリス人を保護する準備をした。

このような日英両国の干渉の危機の中で、劉珍年は、自己に忠誠を尽している第三師何益三の部隊を龍口、黄県に派遣し反乱軍に対処させるとともに、二九日に、龍口における外人の損害は、責任をもって賠償すると声明した(228)。

劉開泰の周辺には続々と旧直魯連軍系の軍隊が集まってきた。二月上旬には、張宗昌、張敬堯等を背後の実質的指揮者としながら、拡大した反乱軍は中華国民軍討逆軍と名乗り、総数七、八〇〇〇人の勢力となった。総指揮には、旧直魯連軍畢庶澄の部下で旅長であった史書簡がなり、副指揮には旧直魯連軍で雑色軍魯東保安軍の黄鳳起、杜広乾（ただし黄鳳起、杜広乾は、当時青州〔益都〕を占拠していた土匪賽寶璋と闘い、本拠の寿光でも人民自衛団との対立を深めていたので少数の軍隊しか送らなかった）。さらに一九二七年の一〇～一一月の膠県大刀会の蜂起を弾圧した旧直魯連軍師長祝宏徳、さらには反乱の張本人である前暫編第一軍第二師師長劉開泰がなった。その他に第四師の李錫同の部隊、また独立を宣言した第五師の施忠誠は二個旅団を派遣してきたし、旧直魯連軍から国民革命軍に帰順して暫編第六軍となったが態度があいまいであった顧震は、部下の盛祥生軍二個旅を膠県から派遣してきた。

これらの張宗昌系反乱軍に押されて、二月八日、龍口を守っていた何益三軍は夜間龍口を撤退し黄県に移動し、翌九日、龍口に反乱軍が入城し、反乱軍の司令部が置かれることになった。さらに勢いに乗った反乱軍は黄県城を攻め、一三日、何益三軍は白旗を出して東に向かって敗退した(229)。これ以後、煙台、牟平にたてこもる劉珍年軍と反乱軍の問に、二月から三月にかけて何度か激戦が展開された。反乱軍優勢の中で、張宗昌、呉光新、褚玉璞等は、二月一九日に大連を出発して、二〇日に龍口に到着した。

ところで張宗昌の反動的山東省奪回作戦には、日本の大陸浪人が協力し、日本の出先の軍、外交機関、特務機関の暗黙の了解のもとで行われた。例えば倉谷箕蔵は張宗昌の義兄弟となった人物であるが、張の青島代表をつとめ、藤田領事および特務機関との連絡を行った。小日向白朗は、張の護衛隊長をつとめ、川崎力は、張の資金調達員および暗殺隊長をつとめた。政友会系の『満州日報』の編集部長である武甲南陵（?）が張の宣伝総顧問をつとめた。蘆沢台南は、張の兵站部員をつとめ、船を雇ったり、武器を買ったり、兵隊を集める等の事を行った。中島比留吉は張の外交顧問であり、関東庁との連絡を行った。褚玉璞については、牧野駒三が外交顧問をつとめ、武器兵員を集めるのは久保玄語、浪人団長として保科義平、暗殺隊長として上月利一、高等顧問として城口中八郎がいた(230)。

張宗昌を迎えて反乱軍側は中華民国共和大同盟軍を名乗った。また張敬堯、張魯泉、李文澂、徐大同、呉桐淵等が画策して、日本軍占領下の済南に督弁行轅、省長弁公処、中華民国共和大同盟軍弁公処を設け、旧直魯連軍系の多くの旧官吏や軍人を招いた(231)。

張宗昌軍（共和大同盟軍）は、煙台にたてこもる劉珍年軍に対して、二月二〇日頃、首領に連絡をつけた招遠、萊陽の無極道を遊撃隊に編成し、煙台の南方を攻撃させ劉珍年軍の背後を襲わせたが、劉珍年軍に敗れてしまった[232]。

しかし軍隊の駐屯地になり、戦争の被害を受けたこの地域では、紅槍会の諸派の中で軍隊に協力したのは少数であり、多数は軍隊と対立した。三月一一日の煙台発ロイター電によれば、張宗昌の部下の劉海奇（音をあてる）軍が、招遠で紅槍会にうち敗られたという[233]。また三月一八日の煙台発ロイター電によれば、登州（蓬莱）付近一帯では、農民が軍隊の圧迫を受けたため、多くの人々が紅槍会に加入した。兵隊と農民は互いに恨みを抱いて殺しあいをし、そのため難民は次々と登州県城に入りこみ、有力者は乗船して大連、天津に逃げた。その力の無いものは、夜は山腹で寝て昼になって家に帰った。かつ兵匪の攻撃の警報を聞くと、すぐさま山中に入る準備を常にしていたという[234]。

この後、劉珍年軍と反乱軍の両者は何度か激戦をまじえ、張宗昌軍は、ついに三月二六日に煙台をおとし、劉珍年軍は牟平に退守した。

4　膠東と北部の紅槍会運動

ところで一月末からの反乱軍（張宗昌軍）と劉珍年軍の戦争の中で、膠東および北都の各地で、県城を占拠している土匪や雑色軍と、紅槍会ならびに民衆との衝突があちこちで起こり、また旧直魯連軍の中には、反乱軍に呼応して張宗昌の下に馳せ参じようとする動きが起こり、それに対抗して、郷土防衛・村落自衛を目的として、紅槍会が蜂起し、一月から三月、特に二月から三月にかけて、膠東および北部の紅槍会の活動はピークに達することになった。

次々と現われる各軍の収奪に悩まされていた平度では、一九二九年に入ると、東南郷の紅槍会が南北両派に分裂し、古県で両派が衝突して、北派が南派を破った。そして北派は南派の家々を略奪した。一月下旬、劉開泰軍が反乱を起こした時、すでに唐鎮山に率いられて入城している西南郷の紅槍会に引き続いて、東南郷の紅槍会が入城した。彼等は青い旗に「張桓侯翼徳（張飛）民団」と記し、腰には「南海人士」と書いた黄色い布をぶらさげていた。その老師は白髪で繻子の馬掛を着て得意満面の風であったという[235]。

張宗昌軍に呼応した動きが各地で起きてきたが、その一例として紅槍会ではないが、一九一二年に済南から一〇数華里の長山県大丁王荘を本拠として皈一道（一心堂、浄地会）という秘密の宗教結社を始めた馬士偉（字は冠英）は、一九二八年一月一五日には皇帝と称し、国号を黄天としていた[236]。だが国民党の山東省政府の行った「破除迷信運動」は皈一道の宗教結社としての共同意識と敵対するせいか、張宗昌の働きかけを受けて、反山東省政府に踏み切り、省政府打倒のため、二月二〇日、兵部侍郎魯匯東に二万元を持たせて済南に派遣し、多くの人数を集めさせていた[237]。

膠済鉄路沿いの青州（益都）では、一九二八年一〇月以来、土匪賨寳璋と元直魯連軍営長である劉振標が青州南城を占拠していた。それに対して、劉振標に招かれて寿光から青州にやってきた雑色軍の魯東保安軍朱泮藻が、賨および劉振標と意見が対立し、青州北城に拠って、賨軍の誘拐略奪に苦しんだ紅槍会と連合して、二月六日以来、青州南城を三日間にわたって包囲攻撃した。だが日本軍が膠済鉄路二〇華里以内の事であるとし、両者に干渉して賨と劉振標を青州南城に残し、朱泮藻軍を鉄路以北に退去させ、さらに青州南城にいた山東省政府任命の県知事李郁亭を放逐してしまった。その後朱泮藻は本拠である寿光に退いた。しばらくして、朱の部下であるがすでに魯東保安軍の実権を握っていた黄鳳起が再び青州を攻め、黄鳳起は北側から、張廷梅は南方から、杜広乾が東方から、紅槍会が西方から攻め、双方三〇〇余人の死傷者を連日出した上で、黄鳳起部隊は青州北城を陥落させた。その後、黄鳳起、杜広乾は、反乱軍（張宗昌軍）に参加し、山東半島の北端に移動し、また本拠の寿光で、人民自衛団との対立が深まったので多くの兵をそちらに回したため、青州南城の包囲を解いたようである。一方、張宗昌軍の反乱に直面していた山東省政府は、自己の武力強化のために、賨と劉を山東人民自衛団（宋雲鶴指揮）に改編し、第二路指揮呂文松の指揮下に入れ、竇を第一師師長とし、劉を第二師師長とした[238]。

日本軍によって青州南城を追放された県知事李郁亭は、青州北城で交渉員兼通訳をしていた、日本の東京高等師範を卒業し山東省立第一〇中学校長であったインテリ扈学痒とともに、青州の西にある辛店、淄河店の農民一〇〇〇人を集め紅槍会を組織した。会員の腕章や旗には民衆の二字を記し、「民衆の恨みをもって土匪竇寶璋を膺懲する」と称して、郭店に県政府を設立した。その後、紅槍会は、黄鳳起の部下朱全義が保衛団を組織して、山東省政府任命の県知事を追放して占拠していた臨淄県城を攻略した[239]。三月一日、竇寶章の部下が益都の農村に行って人質をさらおうとして紅槍会に阻止されたことを契機にして、両者の衝突が始まり、二日、竇の部下は、益都の西にある膠済鉄路の普通駅付近で紅槍会、民団と衝突し数時間の戦いの後、紅槍会、民団を破り、益都、普通、淄河の三駅の付近の村落二〇余村を焼いた。その後、竇の部下はさらに西へ進み、金嶺鎮駅付近の一〇余村を焼き、八日には辛店の西南一五華里の南仇に集結していた紅槍会を全滅させた[240]。かくしてこの地帯の紅槍会は竇を追放できないだけでなく、潰滅的打撃を受けてしまった。

黄鳳起の本拠である寿光では、二月二七日に黄鳳起軍が、村落自衛のために組織されていた民団、紅槍会と衝突して破り、それ以後三月七日まで、数千の兵隊が村落を襲い、放火、殺人、略奪、強姦を行い、泊頭荘等八〇の村落が放火虐殺の被害を受け、死者は数万人にものぼり、張明九の章邱占拠の時よりもひどかったという[241]。

また寿光の東郷では、前年以来、有名な土匪の頭目張四が二〇〇〇余名の手下を引きつれて蟠踞し、農民達は自衛のため連荘会、紅槍会を組織していた。黄鳳起軍が村落を襲ったと同じ二月の末頃、土匪が東郷の稲荘、下家荘、任家荘等の三〇余村を一斉に包囲し、殺人放火を始め、その火は五昼夜にわたってあかあかと燃え続けた。多くの農民は老人や子供を引きつれて新張荘に逃げこんだ。新張荘は圩寨に囲まれ、その壁は高く圩壕は深く防衛に適していた。

三月一日午後三時、紅槍会が土匪に破れ新張荘に逃げこんだ。それを追って張四が土匪を引きつれてきて包囲攻撃を始め、戦いは三時間にわたり、荘内からは大砲を撃って張四を撃退した。しばらくして張四が再び襲ってきた時には、さらに多くの土匪を引きつれてきただけでなく、付近で捕虜にした多数の農民を強制的に前方で案内させ、土匪はその後についてきて、荘内の士気をにぶらせようとした。紅槍会や農民は、三時間にわたって勇敢に戦ったが、荘内の張四のまわし者が放火し始め、それに気を取られている隙に、土匪が壕をわたり壁をよじ登って荘内に突入し、老人子供を含む荘内のほとんどの紅槍会や農民が殺されてしまった(242)。

5 旧直魯連軍の張宗昌軍への呼応と各地の紅槍会

一方各地の旧直魯連軍の中には張宗昌軍に呼応した動きが起きた。例えば旧直魯連軍第六軍から国民革命軍第一集団軍に帰順し、第四八師に編成された徐源泉部隊は、主力が山東省南部の臨城、嶧県、滕県に分駐していたが、二月、安徽省への移動の命を受けて南下の途中、津浦鉄路北部から移動してきた部下の新編第二旅の孫殿英軍一万余りは、張宗昌軍に内応して二月一四日、突如、済南の北方にある斉河（晏城）で下車し、土匪討伐を名目として東進し始めた。そのため徐源泉軍も警戒され、安徽省移動も中止になってしまった。孫殿英軍が東進途中、その後方部隊一〇〇〇名が、黄河の刑家渡から伝家荘に移動のさ中、付近の紅槍会一万二〇〇〇名はその部隊を包囲して武装解除しようとしたが逆に撃破されてしまった。孫殿英軍は復讐のため、その一帯の村落一〇カ村を焼き打ちし、数千人の農民を殺傷したという(243)。

その後孫殿英軍は歴城県を経て東進を続け、土匪張明九の支配している章邱県城に至った。二月二一日、章邱県城を包囲していた人民自衛団と紅槍会は、東進してきた孫軍を追放しようとして敗れて四散した。入城した孫殿英軍は、張明九軍を強迫して、その下に改編した。だが二六日夜中の一時、張明九軍が暴動を起こし、孫軍との間に猛烈な市街戦となったが、二七日にはそれもおさまり、一九二八年八月以来の七カ月余りにわたった張明九の章邱支配は終わり、張明九は部下三〇〇余人を率いて、張宗昌軍の中にいる黄鳳起の下に走った(244)。その後、孫殿英軍は三月上旬には、膠済鉄路の北側の桓台、長山、鄒平、章邱、斉東を占拠した(245)。

一方、二月一九日までに、旧直魯連軍の張敬堯の召募した雑色軍五、六〇〇が、省都済南のわずか一〇華里の大飲馬荘、小飲馬荘、閻馬荘を占拠していた。彼等は中華国民軍第四師と自称し、総数は四、五〇〇〇人にのぼり（恐らくは張敬堯によって長清で召募されたものと思われる）(246)、その中に斉河紅槍会二〇〇余人を投降させて武術旅に編成していた。一八日に膠済鉄路二〇華里以内であるとして、日本軍が中華国民軍第四師を二〇華里外に追放したが、その後再びもとの所に戻ってしまい、日本軍も今度は黙認してしまった(247)。

済南が日本軍に占領されたため同地にあった歴城県政府は、済南の南方五〇華里の仲宮鎮に置かれていた。そこへ、前記の張敬堯、張魯泉に召募され自治軍と自称した雑色軍五〇〇人が、郭幹卿に率いられて、便衣（平服）姿で銃を持って、三月四日午前三時、突然攻め入った。李文藴（蓀）県長は逃走し、県政府および国民党の党部の人員は勾留され、警備隊は武装解除された。一部の便衣隊はさらに西へ派遣され、一六里河の民団、紅槍会と連合して勢力を拡大していった(248)。その上一一日午前三時には済南の西南三〇華里の斉河県城に便衣隊四、五〇〇人が出現し、県長、公安局長、国民党党部の人員を逮捕した(249)。ところで仲宮鎮にとどまっていた便衣隊は四、五〇人で、九区郷に二、三〇人、一六里河には二〇余人がとどまっていただけであった。便衣隊は仲宮鎮付近で、男女の人質四、五人を捕え身代金を取った。それを見た仲宮鎮付近の民団、紅槍会は、彼等の行為は土匪と同じであるとし、一三日夜、民団、紅槍会一〇〇〇余人が仲宮鎮を包囲し、便衣隊二〇余人をさらし首にし、一〇余人を捕獲した。また大澗溝の民団は九区郷の便衣隊を捕獲し、かくしてこの地帯の便衣隊は潰滅した。斉河でも、紳商の省政府に対する派兵討伐の請願に応じて、省政府は、馬鴻逵軍の一部を派遣し、一三日夜に県城外の便衣隊を撃退し、一四日には斉河県城を便衣隊の手から取り返した[250]。

山東省北部の徳州を中心に、国民革命軍第四九師任応岐部隊が駐屯していたが、桑園に駐屯していた張立国営は、紫雲陞の旧部下であった旧直魯連軍軍長王振に誘われ、二月二五日、突如として反乱を起こし、公安局を包囲し、銃七〇余丁、拳銃一〇余丁を奪い、比較的大きな商店を掠奪する等をした。その後南下して済南を経由して、膠東の張宗昌軍と合流しようとした[251]。三月一日、済南の東北二、三〇華里の地帯に現われた張立国軍三〇〇人は、冷水溝で民船を借り黄河を渡ろうとした。一方、民団、紅槍会は太鼓をたたき銅鑼を鳴らし人員を集め、黄河南岸に布陣して張立国軍の渡河を阻もうとした。両者は黄河を隔てて砲撃を交え、張立国軍は乗船して機関銃を掃射しながら南岸に上陸し、民団、紅槍会と肉弾戦となった。民団、紅槍会は懸命に戦ったが、遂に敗れ南に逃走した。張立国軍は勢いに乗じて、臥牛山荘、大辛荘等一〇余村に入り、殺人放火を行った[252]。

二日、済南東北の三〇余村の紅槍会、黄沙会、黒沙会、連荘会、民団および斉河の紅槍会が、黄河と小清河の間の沙河に集合し、黄河を渡河してきた張立国軍と戦った。だがまたも紅槍会、民団は敗れてしまった。そのため王家閘子、朱家橋、沙河等の村が焼かれ、小清河を渡って逃げようとした多くの老人や子供が溺れてしまった。張立国軍が放火殺人を行う一因として、去年、自らの所属していた任応岐軍が徳州に向けて移動する際に、済南付近で紅槍会、民団と衝突したが、民団、紅槍会の勢力は大変盛んで、任応岐軍は手をつけられなかったので、その時の復讐をするという意図があったという[253]。紅槍会、民団は張立国軍と戦闘を交えるとともに、章邱の孫殿英に派兵を請うた。孫殿英は騎兵一〇〇余人と歩兵一〇〇〇余人を派遣してきた。そのため張立国軍は、三日、東へ逃げて秦家道口に至った[254]。

秦家道口は、西は黄河に面し、東は小清河に臨み、北には黒水湾があった。五日、張立国軍に対して、東からは孫殿英の大軍が王家梨行一帯に進み、西には張馬郷、遙牆郷の紅槍会一万余人が、河套圏、清河寺、楊史道口、王家楼等に分駐し、黄河の北岸は清寧郷の紅槍会が防衛し、張軍を包囲した[255]。この後、張軍は降伏して孫殿英軍に収編された[256]。

三月、一九二八年から一貫して紅槍会の運動が盛んであった平度、膠県で、紅槍会や大刀会の最後の活動が起きた。平度では、一九二八年一二月以来、紅槍会が首領唐鎮山に率いられて県城に入城していたが、三月上旬、張宗昌軍に対抗して、旧直魯連軍からすでに国民革命軍に帰順していた孫魁元軍が平度県内に進駐してくると、唐鎮山は紅槍会を率いて県城を出て農村部に戻った。三月一二日、孫魁元軍は入城し、青天白日旗を掲げた。これにより平度県の民衆が、各軍の収奪を受けることは終息した[257]。

平度県の南にある膠県では、三月、東郷の石瀬子王家荘で、大刀会の首領王孝行が、合法的に連荘会を名乗りながら、数百人の会員を集め、武器を買い、兵員を募り、陸軍の軍制のように営長、連長、参謀長等の官職を設けていた。そして命令によって東郷の土匪の状況を調べにきた警備司令部稽査員牟如瑾を殺してしまった[258]。この事件と張宗昌軍との関連は無さそうであるが、膠県の大刀会は、表面的には合法的な連荘会等の組織を名乗って、大刀会の組織を潜在下していったようであり、この事件を最後にして、新聞や地方志に記事が載るような大きな事件を引き起こさなくなった。

6　南部や西南部の無極道の蜂起

山東省南部や西南部は膠東や北部と異なり、山東省政府と国民党党部の支配権が及んでいたが、国民党の進めた「破除迷信運動」に反発し、かつ張宗昌の働きかけを受けて、無極道が三月一二日に一斉に蜂起して、山東省政府の支配を覆そうとした[259]。無極道は、嘉祥県人の李光炎が創始したものであり、李は方丈兼文師を兼ね、王伝仁が道長となっていた。彼等は張宗昌の山東省奪回に呼応して、中央無極軍、無極軍産同盟軍の軍事組織を作り、李光炎、王伝仁が軍事組織の幹部を兼ね、土豪劣紳王承徳が参謀長となり、清の貢生馬玉文が秘書となった。彼等の計画は、山東省西南部で事を起こし、すでに一部の無極道が張宗昌軍と共同行動をとっている膠東がこれに呼応する。これには二四県の五〇分会の無極道が参加し、南陽、谷亭（魚台）、坡東、蘆橋、滕県、済寧、鄒県等を集合点とし、まず重点的に、済寧を攻め、滕県、魚台を包囲するというものであった[260]。また一説によると山東省西南部二二県の無極道や紅槍会が集まり、三区に分けて暴動を起こす。その場合に曲阜以北は曲阜または呉村に集合する。曲阜以南は鄒県の近くの嶧山に集合する。済寧以西は済寧に集合して一二日に一斉に事を挙げるというものであった[261]。

三月一二日、津浦鉄路沿いの滕県で、小刀会数百人が、迎神賽会を行おうとして、国民党県党部および県公安隊によって禁止されてしまった。それが契機となって、無極道、小刀会、紅槍会一万余人が、その日の午後、県城を包囲し始めた[262]。この県城包囲を指揮したのは、国民党の破除迷信運動で打撃を受けたある廟の住持道士であり、同時に紅槍会の首領を兼ねた楊老道という男であった。楊老道は会員を指揮する時に、大紅帽をかぶり黄馬褂を着て、清朝の王、公、巴図魯のような芝居じみた異装をして、日常生活とは別の非日常の状態であることを誇示した。黄馬褂を着た例として前述したように一九二五年一二月から一九二六年三月にかけて、山東省西北部で蜂起した李太黒の例、一九二七年一一月の高密県の大刀会の首領劉作霖の例があるが、このようなスタイルは、紅槍会運動に連綿として引きつがれたものと思われる。楊老道は県当局に対して、一、廟宇を再建して、再び仏像を造る。二、婦女の纏足は、禁止してはならない。三、紅頂花翎は旧制に復す。という破除迷信運動に対決する三条件をつきつけた[263]。県城にいた公安隊の数は少なかったが、旧直魯連軍から国民革命軍第一集団軍に収編されていた第四八師（徐源泉師長）第一四二旅（張冠五旅長）の二八四団張明述部隊と、たまたま列車に乗ってきて滕駅に着いた第三師第七旅一三団李仙洲部隊が、駅に展開していた無極道に対して機関銃を掃射したため、無極道は包囲を解いて退却した。さらにその日の夜には、無極道は滕県と南沙河間のレールをこわし、兗州（滋陽）から派遣された第四師の部隊と、滕県から派遣された第四八師の部隊と、それぞれ滕県の北の界河一帯で衝突した(264)。

滕県の南の津浦鉄路沿いの臨城（薛城）でも小刀会数千人が県城を包囲し(265)、また滕県の北の津浦鉄路沿いの鄒県でも紅槍会二〇〇〇余人が県城を襲おうとしたので、鄒県駐屯の第四師第一一旅旅長呉其偉が、一団の兵を派遣して沙河を守らせた。紅槍会はそれを見て形勢不利と考え、県城を襲わず退いた(266)。済寧に対しては、李光炎、王伝仁等が自ら指揮をして、一二日、二〇〇〇人の無極道が二度にわたって攻撃をかけたが、駐屯していた第二集団軍第二一師梁冠英部隊によって、死者千数百、生け捕られて銃殺された者八〇〇という攻城した各地のうちで最も大きな被害を受けて撃退された。翌一三日には二万余人が集まり攻城し、梁師団の一団の武装解除を行ったが、梁部隊の反撃により無極道は敗走して四散した(267)。

魚台でも国民党の党政人員による政治刷新や風習改革が行われ、その一環としての、魚台の国民党県党部の迎神賽会の禁止を契機として暴動が起こった。当時、以前に魚台に駐屯していた第二集団軍第二一師楊虎城（臣）の部隊は、張宗昌軍の反乱に対抗して膠東に移動してしまい軍隊が駐屯していなかった(268)。一一日、無極道は代表馬某（前述の馬玉文か?）ら代表四人が、李炎奎県長に対して七条件の要求を出した。無極道の代表が去って後、国民党の県指導委員の陳和均、范玉珍は不測の事態を恐れて豊県へ避難した。一二日、張宗昌軍の某遊撃司令がすべてを指揮して、済寧、曹州、金郷、嘉祥、魚台の二万から五万人の無極道が集まり、李県長に「魚台を殺戮されたくなければ党員を渡せ」と破除迷信運動を指導してきた国民党員の引き渡しを要求したが、李県長が「先に包囲を解いてから相談しよう」

と応じて押問答になった。その直後無極道と公安隊の戦闘が始まり、無極道の死傷者数百人、公安隊側では公安隊長が戦死し、公安隊の警士三〇余人が死傷したが、一四日午後三時、遂に県城は陥落し、李県長、公安局局長、国民党の党務工作員、教育関係者は、陥落寸前に脱出した。

城内に入った無極道は、今までと全く異質な国民党支配への反発から多くの者が「張（宗昌）大帥の命を奉じて、旧有の山河を回復しよう」と述べながら、獄中の囚人を釈放し、「破除迷信運動」を推進してきた国民党の県党部および学校で用いる器具を破壊し二〇万元以上の損害を与え、かつ国民党党員、学生を捕えた。一五日、無極道は、さらに南の豊県、徐州に進攻しようとした。だが豊県の北部には公安隊が守りを固めており進攻できず、また済寧、滕県で攻城が失敗し、また山東省主席孫良誠が、駐済寧の第二集団軍第二一師の謝旅長を弾圧に派遣したことを知り、一六日、算を乱して撤退した[269]。

これらの暴動の構成員、特に暴動の指導部を構成していたのは、国民党の「破除迷信運動」によって直接の打撃を受けた廟宇の僧侶（例えば楊老道）と土豪劣紳（例えば王承徳、馬玉文）等の既成の村落社会の秩序を担っていた地主層であり、さらに山東省奪回を目指す張宗昌一派の働きかけもあった。その他に多くの中・貧農を中心とした農民がこの暴動を構成しており、それにより数万人の規模によるこの暴動は起こった。すなわち破除迷信と三民主義の推進を旗印に行われた国民党党部の政策は、農民にとっては全く不可解な他者による、迎神賽会や災害除去の神々等の伝統的世界への挑戦であり、農民に多大の不安と不満をもたらした。張宗昌の場合は、経済的な税収奪や軍事酌な抑圧はしたが、このような農民の伝統的世界を真向から破壊する異質な支配者ではなかった[270]。そのため無極道（紅槍会、小刀会を含む）は、あえて国民党に追放された旧来の支配者であった張宗昌一派と手を組むことすらして、孫良誠省長の下の国民革命軍と戦った。そしてその要求は、国民党党部の「近代的」な政策に対する全面的な否定として、前述したように極めて復古的なものであった。前述したように魚台に入城した無極道は「張（宗昌）大帥の命を奉じて、旧有の山河を回復しよう」と多くの者が述べていたという[271]。しかも農民の願っていた苛捐雑税の廃止は、訓政期における民権準備のための国民党党部、県の行政費・司法費、立法費、公安費、学校の費用等のため、国民党の鳴り物入りの割りには、苛捐雑税は軽くならず農民の不満を高め、多くの農民が暴動に参加したと思われる。

農民の生活や生産の改善（苛捐雑税の廃止、雨乞いや虫害を除く等の農耕儀礼をしないですむようにする治水、灌漑の整備、農業技術の改良、さらに封建的土地所有を廃止する土地革命までを含む）無しに、また農民の合意と自発的立上り無しに行われた国民党党部による早急な上からの権力的な「破除迷信運動」は、農民にとっては不安と不満をもたらしただけであった。

このように全力をあげて行った滕県、済寧の県城攻撃の失敗と、一度陥落させたが長く維持できなかった魚台の否定的経験により、結局、膠東の大部分では暴動は起こされずに、招遠、萊陽の例のように一部の無極道が、張宗昌軍と協同行動をとったにとどまった。

7　張宗昌の反乱失敗

一方、山東省政府の側も張宗昌の山東上陸に対して、手をこまねいていた訳ではない。張宗昌の山東省上陸の四日後の二月二四日、国民革命軍第二集団軍司令馮玉祥の直々の命令を受けて、山東省主席孫良誠は、山東省西南部に駐屯していた楊虎城（臣）軍を膠済鉄路の南側から、北部に駐屯していた馬鴻逵軍を膠済鉄路の北側から膠東に派遣して、この地帯の旧直魯連軍を討伐させて、これらの軍隊が張宗昌軍と結びついて大勢力となるのを防ごうとした[272]。特にその討伐の対象となったのは、土匪の大頭目から国民革命軍に収編されたが、旧直魯連軍系の顧震、黄鳳起と義兄弟の盟を結び、いつ張宗昌軍に寝返るかもしれない劉桂堂軍と、旧直魯連軍から国民革命軍に収編されたが、その態度は極めてあいまいであり、二月上旬には部下の盛祥生軍を張宗昌軍の下に派遣していた顧震軍であった。楊虎城軍二万名は北進して、三月上旬には、莒州を占拠して、この地域を地盤にしていた劉桂堂軍を圧迫して、北上させた。また楊虎城軍はさらに北進して、三月下旬には諸城に到着し、諸城を中心にして駐屯していた顧震軍所属の各軍と戦って破り、膠済鉄路の北側に追放した[273]。前述したように膠県の王台鎮にいて徴税をしていた顧震軍が、膠済鉄路を越えて即墨に移動したのもこの動きの一環である。膠済鉄路の北側には、馬鴻逵軍と、旧直魯連軍から国民革命軍に収編されたが旗幟鮮明な孫魁元軍が東進してきて、顧震軍が張宗昌軍と一緒になるのを阻もうとした。

ただ山東省西北部において、三月中旬、張宗昌の部下の王金鐸が画策して、各地で暴動を起こし、共和大同盟軍と自称して、斉河、高唐、夏津、博平、茌平、東昌、堂邑各県を占拠し、清平を包囲した。そのため、三月下旬、馬鴻逵軍はこれらの地域に派遣され、共和大同盟軍討伐を行った[274]。

一方、煙台発ロイター電によると、劉珍年軍と張宗昌軍の戦場になった膠東の山東半島の北部では、登州（蓬萊）において、軍隊の略奪に反抗して、紅槍会は四月になっても軍隊との闘いを続けており[275]、また一月の段階で、数カ月来、県から一人の徴税人も農村部に入れなかったほど紅槍会の力が強力であった招遠では、四月四日にはすでに紅槍会が県城を占拠し、青天白日旗を掲げて、劉珍年軍および国民党への味方を明確にした[276]。

長びく劉珍年軍と張宗昌軍の戦闘の中で、国民党中央の命令によって、膠東の土匪雑色軍と張宗昌軍討伐のために、四月の初めには新たに第四九師任応岐軍と、張宗昌軍に寝返るという噂の絶えない独立第二旅孫殿英軍が派遣された。任応岐軍は小清河以北の海岸線を進み、四月九日には前鋒は半角溝に達し、孫殿英軍は膠済鉄路の二〇里外を鉄道に沿って東進し、広饒を占領し、寿光を包囲した[277]。

劉珍年軍約三〇〇〇名は牟平県城に拠って、張宗昌軍一万六〇〇〇名に包囲され、四月初め以来、何度か張軍の攻城を撃退してきたが、二一日晩、全軍が決死の勢いで県城を出て、包囲していた劉開泰軍を破り、二二日早朝、張宗昌の本隊を攻撃して、全軍を敗走させた。張宗昌軍の敗走の一因は、何度も使者を派遣して交渉して呼応を呼びかけた孫殿英軍の裏切りによるという。劉珍年軍は、二三日には煙台、続いて登州（蓬莱）を奪回し、さらに福山を占領した。この時、福山県城で、旧直魯連軍の大物褚玉璞、膠東地方連合保安隊を名乗っていた雑色軍の紀子誠、章邱を占拠していたことのある大土匪張明九、顧震軍所属の盛祥生の部下の李震、その他に蘇馨斉、徐鶴亭、孫興周、劉玉宸、ロシア人白哈夫が捕われ、後に、一一月に劉珍年によって全員牟平県城で殺された。龍口に対しては、四月一四日にすでに黄鳳起を追撃して掖県沙河まで進出していた任応岐軍が占領した。(278) かくして張宗昌の反動的山東省奪回作戦は失敗した。張宗昌、呉光新は、かろうじて煙台から大連に逃げかえったが、関東庁が上陸を禁止し、さらに張学良の部下の沈鴻烈が監視しているので、(279) やむを得ず日本の別府に亡命した。

一方、三月から四月になると国民党内部の蔣介石と馮玉祥の対立は顕在化してきた。すなわち、蔣介石の軍事的独裁体制を確立したといわれる一九二九年三月、南京で行われた国民党三全大会を、馮玉祥派は、改組派、広西派とともにボイコットした。国民党山東省党部も第二次全省代表大会を開き、中央党部の勝手に指名した代表による三全大会を否認する電を発した。(280)

他方、「済南事件」の事後処理と膠済鉄路沿線からの日本軍の撤兵についての日中間の交渉は、三月二六日、南京で日本側の芳沢公使と中国側の王正廷外交部長との間で正式に調印され、妥結をみた。四月一〇日、済南で日本軍の撤兵についての具体的方法について、日中双方が議定し、(一)、済南から博山まで、(二)、博山から青島までの二段階に分けて撤兵することが決まった。孫良誠が兵を派遣して接収しようとすると、蔣介石は、馮玉祥系の孫良誠が重要な港である青島を押さえて勢力を拡大するのを恐れて、国民政府が膠済鉄路を接収するとして、孫良誠の接収に反対し、さらに日本に撤兵を遅らすように密電した。このように蔣と馮の対立が公然化する中で馮玉祥は、山東、河南両省の馮系の軍隊を河南省西部の陝州から陝西省に撤退する命令を出した。

四月二六日晩、孫良誠は突然軍隊を率いて河南省に移動し、また山東省政府主席の辞職を通電し、孫良誠の山東省統治は終った[281]。孫良誠と対立していた楊虎城軍は膠東に残留したが、その他の馮系の馬鴻逵軍、梁冠英軍は河南省に移動し、馮軍と蔣介石の緊張は高まった。だが五月二二日、馮軍の韓復榘、石友三、馬鴻逵、龐炳勲（勛）等が、蔣介石に買収されて、河南省の洛陽で「中央を擁護する」通電を発したため、馮による初期の反蔣運動は挫折し、馮は二七日、通電して、華山に入って引退することを宣言した。

8　陳調元の統治の下で

蔣は、五月一日、安徽省主席だった蔣系の陳調元を山東省主席に任命し、山東省接収の全責任を負わせるとともに、省都済南を呉思予に接収させることを決定した。四日、山東省政府は膠済鉄路を接収し、翌五日、呉思予は憲兵を率いて済南を接収した[282]。二〇日、山東省の日本軍はすべて撤退し、一九二八年五月以来の日本軍の膠済鉄路沿線二〇華里以内の軍事占領は終了した。

国民政府は、山東省政府委員の改組を行い、馮系の人物の代りに蔣系の人物を山東省政府委員とした[283]。また国民党山東省党部の馮系の人物も孫良誠とともに山東省を去ったと思われるので、国民党三全大会を否認した山東省党部も改組されたと思われる。

五月二五日、済南に正式に成立した陳調元率いる山東省政府は、山東省を東西に通じている膠済鉄路二〇華里以内を軍事占領していた日本軍が撤退したため、山東省全域を支配することになった。その上、張宗昌軍の山東省奪回作戦の敗北とともに、膠東の各地に蟠踞していた旧直魯連軍（表面的に国民革命軍に収編されたものも含む）や雑色軍の中で、山東省政府の支配に不満を持ち、張宗昌軍に呼応したもの、例えば劉珍年軍所属の劉開泰、李錫同、顧震軍所属の盛祥生、李震、雑色軍の黄鳳起、杜広乾、紀子誠、張明九等の諸部隊が潰滅したり、本人が捕われてしまった。また膠済鉄路沿線の青州（益都）南城を占拠し、朱泮藻、黄鳳起軍、さらには付近の紅槍会とたびたび衝突した土匪の竇寶璋部隊は、日本軍が撤退するため山東省政府の支配が青州にまで及んでくるので、五月上旬青州を撤退し、南の臨朐へ移動しようとしたが、臨朐県自衛団に阻まれたので、再び北上しようとして、膠済鉄路の益都の東側にある堯溝駅で、五月一五日から一六日にかけて、第四六師（范熙績師長）二七四団朱家淦団長の軍隊と衝突して、大敗北を喫してその軍は崩壊してしまった[284]。

旧直魯連軍から国民革命軍に収編された軍の中で、残存しているものは、表5の（1）のように改編され、配置された。特に軍隊の中にも土匪出身者が多く、土匪と同じように略奪、誘拐を行って民衆に被害を与えることの多かった劉桂堂軍が、河南省東部へ移動し、また村落を襲撃したり、略奪を行って連荘会、紅槍会とたびたび衝突を起こすことの多かった顧震軍が武装解除され消滅したことは、民衆にとって歓迎されることであった。その他の軍隊のうちで軍紀の悪いものは討伐し、それ以外で規模の大きいものは、表5の（3）のように山東省警備隊に改編した。そして軍費、給養は、国民政府の正規軍に収編されたものは国民政府から、山東省警備隊に改編されたものは、山東省政府から出し、駐屯地で軍費、給養を勝手にとることは厳しく禁止された。かくして膠東一帯の各軍の民衆に対する収奪、略奪は、格段に少なくなった。

各県の民団、紅槍会に対しては、人民自衛団に編成し、人民の自衛力を強化するようにする。将来もし成果があれ

表5　陳調元統治下の膠東の各軍の改編と配置

（1）旧直魯連軍から国民革命軍に収編されていた軍隊（雑色軍）（1929年6月）

名　称	駐　屯　地	備　考
孫殿英軍	平度、昌邑、掖県、寿光等	省政府により左記の防区を画定され、土匪討伐にあたる。国民党中央に収編される。
劉珍年軍	煙台、龍口等	陳調元の指揮下に入る。国民党中央に収編され新編第3師となる。
劉桂堂軍		第5路軍唐生智の指揮下に入り、河南省東部へ移動する。国民党中央に収編され、新編第4師となる。
施忠誠軍	長清	7月に山東省警備軍第1旅に改編される。
顧震軍		即墨に駐屯していたが、平度から移動してきた孫魁元軍に5月に武装解除され消滅、顧震は大連に逃れる。孫魁元軍は国民党中央により収編され新編歩兵第2旅となる。

（2）もとからの国民革命軍（1929年6月）

名　称	駐屯地および備考
范熙績軍	膠済鉄路沿線の防務、第46師。
楊虎城(臣)軍	博山、淄川一帯の防務、後に新編第14師となる。
岳盛宣軍	膠済鉄路付近各県の防務、新編歩兵第1旅。

以上、「膠東雑軍之点験改編」（『時報』1929年6月12日）、「何応欽報告中央第1第4各編遣区部隊情形」（『時報』1929年8月3日）、米暫沉『楊虎城伝』陝西人民出版社　1979年　53頁、『増修膠志』巻2　大事記より作成。

（3）山東省警備軍、黄県公安隊（雑色軍を改編）（1929年6月）

名　称	長　官	備　考
山東省警備軍第1旅	施中誠	長清駐屯の施中誠軍を改編。
〃　第2旅	陳光思	青州駐屯の劉振標、劉恵林軍、濰県駐屯の李超英軍、昌邑駐屯の趙文林軍を統合して編成、陳光思は第46師副旅長であったが、点検委員として派遣され旅長となる。李超英は第1団長、第2団長は未定。
〃　独立団	徐華亭	高密駐屯の徐華亭軍を改編。
黄県公安隊	朱全義	黄県駐屯の朱全義軍を改編、朱全義が公安局長となる。

「魯東雑軍改編省警備軍　両旅一団正式発表」（『時報』1929年7月2日）

ば、警備隊に改組したり、武装警察の類に改組し、地方の土匪討伐の全責任を負わせるようにするという民団紅槍会を合法化していく方針をうち出した。(285)

陳調元の率いる山東省政府によって、旧直魯連軍系の軍隊、雑色軍が整理され、また国民政府に収編されたものは駐屯地での軍費、給養の徴収が厳しく禁止されたため、二月から三月にかけて、あちこちで軍隊と衝突した膠東の紅槍会の活動は、五月以後急速に沈静化し、わずかに山東半島一帯でその活動が伝えられるだけであった。一九二八年九月、旅中誠軍に弾圧され大きな打撃を受けた萊陽では、五月、西北郷の紅槍会の勢力が再び盛んになったため、第四区の保衛団に攻撃され、首領の呂永山等が殺され、他の紅槍会員は逃亡した。六月、萊陽の西北の招遠の紅槍会が侵入してきて、第四区の保衛団にうち破られた。七月萊陽の東の海陽の白旗会が、県境に侵入してきて、第二区の保衛団に破られた。これ以後、萊陽の紅槍会は跡を絶った。(286)

省都済南からわずか一〇数華里の長山県大丁王荘で皇帝を名乗った馬士偉の率いる皈一道（一心道、浄地会）に対して、山東省政府は第四六師（范熙績師長）第一三七旅旅長丁勘東、山東省警備軍第一旅旅長陳孝思に命じて、八月七日、大丁王荘を包囲して弾圧をした。皈一道側の一万人は数時間にわたって頑強な抵抗を行い、軍隊側で将兵一二人が殺されたが、遂に軍隊が大丁王荘に突入し、皈一道の信者三〇〇余人を殺し、男女の会員六〇〇余人を捕虜にした。ただ馬士偉は軍隊の隙をついて一部の信者を連れていずこかに逃亡した。軍隊側は、多くの旗幟や二〇〇〇余の纓槍（房つきの槍）、大刀を鹵獲した。(287) また済南の公安局は、七日、済南にある馬の設けた道徳慈善医院を閉鎖し、楊子林等二名を捕えた。(288) この弾圧の直接の原因は、馬士偉が旧暦七月一五日（新暦八月一九日）に大量の人員を集めて、旧暦八月一五日（新暦九月一七日）を期して事を起こそうとしたのを、省政府側が事前に察知したことによるという。(289)

ところで皈一道（一心道、浄地会）という宗教結社は、日本の天理教のように、入会した者がすべての土地財産を結社に寄付をし、衣服、食糧は結社から供給された。そのため浄地（土地を失う）会とも呼ばれた[290]。信者は皈一道の本部である大丁王荘で集団で暮し、粗末な食糧を食べ、髪はぼうぼうで、丸えりの衣服を着て、禁欲的な生活を送っていた。その教えの説くところは、天意、すなわち神が人間に与えた性は至善であり、馬善人（馬士偉）は天の使徒、至善の行者であり、万人の老父である。だが人間は欲に迷わされて天意に背き、社会に出て争いと罪悪を重ねているが、目覚めて老父のもとに帰ってきた以上、欲を捨て善を行い他愛をして仲良く平和に一生を暮そうというものであり、信者達は万悪の社会から至善の殿堂たる老父の下に帰ってきた子供であり、お互いは兄弟であるとする。信者達は、皈一道に来る者に対して「回来了嗎（よく帰ってきた）」と最初にあいさつをしたという[291]。

その財政基盤は、信者達の寄付をした土地や財産であるが、信者達のうち大地主が、一年のうち一回故郷に帰って大金を携えてきて寄付することもあり、信者達の衣服、食糧などにはあまり金がかからないので、財政は豊かであった。大丁王荘に金が集まった例として、一九二八年秋、五万余元の大金を携えて五〇人余の団体が、津浦鉄路の晏城で下車して大丁王荘に向かった。ただ当時、章邱県城に土匪張明九がおり、途中の斉東、鄒平地方等でも土匪が多数蜂起して危険であったので、迂回して鉄道沿線に沿って進み、膠済鉄路の龍山付近まで来たところ、当地の紅槍会に包囲されその一行は全員監禁され、五万余元の金はすべて没収されたということがあった。このように全国から集まった金の大部分は、慈善事業に投下、または寄付され、馬士偉自身は中国紅十字会長山県分会長を兼ね、大丁王荘に紅十字会医院を設置していた。その他に各県に病院や小学校を建て、学資のない子弟の教育や医薬を買うことのできない病人の治療につとめる外、道路橋梁の修理を信者達が行い、済南にも立派な道徳慈善病院を建てた。そのため皈一道は、以前、慈善団体と見なされていた。

その信者は全国にわたっており、遠く雲南、貴州、東北、蒙古にも信者がいて、総数は四〇万人にものぼったという。そのうち大丁王荘に集まっている者は、黒龍江、河南、福建の各省の者が最も多かった。また多数の日本人、鈴木、岡田、小山、橋口等の姓の者が参加していた。日本の大本数とも関係があり、大本教の中国における布教者として、東北、福建等に出口王仁三郎とともに、出没したこともあった[292]。

馬士偉は、長山県が省都済南よりわずか一〇数華里の所にあることもあって、弾圧を招かないように、山東省の支配者が変わるごとに寄付を行っていた。その後毎月寄付が行われた[293]。このように既成の政治権力の支配を受容していた時には、馬から張に金の延棒八〇余、現金数万が送られ、張宗昌が山東省を統治していた時には、馬から張に金の延棒八〇余、現金数万が送られ、その後毎月寄付が行われた[293]。

乗り、国号を黄天とし、山東省政府の支配に対抗し始めるのは、前述したように一月一五日以後である。その理由として、一つは国民党指導下の山東省政府が、弁髪の禁止、纏足の禁止、旧暦の廃止、「破除迷信運動」等の政策を「民主主義と科学」という信念に基づいて民衆の自己変革の過程無しに、民衆の共同の世界を、上から権力的に破壊したことへの反発があげられる。大丁王荘で没収された皈一道発行の書物「天書」の中に「三民主義の魔王興りて、馬主の大位に登るを求む」という文字が記されていたという[294]。二つ目は、従来から誼を通じていた張宗昌派の働きかけである。張宗昌が山東省奪回作戦を開始した頃、馬士偉は、張宗昌の部下張敬堯を兵馬の元帥に任命し、張宗昌の使者を引見していたという[295]。また大丁工荘が襲われた時に、黄色い絹の「共和同盟軍暫編第五〇師」の符号数千が発見された[296]。

四月下旬、張宗昌の山東省奪回作戦が失敗し、張宗昌が日本の別府に引退した後も、皈一道は武器を買い、人数を集め、山東省各県の紅槍会や民団にも金を渡して味方につけ[297]、遂に旧暦八月一五日（新暦九月一七日）を期して事を起こそうとして、旧暦七月一五日（新暦八月一九日）に大量の人員を集めようとしたところを、事前に察知されて八月七日に弾圧されたのであった。ただこれは山東省政府の統治に反抗する政治的反乱というよりも、宗教結社の観念の肥大化による「世直し」という色彩が強いように思える。

一方紅槍会の勢力が強く一九二八年の秋以来、県政府の徴税人が一人も農村部に入れず、また一九二九年一月には県長が辞任し、後任が県内に入ることができなかった山東半島北部の招遠、および登州（蓬莱）一帯では、劉珍年軍と張宗昌軍の戦いのさ中、四月には、紅槍会が招遠県城を占拠し、青天白日旗を掲げたが、戦後も紅槍会の勢力は維持されて、八月になるとこの一帯の紅槍会の勢力は六万人にのぼった。登州（蓬莱）では、紅槍会がある村に司令部を設け、県長を自称し、田賦を徴収し人頭税も取った。招遠県と他のいくつかの県では、紅槍会が県政府に対する支払いを妨害した。劉珍年軍と張宗昌軍の戦場となり、軍隊による略奪、税収奪、放火等の被害を受けたせいか紅槍会は軍人に対しては激しい憎悪を持ち、制服を着ているものを見るとすぐさま発砲し、一般の人間でも方言をしゃべれないよそ者は、紅槍会の勢力の強い地域には入りこまなかった。[298]

九月になると、登州（蓬莱）では、紅槍会の一派無極会が全県の村や鎮に広がり、各地に騒擾が起こったが、県政府の人間は県城を出ることはできず、政務は完全にマヒしてしまった。[299]このような県政府の統治が農村部に及ばないことを劉珍年は黙視できず、九月二三日、紅槍会弾圧のため黄県と登州（蓬莱）間に軍隊を派遣した。彼等はまず一八の村を焼き、農民を殺し、赤ん坊を抱いて麦田に隠れていた女も捜し出しては切りきざんだ。その後、八〇の村が、半分あるいはすべて焼かれてしまい、家屋の残った者は略奪に会った。この虐殺放火は一一月の末まで続き、紅槍会の勢力は潰滅した。招遠県長は、殺戮を免れた紅槍会員を地方民団に編成したという。[300]

北部の陵県では、公安局長林秉礼が紅槍会討伐をすると称して金銭をゆすり取り、士民に告発され、県長に勾留されて法院に送られるという事件が一〇月に起きている。[301]この事件から陵県における紅槍会の存在が確認できるのである。

西北部の臨清では、八月に国民党県党部が改組され、県党務指導委員会が成立し、農民協会、婦女協会、工会等の民衆団体が改組されるとともに、改良風俗委員会が成立し、南部、西南部の魚台、滕県、済寧等に遅れて陳調元率いる山東省政府の下で、弁髪、纏足の禁止、破除迷信の工作を活発に行った。その一環として「降神付体、刀槍不入」の「迷信」を信じている紅槍会に対して、一一月、国民党県党部は衛河の西滸で遮断攻撃をして、会員李宏（鴻）印、柏老吾等を捕えて銃殺にした[302]。

以上のように膠東、山東省北部、山東省西北部で数少ない紅槍会の事例が伝えられるだけで、紅槍会の活動は鎮静化していった。しかしこれは紅槍会の組織が消滅したわけでなく、紅槍会は各村落で農民達に「降神付体、刀槍不入」を信じられ、これからも土匪や軍隊に対する村落自衛の機能を果たしていったのである。

おわりに

最後に本章で述べたことを簡単にまとめておきたい。

山東省における紅槍会運動は、一九二五年、奉系軍閥張宗昌による孫伝芳軍、国民軍第二軍に対抗しての軍備（兵力）拡張策と、そのための苛捐雑税徴収策に抵抗する中で、広まっていった。それは北部の徳州を中心とした紅槍会の村落の武装自衛の動きと南部の沂州を中心とした紅槍会の国民第五軍を名乗って張宗昌と対抗した動きから始まっていった。その後、西南部の魚台の紅槍会の大土匪孫殿英に対しての村落自衛闘争、西北部の李太黒に率いられた紅槍会の抗捐抗税闘争と続き、国民軍第二軍と直魯連軍との戦場になった汶上、兗州（滋陽）、済寧、寧陽を中心とした西南部、南部の紅槍会の一九二六年三月から四月の大蜂起と引きつがれていった。この大蜂起は、直接には直魯連軍の駐屯軍の給養不足のための軍事特別捐の強制取り立てに反抗する抗捐闘争として起こり、県城占拠闘争を含んだ大闘争であり、客観的には、国民軍と奉軍、直魯連軍、呉佩孚軍、閻錫山との戦争の中で、比較的進歩的な国民軍を利するものであった。しかしここで大弾圧を受けたために、しばらく山東省の紅槍会運動は停滞した。

これが再び活発になるのは、北伐軍の北上により呉佩孚軍、孫伝芳軍が大きな打撃を受けた後、張作霖が北洋軍閥の最後の守護者として、全国対赤総司令、ついで安国軍総司令を名乗って、孫伝芳と連合しながら、直魯連軍を長江流域に派遣して北伐軍を迎え撃ってからであった。一九二七年一月以後、膠東の膠県においては大刀会が塩局を攻撃し、西北部では紅槍会が薛伝峯軍と衝突し、南部の津浦鉄路沿線においては、北上してきた蔣系国民革命軍に協力して、紅槍会が直魯連軍と闘った。その後膠県の大刀会は蔣系国民革命軍が退却して以後も闘争を続け、一〇月から一一月にかけて、抗税抗捐を要求して、安国軍体制下の直魯連軍に対して大規模な武装暴動に立ち上った。当時、馮玉祥軍が再び西南部に攻めこんできたこともあり、直魯連軍は大刀会の弾圧だけに全勢力を向けるわけにいかず、そのため膠県の大刀会の勢力は、打撃を受けたけれどもこの後も維持された。

一九二八年五月、張宗昌政権崩壊以後成立した国民党孫良誠（馮玉祥系）政権の下での山東省は、日本軍の膠済鉄路沿線二〇華里以内の軍事占領により南北に分断され、膠東および北部には孫良誠の実効支配が及ばなかった。このため膠東および北部においては、土匪が勢力を振い、また旧直魯連軍の残存勢力が、一都は国民革命軍に収編され、一部は残色軍として地方に盤踞し、両者とも地方で、給養、給与、人夫、家畜を求めて騒擾を起こした。この時期、山東省の紅槍会運動は膠東および北部に集中し、膠県では大刀会が再び勢力を回復し、塩務分局を襲ったり、土匪と戦ったり、八月に周崑山軍のいる県城を攻撃したりした。その後、他の県でも運動が起こり、平度では九月に、土匪丁守己の支配している県城に対する紅槍会による攻撃が起きた。また莱陽では、同じく九月に丁漕徴収を行おうとした施中誠軍と紅槍会が衝突した。また膠済鉄路沿線の章邱を占拠した旧直魯連軍系の大土匪張明九の誘拐、身代金要求、給与、糧食の徴発に対して、一〇月から翌年の二月にかけて、紅槍会、民団が張明九追放のための県城包囲闘争を行った。一二月、膠県では大刀会が連荘会とともに、顧震の部下の盛祥生軍による苛捐の取り立てに反抗して、盛軍と衝突した。また山東半島の北部の棲霞では、山東省西南部から伝わった無極会（道）が、安公安局長の「餞別」要求に怒って、安とその家族を殺し、討伐にやってきた李道和軍数十人を殺した。

一九二九年一月末、劉珍年の部下の劉開奉軍の反乱を契機にして起きた張宗昌の山東省奪回作戦に呼応して、旧直魯連軍の動きが各地で起こり、膠東は大混乱に陥り、その中で、二月から三月にかけて、紅槍会が各地で軍隊や土匪と衝突した。

すなわち膠済鉄路沿いの青州（益都）南城を占拠していた旧直魯連軍系の土匪賨寶璋に対して、雑色軍の朱泮藻、その後には黄鳳起が、賨の誘拐に苦しむ紅槍会とともに、賨の追放を目的として県城への攻撃を行い、その後で、県知事李郁亭と日本の東京高等師範を卒業した山東省立第一〇中学校校長扈学痒の組織した紅槍会と民団が、賨の追放運動を行ったが、逆に賨により三〇余村が焼かれた。また黄鳳起の本拠である寿光では、紅槍会、民団が黄鳳起軍と衝突して敗れ、八〇余の村落が焼かれてしまった。国民革命軍に収編された土匪あがりの孫殿英に率いられた軍は、ひそかに張宗昌に呼応しようとして突如として斉河で下車し東進し始め、黄河の刑家渡から伝家荘に移動の途中、その付近の紅槍会が孫殿英軍を武装解除しようとしたが失敗し、孫軍は章邱に至り、土匪の張明九軍に代って県城を支配することになった。その他に旧直魯連軍の張敬堯によって集められた張宗昌軍に呼応した部隊が、済南の近くの仲宮鎮を占拠したが、付近の紅槍会、民団によって殲滅された。また任応岐の部下の張立国軍も桑園で反乱を起こして、張宗昌軍に呼応しようとし南下してきた。その時、済南東北の紅槍会、民団は、張立国軍と黄河、および沙河で戦った。これらの張宗昌軍と呼応しようとした軍隊と戦った各地の紅槍会は、積極的に国民党の孫良誠率いる山東省政府に味方しようという意図よりも、自らの村落の自衛のために移動してきたこれらの軍隊と戦ったと思われる。

一方、山東省南部、西南部の無極道は「科学と民主主義」の信念に基づいて「破除迷信運動」を展開した国民党の山東省政府を、全く不可解な、異質な統治者と考え、張宗昌と手を結んで、山東省政府の打倒を目指して、県城攻撃を行った。

また劉珍年軍と張宗昌軍の戦場となった山東半島において、招遠では一月以来、一人の徴税人も農村部に入れなかったほど紅槍会の力が強力であった。招遠、莱陽の無極道は、張宗昌軍側についたが、招遠、登州（蓬莱）等の大都分の紅槍会は、軍隊に村落を荒されたため、軍紀の悪い張宗昌軍と戦った。

孫良誠が河南省に去った後、一九二九年五月、陳調元が山東省政府主席をついだ。そしてようやく膠東の紅槍会の活動も鎮静化していった。その原因として挙げられるのは、日本軍が膠済鉄路沿線から撤退したため、陳調元の率いる山東省政府は膠東も支配することが可能になったこと、また膠東にいた旧直魯連軍系の軍隊の多くが、張宗昌軍に呼応して、張宗昌軍の敗北とともに潰滅していったこと、また駐屯軍の現地で給養を徴収を禁止したこと等である。この時期、紅槍会ではないが皈一道（浄地会）の指導者馬士偉が、皇帝を名乗って、山東省政府に対抗して「世直し」的な反乱を起こそうとして、八月に弾圧された。また九月に、県政府の統治が農村に及ばないほど大きな勢力を誇っていた山東半島の黄県と登州（蓬萊）間の紅槍会に対して、劉珍年が大弾圧をして、この地域の紅槍会の勢力を潰滅させた。その後、北部の陵県、西北部の臨清で、紅槍会の活動がわずかに伝えられるだけであり、山東省の紅槍会の活動は、全体的に鎮静化していった。

註

（1）『時報』一九二五年四月六日。
（2）『冠県志』巻一〇、雑録志、紀変、一九三三年。
（3）『臨朐県続志』巻一之二、大事記、一九三五年。
（4）陶菊隠『北洋軍閥統治時期史話』第七冊、生活・読書・新知三聯書店、一九五九年、一四〇頁。
（5）これについては『嚮導週報』誌上に、多くの記事が載せられているが、中国側の研究としては、胡汶本・田克深「五卅運動在山東地区的爆発及其歴史経験」（『山東大学文科論文集刊』一九八〇年第二期、なお復印報刊資料『中国現代史』一九八一年五期所収）がある。
（6）S生「張宗昌治下的山東（山東通信九月二〇日）」（『嚮導週報』一三一期、一九二五年九月）。
（7）『臨清県志』党務志、県党部、一九三五年。
（8）「魯省財政近聞」（『時報』一九二五年七月二七日）。
（9）「魯財政庁之重要会議」（『時報』一九二五年七月三一日）。
（10）一九二七年度の予算によれば、収入は三五七九万元にのぼり、軍事費に対する支出はその七八％を占める二七八二万元であった。また博山県では、地丁一両につき正規の国税一元八角、地方税四角の外に、河工特捐、軍事付捐、教育付捐、軍事雑款等の付加税、計一二元四角六分にのぼり、国税と地方税と合計すると一四元六角六分になった（小沢茂一『支那の動乱と山東農村』、満鉄調査課、一九三〇年、六二頁）。
（11）『時報』一九二五年九月五日。
（12）「魯省交通停止与強拉民夫」（『時報』一九二五年一一月二日）。
（13）「各省各県攤借軍餉」（『時報』一九二五年一一月一三日）。
（14）「魯省軍訊与財政」（『時報』一九二五年一二月二四日）。

(15)「魯省近聞」(『時報』一九二六年四月一九日)、「済南軍用票価値大跌」(『時報』一九二六年五月一四日)。
(16)前掲『北洋軍閥統治時期史話』第七冊、二〇〇頁、二二〇—二二二頁。
(17)「変幻離奇之魯方軍訊」(『時報』一九二五年一二月三日)。
(18)侯貞純「臨沂紅槍会」(『山東文史集粋』(社会巻)山東人出版社　一九九三年)四四—四六頁。なおこの史料については、山東大学の路遙先生からいただいた。記して謝意を表す。「魯方移師北上作戦」(『時報』一九二五年一二月一九日)。
(19)前掲『北洋軍閥統治時期史話』第七冊、二三二頁。
(20)右に同じ、二一四頁、二二〇頁、丁中江『北洋軍閥史話』(四)、春秋雑誌社、一九七二年(?)、三二三頁、三三一頁。
(21)前掲『北洋軍閥統治時期史話』第七冊、二三一頁—二三二頁。
(22)『時報』一九二五年一二月二四日。
(23)「南守北攻之魯方計画　李景林由済北上督戦　張宗昌定期下令総攻撃令」(『時報』一九二六年一月一〇日)。
(24)前掲『北洋軍閥統治時期史話』第七冊、二一七—二一九頁、二三七頁。
(25)前掲『北洋軍閥統治時期史話』第七冊、二三二—二三四頁、二三八頁、前掲『北洋軍閥史話』(四)、三五五—三五六頁。
(26)孫殿英は、一九二二年の五月まで河南督軍であった趙倜に収撫され宏威軍に編成され、趙倜が馮玉祥軍に敗れて以後、宏威軍は解散され、土匪に戻った。その後、一九二五年の二月下旬に起きた国民軍第二軍の胡景翼と憨玉昆の戦争の時に、初めは憨の旅長に任命されていたが、後に国民軍第三軍孫岳の師長に任命された。その後しばらくして免職されたという経歴の持ち主である。「勢又燎原之豫省匪禍」(『時報』一九二五年一二月一七日)による。
(27)「勢又燎原之豫省匪禍」(『時報』一九二五年一二月一七日)。
(28)「豫匪孫殿英竄擾魚台」(『時報』一九二六年一月二〇日)。
(29)前掲『北洋軍閥統治時期史話』第七冊、二三八頁。
(30)長野朗『支那兵・土匪・紅槍会』(『現代支那全集』第四巻)坂上書院、一九三八年、三一一頁。
(31)前掲『北洋軍閥統治時期史話』第七冊、二三九—二四一頁、霽帆「介紹河南的紅槍会」(『中国青年』第一二六期、一九二

六年七月）。なお河南省における紅槍会の蜂起と国民軍第二軍の潰滅について詳しくは馬場毅「紅槍会運動序説」（『中国民衆反乱の世界』汲古書院、一九七四年）、三谷孝「国民革命時期の北方農民暴動―河南紅槍会の動向を中心に―」（『中国国民革命史の研究』青木書店、一九七四年）を参照。

(32)　前掲『北洋軍閥統治時期史話』第七冊、二四三―二五〇頁、二五三―二五五頁。

(33)　河南省における国民軍第二軍の民衆への収奪については前掲「紅槍会運動序説」を参照。

(34)　前掲『北洋軍閥統治時期史話』第七冊、一四〇―一四一頁、前掲「張宗昌治下的山東（山東通信九月二〇日）」。

(35)　『東平県志』巻一六、大事、一九三五年。

(36)　この闘争については以下の資料による。（A）申仲銘「記魯西紅槍会三事―（第一記）李太黒抗税攻打聊城（一九二六）」（『民国会門武装』中華書局、一九八四年）、なお『民国会門武装』およびそのもととなった『紅槍会概述』は、山根幸夫氏を通じて故申仲銘氏から送呈された。記してお二人の先学に感謝の意を表す。（B）「述紅槍会首李太黒伏法之経過」（『申報』一九二六年五月一一日）（C）曲魯「東昌農民的暴動及其発展的趨勢（山東通信　一九二八年一月二八日）」（『布爾塞維克』第一八期）。なお曲魯論文では、一九二六年一二月から一九二七年二月にかけて、この闘争が起きたことになっており、また紅槍を持っているが、紅槍会の蜂起でないことになっている。この二点については曲魯論文は誤っており、（A）、（B）の史料により、時期は一九二五年一二月―一九二六年三月までで、紅槍会による闘争であると思う。

(37)　前掲「記魯西紅槍会三事―（第一記）李太黒抗税攻打聊城（一九二六）」七七頁。

(38)　前掲「述紅槍会首李太黒伏法之経過」。ただしこの話は、後に李太黒が土匪出身の孫百万軍に殺されたあとにできた話かもしれない。なお孫百万は、かつて呉佩孚に収編されて旅長となったが、その後、その「野心」によって武装解除され、張宗昌の統治下で再び旅長となり、許琨の部下となり、国民軍第二軍との戦争にも参加した。後に、蔣系国民革命軍が山東省に攻め込んだ一九二八年四月、直魯連軍第一二一旅旅長孫百万は、嶧県で捕えられ、五月二日、南京で銃殺された。享年四九歳。「孫百万在京鎗決」（『時報』一九二八年五月四日）による。

(39)　前掲「記魯西紅槍会三事―（第一記）李太黒抗税攻打聊城（一九二六）」八〇頁によれば、小糧は地畝税に付加した雑捐である。

(40) 前掲「記魯西紅槍会三事―(第一記)李太黒抗税攻打聊城(一九二六)」七八頁。なお黄馬褂は、清朝時代文武官のうち特に功労あるもの、及び侍衛大臣に賜わったもの(『大漢和辞典』による)。

(41) 前掲「述紅槍会首李太黒伏法之経過」。

(42) 前掲「記魯西紅槍会三事―(第一記)李太黒抗税攻打聊城(一九二六)」七九頁。

(43) 前掲「述紅槍会首李太黒伏法之経過」。

(44) 小林一美「嘉慶白蓮教反乱の性格」(『中嶋敏先生古稀記念論集』上巻、汲古書院、一九八〇年)六五四頁。

(45) 紅槍会の信仰する神々についての思想的側面については本書第二章を参照。

(46) 前掲「記魯西紅槍会三事―(第一記)李太黒抗税攻打聊城(一九二六)」七九頁。

(47) 右に同じ、七八―七九頁。

(48) 国共分裂までの中共山東省委と紅槍会に代表される農民運動については、本書の第四章を参照。

(49) 「東昌農民的暴動及其発展的趨勢(山東通信 一九二八年一月二八日)」。

(50) この記述は、「魯南紅槍会已撲滅」(『申報』一九二六年四月二三日)によるが、原文は「拠聞魯省紅槍会之起源、係該会首郭廷簡之父某、初以士紳資格、組織民団、防禦土匪」とあり、汶上と記しているのではない。しかし郭廷簡は、「魯軍囲剿汶上紅槍会」(『時報』一九二六年四月二一日)に出てくる汶上の紅槍会の頭目郭廷倹、「魯南紅槍会将用武力解決」(『申報』一九二六年四月二一日)に出てくる汶上、寧陽の紅槍会首郭廷倹と同一人物であろう。郭廷倹(郭廷簡)の父の名前は、李新明・李万富「汶上県紅槍会」(『山東文史集粋』(社会巻)山東人出版社 一九九三年)九五頁による。なおこの史料については、山東大学の路遙先生からいただいた。記して謝意を表す。

(51) 「魯南紅槍会已撲滅」(『申報』一九二六年四月二三日)、前掲「汶上県紅槍会」九四―九七頁。

(52) 「魯南紅槍会猖獗近聞」(『申報』一九二六年四月一七日)、前掲「汶上県紅槍会」九七―九八頁。

(53) 「紅槍会瀰漫魯南」(『申報』一九二六年四月一六日)。

(54) 「蘇魯交界匪禍記」(『申報』一九二六年五月二日)、この事件は当時の中共党員の注目を引き、李大釗は「魯豫陝等省的紅槍会」(『政治生活』八〇・八一期合刊、一九二六年八月八日、ただし原文未見『李大釗選集』〔北京人民出版社、一九五九年〕による)の中でふれ、また阮嘯僊も「全国農民運動形勢及其在国民革命的地位」(『中国農民』第一〇期、一九二六年一二月)の中でふれている。ただし李大釗は、七日間を誤って七カ月と記している。
(55) 前掲「魯南紅槍会将用武力解決」(『申報』一九二六年四月二一日)。
(56) 「魯南紅槍会之騒動」(『時報』一九二六年四月一五日)。
(57) 前掲「魯南紅槍会已撲滅」。
(58) 前掲「魯南紅槍会猖獗近聞」、「魯南紅槍会騒擾」(『時報』一九二六年四月一三日)、「魯南会匪騒動続聞」(『時報』一九二六年四月一六日)。
(59) 前掲「魯軍囲剿汶上紅槍会(『時報』一九二六年四月二一日)」、前掲「魯南紅槍会将用武力解決」。
(60) 「魯省近聞」(『時報』一九二六年四月一九日)、「魯省長接任中之匪禍水患」(『申報』一九二六年四月一九日)。
(61) 前掲「紅槍会瀰漫魯南」。
(62) 右に同じ、前掲「魯南会匪騒動続聞」。
(63) 前掲「魯南紅槍会已撲滅」。
(64) 前掲「魯南紅槍会猖獗近聞」、前掲「魯南紅槍会之騒動」。
(65) 前掲「魯南紅槍会猖獗近聞」。
(66) 右に同じ。
(67) 前掲「魯南紅槍会已撲滅」。
(68) 前掲「魯省長接任中之匪禍水患」、前掲「蘇魯交界匪禍記」。
(69) 「魯軍囲剿紅槍会之惨劇」(『申報』一九二六年四月二七日)
(70) 前掲「魯軍囲剿汶上紅槍会」。

(71) 前掲「魯南紅槍会已撲滅」、「汶上紅槍会退守嘉祥」（『申報』一九二六年四月二五日）。
(72) 『時報』一九二六年四月二五日、「匪禍蔓延金融破産中之山東」（『申報』一九二六年四月二七日）。
(73) 『申報』一九二六年四月二二日、四月二六日。
(74) 「河南紅槍会又与官兵開戦」（『時報』一九二六年五月一七日）、なお婁百循については前掲拙稿「紅槍会運動序説」、前掲三谷孝「国民革命時期の北方農民暴動―河南紅槍会の動向を中心に―」参照。
(75) 「済南二五晩之兵変」（『申報』一九二六年五月二日）。
(76) 「直魯両省軍匪雑訊」（『申報』一九二六年五月一六日）。
(77) 『時報』一九二六年五月五日。
(78) 『申報』一九二六年五月四日、『時報』一九二六年五月一〇日。
(79) 『申報』一九二六年五月九日。
(80) 「済聞紀要」（『時報』一九二六年五月一二日）。
(81) 「魯南発現黒槍会」（『申報』一九二六年五月一二日）。
(82) 『申報』一九二六年五月七日。
(83) 「膠東又有紅槍会滋擾」（『時報』と『申報』一九二六年五月一四日）。
(84) 『牟平県志』巻一〇、文献志、一九三六年。
(85) 『陵県続誌』巻四、第二七編、雑記、第二八編、雑記、一九三三年、陵県志編纂委員会『陵県志』第一編、大事記、第一〇編、社会、第六九章、道会門、一九八六年。
(86) 陶菊隠『北洋軍閥統治時期史話』第八冊、生活・読書・新知三聯書店、一九五九年、八〇―八一頁、八三頁。
(87) 右に同じ、八四頁。
(88) 右に同じ、九五―九七頁。
(89) 右に同じ、一一五―一一九頁。

(90) 右に同じ、一四〇頁、張梓生「国民革命軍北伐戦争之経過（下）」（『東方雑誌』第二五巻第一七号、一九二八年九月）、四四頁。
(91) 「魯軍奪蚌之経過　現赶修該処鉄橋」（『順天時報』一九二七年五月三〇日）、田中忠夫『革命支那農村の実証的研究』衆人社、一九三〇年、二六五頁。
(92) 前掲「国民革命軍北伐戦争之経過（下）」四四頁、前掲『北洋軍閥統治時期史話』第八冊、一四〇頁。
(93) 前掲『北洋軍閥統治時期史話』第八冊、一三八－一四〇頁、一五〇－一五一頁。
(94) 第一次山東出兵については張梓生「第一次出兵山東」（『東方雑誌』第二四巻第一二号、一九二七年六月）を参照。また前掲『北洋軍閥統治時期史話』第八冊、一四〇－一四一頁。
(95) 前掲『北洋軍閥統治時期史話』第八冊、一五五－一五六頁。
(96) 『時報』一九二七年一月一三日。
(97) 「魯軍与大刀会接戦」（『時報』一九二七年三月一六日）。
(98) 「張宗昌防範後方」（『時報』一九二七年四月二七日）、「劉黒七騒擾中之魯聞」（『時報』一九二七年五月二日）。
(99) 前掲「東昌農民的暴動及其発展的趨勢（山東通信　一九二八年一月二八日）」。
(100) 「青島近訊」（『時報』一九二七年五月二三日）。
(101) 前掲「東昌農民的暴動及其発展的趨勢（山東通信　一九二八年一月二八日）」。
(102) 前掲『北洋軍閥統治時期史話』第八冊、一五五頁、「孫軍分抵諸城高密　諸城附近之兵匪衝突」（『順天時報』一九二七年六月二三日）。
(103) 『増修膠志』巻三三、兵防兵事、民国兵事、一九三一年。
(104) 「魯張決定　委託孫伝芳　主持山東民政」（『順天時報』一九二七年七月一〇日）。
(105) 「張宗昌　疾首紅槍会」（『順天時報』一九二七年六月二九日）。
(106) 右に同じ、「兗州方面　魯軍重兵雲集　設防禦線於界河右岸　臨城一度失守已恢復　李宗仁又占単県」（『順天時報』一九二七年七月一日）。

(107) 劉紹唐主編『民国大事日誌』第一冊、伝記文学出版社、一九七八年、三六八頁、「張宗昌官報」（『順天時報』一九二七年七月七日）。

(108) 前掲「東昌農民的暴動及其発展的趨勢（山東通信　一九二八年一月二八日）」。

(109) 前掲『北洋軍閥統治時期史話』第八冊、一五六頁。

(110) 「直省通令　防範紅槍会」（『順天時報』一九二七年六月二七日）。

(111) 前掲『北洋軍閥統治時期史話』第八冊、一五五－一五六頁。

(112) 前掲『北洋軍閥統治時期史話』第八冊、一七頁。

(113) 前掲『民国大事日誌』第一冊、三六〇頁。

(114) 「山東内部大起変化」（『時報』一九二七年七月一九日）。

(115) 前掲『北洋軍閥統治時期史話』第八冊、一五九－一六〇頁、一六五頁。

(116) 「馮玉祥部佔領済寧」（『時報』一九二七年八月一四日）。

(117) 前掲『北洋軍閥統治時期史話』第八冊、一六七－一六九頁。

(118) 「魯軍調防衛突」（『時報』一九二七年一〇月八日）。

(119) 「膠県突有飛機擲弾」（『時報』一九二七年八月一一日）。

(120) 前掲『増修膠志』巻三三、兵防兵事、民国兵事。

(121) 前掲「膠県突有飛機擲弾」。

(122) 前掲『増修膠志』巻三三、兵防兵事、民国兵事。

(123) 右に同じ。

(124) 前掲『北洋軍閥統治時期史話』第八冊、一七〇－一七四頁。

(125) 前掲『増修膠志』巻三三、兵防兵事、民国兵事、『申報』一九二七年一〇月四日、なお『増修膠志』では大刀会と記述され、

『申報』では紅槍会と記述されている。
(126) 住吉信吾・加藤哲太郎『中華塩業事情』龍山宿房、一九四一年、二二六頁、二三七頁、なお二三七頁の民国一七年は、民国一六年の誤りと思う。
(127) 前掲『増修膠志』巻三三、兵防兵事。
(128) 「膠西軍隊与紅槍会激戦」(『時報』一九二七年一〇月一四日)、『申報』一九二七年一〇月一二日、前掲『増修膠志』巻三三、兵防兵事、民国兵事。
(129) 前掲『増修膠志』巻三三、兵防兵事、民国兵事、「青島近訊」(『時報』一九二七年一〇月一八日)。
(130) 「青島近訊　膠東戦乱」(『時報』一九二七年一〇月一八日)。
(131) 前掲『増修膠志』巻三三、兵防兵事、民国兵事、「膠州会匪蜂起」(『時報』一九二七年一〇月二三日)。
(132) 諸城、日照の大刀会が膠州に逃走したことについては、右の『時報』記事を参照。
(133) 前掲『増修膠志』巻三三、兵防兵事、民国兵事。
(134) 前掲「膠州会匪蜂起」。
(135) 前掲『革命支那農村の実証的研究』では、紀納堂を紀約堂と記している(二五七頁、三〇八頁)、前掲「膠州会匪蜂起」、「膠東匪勢甚熾」(『時報』一九二七年一〇月二五日)。
(136) 前掲「膠州会匪蜂起」、前掲「膠東匪勢甚熾」。
(137) 前掲『増修膠志』巻三三、兵防兵事、民国兵事。
(138) 『申報』一九二七年一〇月一九日、前掲「膠東匪勢甚熾」。
(139) 前掲『増修膠志』巻三三、兵防兵事、民国兵事。
(140) 「膠東大刀会不易解決」(『時報』一九二七年一一月二日)。
(141) その他に山西省、陝西省に黄旗会があった。前掲「膠州会匪蜂起」。
(142) 前掲『増修膠志』巻三三、兵防兵事、民国兵事、前掲「膠東大刀会不易解決」。

(143) ここの記述は、前掲『増修膠志』巻三三、兵防兵事、民国兵事によるが、紀月堂は、前掲「膠州会匪蜂起」、前掲「膠東匪勢甚熾」の記事の紀納堂、前掲『革命支那農村の実証的研究』の二五七頁、三〇八頁に記されている紀月堂と同一人物と思われる。また李明亭は、同じく前掲『革命支那農村の実証的研究』の二五八頁に記されている李雲亭と同一人物と思われる。
(144) 前掲「膠東大刀会不易解決」。
(145) 「膠東会匪之近訊」(『申報』一九二七年一一月六日)。
(146) 黄馬褂については(40)参照。紅頂は、紅頂子のことと思われるが、清代二品官以上の文武官のかぶった冠のいただきにつけた紅色の珠。花翎は同じく文武官のうち功労のあった者のつけた孔雀の羽根(『中日大辞典』による)。
(147) 『申報』一九二七年一一月六日。膠東の大刀会暴動に対して、中共山東省委の下の高密県委は、参加しようとしたが、第一次極左路線下の中共中央は、恐らくは劉作霧のこのような発言をとらえて、この膠東暴動は「実際には中小豪紳、資産階級の指導の下、軍閥の正税以外の苛捐雑税に反対する単純な運動のみであり、この種の闘争は土地革命の色彩が極めて少ない」と低い評価を行った。詳しくは本書第四章を参照。
(148) 「山東最近軍訊」(『申報』一九二七年一一月五日)。
(149) 前掲『革命支那農村の実証的研究』二五七―二五八頁、三〇九頁。
(150) 前掲『増修膠志』巻三三、兵防兵事、民国兵事。
(151) 右に同じ。
(152) 右に同じ。
(153) 前掲『北洋軍閥統治時期史話』第八冊、二一三―二一六頁、前掲『北洋軍閥史話』(四)、六一二頁。
(154) 前掲『北洋軍閥統治時期史話』第八冊、二一六頁、二一九頁、二二〇頁。
(155) 右に同じ、二三〇頁、二三二―二三五頁。
(156) 右に同じ、二三六頁、二四〇―二四一頁、王翰嶋「張宗昌興敗紀略」、三五四頁(『北洋軍閥史料選輯』下、中国社会科学出版社、一九八一年)。

(157) 小沢茂一『支那の動乱と山東農村』満鉄調査課、一九三〇年、六頁。なお後述の註(251)～(256)を参照。
(158) 前掲『支那の動乱と山東農村』七－八頁、七二－七三頁。
(159) 右に同じ　四頁。
(160) 実際には、当時中共山東省委には土地革命を行う力量はなかった。中共と山東紅槍会については、本書の第四章、第五章を参照。
(161) 前掲『支那の動乱と山東農村』七四－七七頁。
(162) 右に同じ、七四頁、六二－六三頁。
(163) 右に同じ、五頁。
(164) 三谷孝「南京政権と『迷信打破運動』(一九二八－一九二九)」(『歴史学研究』一九七八年四月号)。なお三谷論文では、破除迷信運動は「改組派」によって行われたとしているが、私の問題関心は、国民党の全国統一初期の統治政策が紅槍会に結集した農民にどう見えたかにあるのであって、国民党内部の「派閥」による権力闘争にはない。なお山東省の破除迷信運動について述べた部分は第二章と重複する。
(165) 前掲『支那の動乱と山東農村』八一頁。
(166) 李新・孫思白主編『民国人物伝』一、中華書局、一九七八年、二四〇頁。
(167) 前掲『支那の動乱と山東農村』八一頁。
(168) 右に同じ、五頁。
(169) 例えば明治維新期における廃仏棄釈、太陽暦の施行などがあげられる。
(170) 特に馮玉祥自ら、科学文明と機械文明をもって救国の方針としたという。前掲『支那の動乱と山東農村』八〇頁。
(171) 右に同じ、七二頁。
(172) 前掲『増修膠志』巻三三、兵防兵事、民国兵事。
(173) 右に同じ。

(174) 右に同じ。
(175) 「膠東土匪遍地」(『時報』一九二八年七月一七日)。
(176) 「剌楊案電甘調査　昨日国府会議」(『時報』一九二八年七月一八日)。
(177) 前掲『増修膠志』巻三三、大事記、巻三三、兵防兵事、民国兵事。
(178) 「張魯泉等謀乱有拠」(『時報』一九二八年一二月一八日)。
(179) 前掲「国民革命軍北伐戦争之経過(下)」六六頁。
(180) 前掲『増修膠志』巻三三、兵防兵事、民国兵事。
(181) この事件については、以下の二つの史料による。(180)に同じ、「膠県大刀会攻城」(『時報』一九二八年八月二五日)、なお(180)では、八月一四日に四〇〇~五〇〇人の大刀会が攻城したとし、『時報』記事では、八月一六日に一二〇〇余人の大刀会が攻城したとしている。その他に両者の記述はかなり異なる。
(182) 前掲『増修膠志』巻三三、兵防兵事、民国兵事。
(183) 前掲「膠県大刀会攻城」。
(184) なお前掲「膠県大刀会攻城」では、日本軍がやって来た時には、大刀会は退去しており、両者は直接交戦していないことになっているが、ここでは前掲『増修膠志』巻三三、兵防兵事、民国兵事、による。
(185) 前掲「膠県大刀会攻城」。
(186) 前掲『増修膠志』巻三三、兵防兵事、民国兵事。
(187) 「膠東依然紊乱」(『時報』一九二八年九月二九日)。
(188) 前掲『増修膠志』巻三三、兵防兵事、民国兵事。
(189) 前掲「膠東依然紊乱」。
(190) 櫃書については、天野元之助『支那農業経済論(中)』改造社、一九四二年、七三―七四頁を参照。
(191) 「魯省匪患」(『時報』一九二八年八月二四日)。

(192)『平度県続志』巻六、政治史、槍会、一九三六年。
(193)前掲『平度県続志』巻六、政治史、兵匪之禍。
(194)前掲『平度県続志』巻六、政治史、槍会。
(195)右に同じ。
(196)前掲『平度県続志』巻六、政治史、兵匪之禍。
(197)前掲「膠東依然紊乱」。なおこの記事では、土匪の県城占領は九月二一日から始まったことになっているが、土匪はかなりの間、県城にいたようなので、前掲『平度県続志』巻六、政治史、兵匪之禍の記載を採用して、六月八日から県城占領が始まったとしてみた。
(198)前掲「膠東依然紊乱」と前掲『平度県続志』巻六、政治史、兵匪之禍。
(199)前掲「膠東依然紊乱」。
(200)前掲『平度県続志』巻六、政治史、兵匪之禍。
(201)前掲「膠東依然紊乱」と右に同じ。
(202)前掲『平度県続志』巻六、政治史、兵匪之禍。
(203)前掲「膠東依然紊乱」。
(204)前掲『平度県続志』巻六、政治史、兵匪之禍。
(205)前掲『平度県続志』巻六、政治史、兵匪之禍。
(206)前掲『平度県続志』巻六、政治史、槍会、一九三六年。
(207)前掲『平度県続志』巻六、政治史、兵匪之禍。
(208)前掲「膠東依然紊乱」。
(209)『萊陽県志』巻末、付記、兵革、一九三五年。
(210)前掲「膠東依然紊乱」。

(211) 前掲『支那の動乱と山東農村』五八頁。
(212) 「張明九尚盤拠章邸」(『時報』一九二八年一〇月八日)。
(213) 前掲『支那の動乱と山東農村』六頁、五八頁。
(214) 「張明九禍章之惨聞」(『時報』一九二八年一一月二四日)、「匪軍焼殺中之章邱」(『時報』一九二八年一二月四日)、前掲『支那の動乱と山東農村』五九頁。
(215) 「済南東北郷民団防禦張明九」(『時報』一九二八年一二月一六日)。
(216) 前掲「張魯泉等謀乱有拠」。
(217) 『申報』一九二八年一〇月二六日。
(218) 『申報』一九二八年一〇月二九日。
(219) 前掲『増修膠志』巻二、大事記。
(220) 前掲『増修膠志』巻三三、兵防兵事、民国兵事。
(221) 張振之『革命与宗教』民智書局、一九二九年、一八八―一九一頁。なおこの記事は『新聞報』一九二九年一月二六日の記事の転載である。
(222) 前掲『平度県続志』巻六、政治史、兵匪之禍。
(223) 「張宗昌図謀擾魯　公然派党羽在済活動　連絡各属紅槍会　日兵不撤魯難未已」(『時報』一九二九年一月三〇日)
(224) 「魯南無極道匪暴動」(『時報』一九二九年三月二一日)。
(225) 「龍口変兵搶劫　黄県商会長及営長三人被殺」(『時報』一九二九年一月二七日)、「劉珍年派隊赴龍口　変兵已退招遠棲霞」(『時報』一九二九年一月三〇日)
(226) Lucien Bianco, "Secret Societies and Peasant Self-Defense, 1921-1933", p.216 (Edited by Jean Chesneaux, *Popular Movements in China, 1840-1950*, Stanford University Press. 1972)
(227) (225)に同じ、「膠東乱事真相已明　龍口黄県官吏均被戕　張宗昌実為禍首」(『時報』一九二九年一月二九日)、「龍口劉開

泰部譁変」(『時報』一九二九年一月三〇日)、「龍煙間戦時一触即発」(『時報』一九二九年二月二八日)

(228) 前掲「劉珍年派隊赴龍口　変兵已退招遠棲霞」、前掲「膠東乱事真相已明　龍口黄県官吏均被戕　張宗昌実為禍首」、前掲「龍口劉開泰部譁変」。

(229) 『時報』一九二九年二月一六日、二月一九日。

(230) 「日人援助張褚等之鉄証」(『申報』一九二九年三月一六日)、張宗昌が山東省奪回を決意した経過については、朽木寒三『馬賊戦記（上）小日向白朗と満州』番町書房、一九七五年、三四二―三四九頁を参照。

(231) 「劉珍年軍戦勝後　済南反動派漸斂跡　張敬堯等潜赴龍口」(『時報』一九二九年三月一日)。

(232) 「劉珍年軍獲勝利　浮獲雑軍甚衆」(『時報』一九二九年三月三日)。

(233) 「張宗昌復至登州」(『時報』一九二九年三月二一日)。

(234) 「膠東時局無新発展」(『申報』一九二九年三月一九日)。

(235) 前掲『平度県続志』巻六、政治史、槍会。

(236) 「魯省圍剿皈一道老巣」(『時報』一九二九年八月二日)。

(237) 「仮皇帝在山東発見」(『時報』一九二九年二月二七日)、「張宗昌到魯謀乱」(『時報』一九二九年二月二一日)。

(238) 「煙台龍口間戦時益烈　雑牌軍迫福山　劉珍年部積極応戦　朱泮藻部連合紅槍会攻青州」(『時報』一九二九年二月二三日)、前掲『支那の動乱と山東農村』一六―一七頁。

(239) 前掲『支那の動乱と山東農村』一九頁。

(240) 『時報』一九二九年三月四日、『申報』一九二九年三月四日、三月五日、「膠済沿線匪乱未靖」(『申報』一九二九年三月六日)、「賓寶章部沿途焚掠」(『時報』一九二九年三月八日)、「膠済路青州以西之浩劫」(『申報』一九二九年三月八日)、前掲『支那の動乱と山東農村』一九頁。

(241) 「寿光空前惨劫」(『時報』一九二九年三月一一日)、「寿光惨禍竟層出不窮」(『時報』一九二九年三月　三日)。

(242) 「寿光匪屠焼三〇余村　新張荘被匪焚殺最烈」(『時報』一九二九年三月一一日)。

(243) 前掲『支那の動乱と山東農村』七頁、一〇—一一頁。ただし三月一四日に斉河（晏城）に下車となっている（一〇頁）のは、二月一四日の誤りであろう。

(244) 右に同じ、六〇頁、「孫殿英部突入章邱　強迫改編張明九部　張部反抗遂起巷戦　張明九被捕」（『時報』一九二九年三月二日）。

(245) 「膠東将成混戦局面」（『申報』一九二九年三月一一日）。

(246) 「張敬堯在魯招兵」（『時報』一九二九年二月二四日）。

(247) 「魯省府急謀解決雑軍」（『時報』一九二九年二月二五日）。

(248) 「済南附近混乱　歴城県長被攻逃走」（『時報』一九二九年三月八日）。

(249) 「済南附近之紛擾」（『時報』一九二九年三月一五日）。

(250) 「済南附近乱事漸平　仲宮匪兵已被民団撲滅　斉河県城於一四日克復　劉黒七部退入安邱」（『時報』一九二九年三月一八日）。

(251) 「済南附近之空前浩刼」（『申報』一九二九年三月五日）、「膠済沿線匪乱未靖」（『申報』一九二九年三月六日）。

(252) 前掲「膠済沿線匪乱未靖」。

(253) 「済南郷間之劇戦」（『時報』一九二九年三月三日）、「開至済南附近之変兵与張宗昌有関」（『時報』一九二九年三月四日）。

(254) 前掲「済南附近混乱　歴城県長被攻逃走」、前掲「膠済沿線匪乱未靖」。

(255) 「任部叛兵　被困秦家道口」（『時報』一九二九年三月一二日）。

(256) 前掲『支那の動乱と山東農村』六頁、前掲「膠東将成混戦局面」。

(257) 前掲『平度県続志』巻六、政治史、兵匪之禍。

(258) 前掲『増修膠志』巻四六、人物志。

(259) この事件については、以前から史料を集め、一九七八年一〇月二二日に行われた現代中国学会で発表した時にも、ふれたことがあった。たまたま機会が与えられたので、『史潮』新一〇号（「農民闘争における日常と変革—一九二〇年代紅槍会運動を中心に—」一九八一年二月、本書第二章に改稿の上所収）に発表した。この時期に国民党によって行われた破除迷信運動について、特に南方の江蘇、浙江、安徽等のものを分析したものとして前掲三谷孝「南京政権と『迷信打破運動』（一九二八―一九二九）」がある。また無極道の蜂起については、三谷孝「江北民衆運動（一九二九年）について」（『一橋論叢』第八三巻第三号）でも簡単に触れられている。無極道の蜂起については、第二章と重複するが、山東省の紅槍会運動を考えるのに抜かすことは出来ないので、本章でも述べることにする。

(260)「魯南無極道匪暴動」（『時報』一九二九年三月二一日）。

(261)「滕県匪警已平息」（『申報』一九二九年三月一七日）、「魯南会匪滋擾経過」（『申報』一九二九年三月一九日）。

(262)「滕県紅鎗会与兵衝突」（『時報』一九二九年三月一七日）。

(263)「滕県紅鎗会　変乱原因　老道作怪」（『時報』一九二九年三月一九日）。

(264)前掲「滕県紅鎗会与兵衝突」。

(265)「滕県南路軌被毀修復　紅槍会滋擾撃潰」（『時報』一九二九年三月一四日）。

(266)前掲「滕県匪警已平息」、前掲「魯南会匪滋擾経過」。

(267)前掲「魯南無極道匪暴動」。

(268)「魚台被紅鎗会攻破　旋経軍隊撃散」（『時報』一九二九年三月一九日）。

(269)前掲「魯南無極道匪暴動」、前掲『魚台被紅鎗会攻破　旋経軍隊撃散』。

(270)この部分は幕末明治維新期の日本において、幕府領主権力は民衆の伝統意識の中に住むものであり、理解しうるものであったが、維新政府は民衆の伝統意識から理解しがたい諸政策をつぎつぎと実施してゆく、えたいのしれない権力であるという安丸良夫氏の分析に示唆を受けた（前掲『日本の近代化と民衆思想』二七三～二七五頁）。

(271)前掲「魚台被紅槍会攻破　旋経軍隊撃散」

(272)「魯省府急謀解決雑軍」（『時報』一九二九年二月二五日）。

(273)前掲『支那の動乱と山東農村』六―九頁、ただし楊虎城（臣）が、一月下旬に莒州に到着した（六頁）とあるのは、三月上旬の誤りであろう。前掲「膠東将成混戦局面」。「楊虎城軍由莒州北進」（『申報』一九二九年三月一八日）。

(274)「魯省之混乱状況」(『時報』一九二九年三月二六日)、「馬鴻逵電告粛清魯西」(『時報』一九二九年四月一日)。
(275)「現駐山東之国軍」(『時報』一九二九年四月一日)、「顧震残部騒擾即墨」(『時報』一九二九年四月三日)。
(276)『時報』一九二九年四月二日、四月五日。
(277)「任応岐孫殿英連合　負粛清膠東之責」(『時報』一九二九年四月二二日)。
(278)「煙台已攻克　張宗昌逃　潰兵搶劫」「劉珍年到煙台」(『時報』一九二九年四月二四日)、「煙台龍口克復経過」(『時報』一九二九年四月二九日)、『牟平県志』巻一〇、文献志、通紀、一九三六年。
(279)『時報』一九二九年五月一日。
(280)「山東全省代表大会否認指派代表之三全会電」(『民意』第五、六期合刊、一九二九年四月)。
(281)劉治平編『反蔣運動史』中国青年軍人社、一九三四年、五七―五八頁、宋哲元口述・兆庚記録「西北軍志略」(『近代史資料』第四期、一九六三年)、三八頁。
(282)右の『反蔣運動史』五八―五九頁、六二―六三頁、「西北軍志略」三八頁、蔣永敬編『済南五三惨案』正中書局、一九七八年、三六七頁。
(283)それまでの孫良誠統治下の山東省政府委員は以下のようであった。孫良誠(省政府主席兼任)、石敬亭、魏宗晉(財政庁長兼任)、張吉墉(民政庁長兼任)、陳鸞書、後に田雄飛に代る(建設庁長兼任)、李慶施(秘書長兼任)、何思源(教育庁長兼任)等(『国民軍史稿』五〇三頁)。これらのうち何思源は教育庁長兼任で留任し、また陳鸞書も山東省政府委員として復活してきた。その他の陳調元統治下の山東省政府委員は以下のようである。陳調元(省政府主席兼任)、閻家普(財政庁長兼任)、閻容徳、朱熙、陳名予、崔士傑、院肇昌等。「新組織中之山東省政府」(『時報』一九二九年五月二四日)、「魯省府委員主席就職」(『時報』一九二九年五月三〇日)、これらの人物のうち崔士傑は、一九二八年五月、国民政府に任命されて以来、日本側との交渉を担当していた。
(284)「賓寳璋部雑軍瓦解」(『時報』一九二九年五月二二日)。
(285)「開始新建設之山東」(『時報』一九二九年六月八日)。

(286) 前掲『萊陽県志』巻末、付記、兵革。
(287) 「魯省圍剿皈一道老巣　偽皇帝馬士偉潜逃」(『時報』一九二九年八月一一日)、「偽皇帝巣穴内　房屋器具邪説　馬妄父兄鎗決」(『時報』一九二九年八月一七日)。
(288) 「偽皇帝捕獲　在済機関査封」(『時報』一九二九年八月九日)。
(289) (287) に同じ。
(290) 前掲「魯省圍剿皈一道老巣　偽皇帝馬士偉潜逃」。
(291) 前掲『支那の動乱と山東農村』一三七–一三八頁、一四五頁。
(292) 右に同じ、一三五頁、一三七–一三八頁、一四七頁。
(293) 前掲「魯省圍剿皈一道老巣　偽皇帝馬士偉潜逃」。
(294) 前掲「偽皇帝巣穴内　房屋器具邪説　馬妄父兄鎗決」。
(295) 前掲『支那の動乱と山東農村』一四二頁。
(296) 前掲「偽皇帝巣穴内　房屋器具邪説　馬妄父兄鎗決」。
(297) (287) に同じ。前掲『革命与宗教』二三六頁。
(298) 前掲 "Secret Societies and Peasant Self-Defense, 1921-1933", p.217。
(299) 「魯省各県匪訊　日人販槍査獲」(『時報』一九二九年九月一七日)。
(300) 「劉珍年軍剿匪　兵士恣意焚殺」(『時報』一九二九年一〇月二日)、前掲 "Secret Societies and Peasant Self-Defense, 1921-1933", p.217-p.218。
(301) 『陵県続志』巻三三、第八編、兵防志、一九三五年。
(302) 『臨清県志』党務志、県党部および大事記、一九三四年。

本章のもとになった論文をまとめるにあたり下記の方々に史料収集についての御援助を得た。末筆ながら謝意を表しておきたい。

内田知行氏、田島俊雄氏、三好章氏。

第四章　中共と山東紅槍会

はじめに

本章の課題は、中国共産党（以下中共、あるいは共産党と略称）が紅槍会運動についてどういう具合に対処したかについて、明らかにすることであり、このテーマについては河南省に関しての三谷孝論文[1]があるが、河南省とともに紅槍会運動の中心であった山東省に関しては、ソビエト革命期初期の中共の武装暴動計画との関連で姫田光義論文[2]が若干言及しているのみである。本章は、中共の紅槍会に対する政策が国民革命期と一九二七年八月以後のソビエト革命期初期にどのように行われていたかを追求するものであるが、国民革命期については山東省に関する史料がほとんどないことと山東省における国共合作下の国民党系農民運動の極度の不振のために不明なことが多いので、中共中央の紅槍会に対する全般的方針と、中共中央の方針決定に大きな影響を与えた河南省の例を分析し、山東省の場合はそれとの関連でふれることにしたい。本章の河南省の事例については既に前述の三谷孝氏がふれているが、三谷孝氏と若干の評価の違いは行論の中で示すことにしたい。

奉直軍対国民軍の戦争

中共中央が、紅槍会について多大の注目と関心を示すのは、一九二六年一月～三月の奉天、直隷両派と国民軍との戦争で国民軍が敗退して以後のことであった。これ以後国民軍の黙認のもとに都市で行われていた国民会議運動等の民衆運動も三・一八事件を最後として沈滞していった。

以上のような華北における反革命情勢と、従来中共がその武力に依拠していた国民軍の敗退以後、中共中央は新たに農民の武装自衛組織である紅槍会に注目することになった(3)。

ところで四月には、山東省において奉天派系の李景林、張宗昌の直魯連軍が国民軍を追って北上した隙をついて、山東省南部の津浦鉄路沿線の兗州（滋陽）、済寧、呉村、姚村一帯、及び河南省に近い西部の陽穀（谷）、東平、汶上、鄆城、鉅野、寧陽等の紅槍会が一斉に蜂起し、各地で数万人単位で行動し鉄道の駅を焼いたり、線路を破壊したりし、さらには電報局や郵便局を破壊し、直魯連軍の残余の軍隊と衝突するという大暴動が起きた(4)。さらに五月には河南省東部の杞県で、呉佩孚系の河南督弁寇英傑の統治に対して、軍閥の軍隊をその土地に入れず、入ってきた軍隊は何軍であろうと武装解除し抗税抗捐闘争を闘っていた紅槍会が、寇の部下の李鴻翥旅によって虐殺されるという事件が起きた(5)。この二つの事件は、反奉天、反直隷軍閥の武装力としての紅槍会についての中共中央の認識をさらに深めることになった。

ところで国共合作下の国民党農民部（実権は中共が握る）による河南省の農民運動は、一九二五年の「五・三〇」運動の高揚の中から起こり、一つは「二・七惨案」の痛手を回復し春に京漢鉄路総工会を再組織した京漢鉄路工会の影響により、もう一つは最も早く農民運動を始めていた広東省農民協会の影響を受けて始められた。後者は、国民会議促成会広東軍人代表の一人が、北京から広東省へ戻る途中、河南省で広東省農会特別専員の名義を用いて、工作に従事し農民の信頼を集めたことを始まりとするという。(6)以上のことは何月のことか不明であるが、八月には本格的に農民運動が開始された。(7)

そして奉直軍と国民軍の戦争の最中の一九二六年二月には、二〇万人の農民協会員と六万余の農民自衛軍を有し、(8)四県に県農民協会があり、二〇数県に区以下の農民協会組織があったという。(9)ただし六万という農民自衛軍の数字の大部分と農民協会員の多くは紅槍会の首領と交渉して、それを改編して、丸ごと組織化したものと思われる。奉直軍と国民軍の戦争に対して、農民協会は「国民軍第二軍を攻撃せず、国民軍第二軍を援助して呉佩孚を打倒する」(10)という方針を出したが、国民軍第二軍の苛捐雑税に苦しむ農民達は、数百万人という規模で紅槍会を組織して全省的に蜂起し、国民軍第二軍を潰滅させた。

農民協会は、農民協会や農民自衛軍に組織していた一部の紅槍会に対してさえも、十分な指導性を発揮しえなかったと思われるが、この戦争の中で各地の農民協会や紅槍会はどのように対応したのかを以下に述べたい。信陽では、多くの紅槍会が呉佩孚に味方したが何も得るところはなく、だまされたと知って戦争後は農民協会の宣伝を受け入れるようになったが、呉佩孚系軍閥の政治的圧迫により農民協会の運動も打撃を受け停滞した。許昌では、農民協会の組織は、紅槍会が変わったものであるが、戦争の中で何らの組織的損失もなかった。ただ農民協会の名義は公開することはできなくなった。滎陽では、戦争前にカトリックの宣教師、劣紳、訴訟ゴロ、一部の不肖の紅槍会が農民協会に反対していたが、戦争が始まりそうになった時、一部の不肖の紅槍会は、ひそかに呉佩孚と結びつきその手先となり、賈谷区農民協会執行委員張虎臣一家一一人を虐殺した。戦争中には、紅槍会は国民軍第二軍と闘って敗れ、一〇数人の首領を殺された。戦後、劣紳、訴訟ゴロが県知事と一緒になり、農民協会は紅槍会と結んで乱をおこそうとしていると言い、懸賞金をかけ以前の農民運動の責任者を逮捕させるとともに、農民協会の責任者二名を逮捕した。また農民を威かくし農民協会から退会させるという弾圧を加えた。洛陽では、かって国民軍第二軍馮子明（毓東）が洛陽の警備司令の職を引き継いだ時、紅槍会は一万人が集まり「歓迎」をするという示威を行ない、馮を屈服させた。洛陽の国民党市党部が紅槍会に対して工作に努めたが、以前から紅槍会は呉佩孚との関係が密接で、老陝（国民軍第二軍）を敵視し、六千余人が国民軍第二軍と衝突したことがあった[11]。国民軍第二軍の敗退が明らかになった三月、第二軍の岳維峻が豫西（河南省西都）から陝西省に退こうとして洛陽まで来た時、洛陽の紅槍会は、呉佩孚の命を受け四方から岳維峻を包囲し三昼夜戦った。岳がやっとの思いで西へ逃走した後、城内に侵入した呉の命を受けた紅槍会は、洛陽国民党市党部の責任者で中共党員の隴海鉄路総工会の秘書王中秀、国民党市党部委員黄太白、洛陽農民協会の指導者戴元培の三人を虐殺した[12]。そしてここの紅槍会の多くは、張治公の鎮嵩軍に収編され[13]、陝西省に行って戦うことになった。

以上のように許昌のように戦争の時に動かなかった紅槍会は例外的で、大部分の紅槍会は農民協会の指示に反して呉佩孚側に立って動き、甚だしきは滎陽や洛陽の紅槍会のように、呉佩孚と結びつきその手先となり農民協会の指導者を殺すことさえやっており、農民協会は国民軍第二軍の苛捐雑税に苦しむ紅槍会に対して、全く指導性を発揮できなかった。戦後は信陽のように紅槍会が反呉佩孚となり、農民協会の宣伝を受け容れ始めたところ、許昌のように農民協会の実質的な組織が温存されたところ、滎陽のように農民協会の組織自体が直接的な弾圧の対象になったところ、洛陽のように紅槍会が鎮嵩軍に収編され地元を去ったところに分かれた。

呉佩孚は三月に農民協会を解散させ[14]、四月には、もう利用価値がなくなり自己に敵対する恐れのある紅槍会の領袖を開封に集めて帰田させようとした[15]。このような河南省における反革命情勢の中で、河南省国民党部も姿を消し、統一した指導機関がなくなったので、農民運動担当者は、一九二六年四月一八日から二〇日まで秘密裏に会議を開き、河南省農民協会を成立させた[16]。

河南省農民協会員の数は、数だけいえば表Aにあるように広東省についで第二位であった。ただ広東省の組織化が、下部の郷農民協会から、区→県→省農民協会と下から上へと組織化し、郷村の封建勢力と衝突しながら土豪劣紳を排除していったのに対し、河南省や山東省の組織化は、宣伝と指導を加え紅槍会を丸ごと組織化したものである[17]。その場合に既に奉直軍と国民軍の戦争の中で、以前の組織方法が失敗を明らかにしたにもかかわらず、このような政治的変動期の時に、信陽のように国民軍追放に参加して後に反呉佩孚にまわった紅槍会とか、許昌のように全然動かなかった「農民協会（実質は紅槍会）」を十分な反省なしに再組織し反呉佩孚の軍事力としようとしたところに、後の武漢政府の第二次北伐期に大きな問題を残すことになった。

河南省農民協会員の中の紅槍会員の数は、はっきりしているものだけで表Bにみられるように八万五千名にのぼっているが（表Aの武装農民一〇万名の大部分は、紅槍会であると思われる）そのことは紅槍会の指導権を握り、郷村の実権を握っている地主層がそのまま農民協会に加盟し、かつ郷村の支配秩序がそのまま農民協会に持ちこまれやすいことを意味した。

一方、山東省における農民協会の組織化は、河南省に比べてはるかに遅れ、表A、表Cにみられるような有り様であり、会員数だけとれば全国で最低であった。これでは単なる小グループの宣伝活動団体であり、農民への影響力はほとんどなかったと思われる。山東省でも一九二五年の八月頃に運動が開始されたにもかかわらず河南省に比較して

A．全国農民協会統計表　1926年６月３日

省　名	省協会	県協会数	区協会数	郷協会数（村協会数）	会員人数	武装農民
広　東	成　立	23	177	4,527	647,767	
広　西	成　立	2		34	8,144	
河　南（ア）	成　立	4	32	272	270,500	1000,000
四　川		1	16	63	6,683	
湖　南			44	43	38,150	
湖　北	成　立		13	25	4,120	
山　東				14	284	
直　隷			6	21	1,342	
江　西			6	30	1,153	
熱　河		5			2,200	
察哈爾		1			600	
陜　西				30	1,000	
総　計（イ）	4	36	294	5,059	981,943	1000,000

『第１次国内革命戦争時期的農民運動』（人民出版社　1953年）p.17～p.18.ただし、（ア）の河南省は、B．河南省農民協会及び会員統計表の総計の所の数字であり、したがって（イ）の総計の数字も計算し直した。

B．河南省農民協会及び会員統計表

県名	県協会	区協会数	村協会数（ウ）	会員人数	農村会員中紅槍会員の数
信陽	成　立	5	31	35,000	10,000（農民自衛団化）
許昌	成　立	4	58	53,000	25,000（農民自衛団化）
滎陽	成　立	3	17	13,000	
杞県	成　立	7	38	50,000	30,000（農民自衛団化開始）
睢県		1	9	16,000	10,000
密県		2	29	12,000	5,000
安陽		3	21	25,000	
修武		2	26	19,000	
汲県		1	6	15,000	
郾城		1	6	15,000	5,000（農民自衛団化着手）
長乞		3	31	17,500	
総計	4	32	272	270,500	85,000

河南省党部「河南省農民運動報告」1926年６月（『中国農民』第８期　1926年10月）による。また『中国農民問題』（p.79～p.80）にも表があるが、両者の数字は若干異なる。ここではより詳細なことがわかる「河南省農民運動報告」によって計算した。また「中国農民問題』では、（ウ）は長乞県を除くと、郷協会数になっているが、「河南省農民運動報告」の記事によれば村協会数なのですべて村協会数に統一した。

このように落後した理由として、一、山東省は奉天派軍閥張宗昌の統治下にあり、国共合作下の国民党系の大衆運動は弾圧されたのに対し、河南省を統治した国民軍第二軍は、国民党系の大衆運動を黙認したこと。二、河南省では、一九二三年の「二・七惨案」の痛手を受けた後、前述したように一九二五年春に京漢鉄路総工会が回復され再び往年の力を取り戻し始めた京漢鉄路労働者が、帰郷した時など農民運動に大きな影響を与えたのに対し、山東省の津浦鉄路、膠済鉄路の労働運動は、一九二三年二月からは直隷派の鄭士琦、一九二五年五月からは奉天派の張宗昌の弾圧下で、それほど盛んではなく、農民運動は労働運動の援助と影響を受けなかったこと等があげられる。

ところで山東省における国共合作下の国民党系の農民運動は、済南の省立第一師範の学生であった共産党員荘龍甲により始められた。彼は、一九二五年上半期、党の指示により故郷である濰県に戻り、農村の党組織や一〇〇余戸が参加した農民協会を樹立した。その後、一九二五年七月、中共山東地方執行委員会は、農民運動の活動家養成のために王雲生、丁祝華等六人を広州の第五回農民運動講習所に派遣した。一九二六年三月七日、中共山東地方執行委員会は、農民運動拡大会を召集し、二〇余人の代表が参加して農民運動決議等を通過させた。ついで三月九、一〇日の両日、国民党山東省党部が長清県で農民代表会を開き、そこには三〇人が参加したが、その大多数は共産党員と共青団員が占めていた。その会議では、農民運動と農民自衛軍章程が討論され、また山東農民運動の具体的計画が制定され、さらに前述した荘龍甲や朱錫庚等二二人の特派員を派遣して各地の農民運動を指導させることを決定した。これらの農民運動特派員は故郷に戻って農

C．山東省農民協会統計表

県名	郷協会数	会員人数
禹城（エ）	1	（オ）24
斉河	1	90
淄川	1	24
広繞	3	50
寿光	1	22
歴城	2	20
恒台	1	
益都	2	54
諸城	2	
	14	284

『中国農民問題』（p.81～p.82）による。ただし（エ）は、原文では万城、（オ）は240となっているが、それぞれ禹城、24の誤りと思われる。

民運動を展開していった。また国共両党の山東省の組織は、五月から始まった毛沢東の主催した広州の第六回農民運動講習所に二二名を派遣した。九月に卒業した彼らの大部分は、故郷に戻って農民運動を展開することになった[18]。表Aや表Cの農民協会の会員数が極端に少ないのは、これらの農民運動特派員の農民運動がまだ充分成果をあげていない時期であることや、後に農民運動の活動家になるメンバーが第六回農民運動講習所で学んでいる最中であることも関係しているだろう。

北伐開始前後

六月になり蔣介石が指導権を握った国民党は「北伐即行」論を唱え、北伐が現実の課題となってくると、前述した呉佩孚系軍閥の背後において抗税抗捐の反軍閥闘争を闘った河南省東部の紅槍会のことが、中共や共青団の機関紙に載ることになり[19]、当時、党の総書記であった陳独秀も『嚮導週報』誌上で、この紅槍会についてふれるとともに、「紅槍会の政綱は、軍閥に反抗し、貪官汚吏に反抗し、苛捐雑税に反抗し、土匪に反抗するものである」と紅槍会運動の意義づけを行い、その上に「かれらの多くは小土地所有の農民である」とその階級的基盤を述べている。ただ陳独秀は紅槍会及びそれに結集した農民にはあまり革命史上の進歩的意義を見出さずむしろ「かれらの思想の頑旧なる迷信は、前代（＝封建社会）の農民と同様であり、かれらの反抗暴動の性質は前代の農民と同様」であり、前代の農民の「行動は、往々にしていたるところで破壊を行い、野蛮を免れない。これはもともと落後した農民の原始的暴動の特色である[20]」とその遅れた面を強調している。

中共の指導者の中で紅槍会及びそれに結集した農民の闘争を高く評価したのは、華北を管轄していた中共北方区の責任者であった李大釗である。李は一九二六年の八月に書いた「魯豫陝等省的紅槍会[21]」の中で次のように述べている。

山東、河南、陝西、直隷等の紅槍会運動の発生と発展という「この現象は、中国の農民がすでに目覚めつつあり、自分たちの団結した力によるのでなければ、帝国主義と軍閥が作りだした兵匪騒乱の政局から解放されないことを知り、このような農民運動を続けるなかで、偉大な勢力を形作ったことを証明している」と農民の自然発生的闘争と反帝国主義、反軍閥の国民革命におけるそれのもつ潜在的力に注目した。さらに「山東省汶上、寧陽の紅槍会は県城を占拠すること七カ月[22]、接収した場所はみな廟宇、学校、公共機関であり、食べたものはすべて自分の携帯した大餅、饅頭だけで、まったく人民に迷惑をかけなかった。洛陽の紅槍会は、馮毓東が警備司令であったとき、城内における交通整理と保安、城外における旅行者保護についてすべて責任をもっていた。しかも紅槍会が駐屯しているところは他に見られぬほど平隠であった」と紅槍会は国家の末端機関である県長のいる県城を支配する（＝自己権力形成）能力の萌芽を認めている。また紅槍会に結集した農民は、軍事的に軍閥の軍隊を破ることが可能だけでなく、その郷土意識の中には階級意識の素地が含まれ、山東の兵士が張宗昌のもとで兵士であることを願わず故郷に帰ることを願い、紅槍会に加入して張宗昌に抵抗したように、軍閥の軍隊を瓦解させることも可能であるとした。ただ遅れた農業経済の反映として、農民の狭隘な村落主義、郷土主義があり、それ故に紅槍会内部の違う派との殺し合い、あるいは農民の階級的立場を忘れて、軍閥、土豪に利用され、軍閥に収編され、故郷を離れ他の土地や他省に連れていかれ、そこの土地の紅槍会や人民を殺す道具に使われるという欠点がある。それを防止するために、農民の階級的自覚を顕現させ、団結させ、連合すべきことを彼らに悟らせること、さらに集中的な組織をもたせねばならないとし、特に紅槍会はその土地を離れない農民の武装自衛組織であるべきことを強調している。後に抗日戦争期において、一九二〇年代に紅槍会運動の中心であった山東省西北都の聊城（東昌）を中心とした魯西北根拠地においては、紅槍会をもとにした紅槍隊が生産を離脱せず他の土地に移動しない民兵として、抗日武装力の〝翼を占めることになるが[23]、李はそのことを見通していたかのようである。

その他に李は紅槍会の特徴として、（一）反洋人、（二）真主（＝真命天子）願望、（三）拳法や練気術をつみ、護符を呑み呪文を唱えることによって、関羽や大上老君、孫悟空等村落の「共同意識」たる神々が体に憑いて、槍弾不入の不死身の体になるという「迷信」をあげている。(24)特に（二）と（三）は、紅槍会の遅れた側面として良く述べられることであるが、李は「これらはみな、外国帝国主義に圧迫されている遅れた農業生活が反映して現われた、当然の現象である」とそれを弁護し、（一）反洋人は、農民が外国帝国主義に反対している現われであり、（二）真主願望は、農民が政治的安定を求めている現われであり、（三）農民が、近代的武器に対してみずからの武器の不足を補おうとして「迷信」をもちだしたとする。その上で（一）と（二）は、農民を教育し啓蒙することによって変えられるし、（三）については、農民自らが戦闘の上での痛切な教訓と、農民が一時軍閥の隊伍に加わって、機関銃や大砲の操作を会得し農民自身が機関銃や大砲で武装することによって、「迷信」は力を失いつつあると述べている。

李は農民への教育と啓蒙の役割を農村の知識分子や農民運動家に求め、彼らの活動によって、紅槍会が軍閥、土豪に利用され、軍閥の兵士や匪賊化することを防ぎ、紅槍会を近代的武装農民自衛団に変え、旧式の郷村の貴族的青苗会を新式の郷村の民主的農民協会に変えねばならないとした。

後述するように国民革命期華北の中共党員は、農民運動の経験不足、党組織の弱さ、独自の武装力の欠如等の弱点故に、一部を除いて紅槍会の革命的組織化に失敗するが、李のこの論文は農民運動を革命の主動力と考える萌芽を示していると思う。

さて北伐が始まった一九二六年七月、中共は第四期拡大三中全会を開き、「紅槍会運動についての決議案」(25)を採択し、紅槍会の国民革命の中への位置づけと具体的な方針の提起を行った（なおこの会議には、当時逮捕状が出ていて北京のソ連大使館内にかくまわれていた李大釗は参加していないのではないかと思う)[26]。この内容については、すでにいくつかの研究でふれられているので[27]、ここでは簡単に要旨をまとめると、紅槍会を奉・直軍閥に反対している武装勢力であることを認め、反軍閥の連合戦線にかちとるべく、共同の政綱(それ自身は紅槍会の実際の運動を追随し)にもとづくゆるやかな組織的統一と共同行動を行いつつ、紅槍会を農民協会に丸ごと入れ、農民自衛団化して(これは河南省の実践を追認したものである)土豪による利用の危険性を防ごうとした。

ところで瀟湘は、すでに一九二六年五月に『嚮導週報』[28]誌上で、河南省の紅槍会を地域ごとに三つに分類している。豫西の紅槍会は「敗残兵、土匪と当地の劣紳が勾結して、郷農を食い物にしている結合であり、戦時は軍隊と勾結して猖官する」、河北(河南省北部の黄河の北側の地域)の紅槍会(天門会を指しているものと思われる)は「純粋に貧農の結合で、その組織制度は非常に平等」であり、中共系農民運動の勢力の強い杞県一帯[29]の紅槍会は純粋に貧農の結合であるが、首領の権威は絶大である」という三つである。この河南省における三つの分類をふまえて、前述の決議の中では「現在の河南、山東の特殊情況下では、真に農民の紅槍会も、土匪的性質の紅槍会も、土豪の利用している紅槍会もすべて張宗昌と呉佩孚に反対している」ので「彼らをその土地の軍閥政府に反対する連合戦線に結合させ、同時に農民の真の組織を強固にしなければならない[30]」と土匪的性質の紅槍会や土豪の利用している紅槍会も含めて、反軍閥闘争での力量を評価した。

ただ第四期拡大三中全会は、陳独秀、彭述之の指導下に開かれ、同時に「農民運動決議案[31]」が決定され、それとの関連で「紅槍会運動についての決議案」が考えられなければならないが、前者には何幹之が後に指摘しているが、陳独秀が「郷村の連合戦線」を提出し、それによれば、農民協会の組織は「階級的色彩」を帯びることができず、農民協会は貧農、雇農と中農の外に、中小地主を合み、もしも陳の言のようにすると、地主、富農分子が農民協会に入りこみ、内部から農民協会を操縦し握る危険性が存在し、さらに連荘会、守望社などの農村自衛組織の県農民協会への参加を認めていた。事実、実際に河南省で行われた農民協会の組織化は、郷村の自衛組織である紅槍会組織を、その指導者と接衡して丸ごと組織化したために紅槍会の指導権を握っている地主の混入を免れなかったが、その欠点の理論的基礎は、この「農民運動決議案」にあると思われる。[32]

同時に農民の武装にあまり積極的でなく、特に農民武装の「常備的組織」を禁止したため、広東、両湖を除いて、中共は独自の農民武装組織を持つことができず、特に河南、山東では紅槍会のような既成の農民の武装組織に依拠せざるを得なくなった。

一九二七年以後

一九二七年以後の河南省の政治・軍事情勢ならびにその中で中共河南省委が紅槍会に対して指導性を発揮できなかったことについては既に先行研究で指摘があるところであるが、[33]行論の関係上これら先行研究に依拠しつつ河南省の政治・軍事情勢ならびに中共河南省委と紅槍会の関係を略述し、かつ若干の私見を述べたい。

一九二七年に入り、河南省の実権は、呉佩孚系軍閥の中から分離し国民革命軍に参加することになった靳雲鶚、魏益三軍の手に移ることになったが、河南省には新たに奉天軍が進入してきて、靳軍を破りつつ南下して湖北省との省境の武勝関に迫った。[34]一方、前年秋からの靳雲鶚系軍隊による人夫や馬や燃料徴発に苦しんでいた河南省南部の信陽付近の農民は、紅槍会に結集し、三月には靳系の龐炳勳軍と衝突し、四月には数万の紅槍会は魏益三軍を破り駐屯軍を移動させた。[35]

四月一九日、武漢政府は第二次北伐を開始して、奉天軍と戦いつつ京漢鉄路沿いに北上していった。この時期、中共は黄河の北側で奉天軍と戦っていた天門会と合作して、背後から奉天軍を攻撃させた[36]。だがこれは例外的なもので、この時期に中共河南省委は、今までの紅槍会に対する工作の欠陥を露呈することになった。すなわち京漢鉄路沿いに北上していく武漢の国民革命軍に呼応しての農民の立上りを期待して、毛沢東の提案により「戦区農民運動委員会」を組織し、武漢の中央農民運動講習所の河南出身の学生四〇名が河南に行って工作することになった[37]。だが五月初め、柳林県党部が二四人の土豪劣紳を処刑したが、それが原因となって農民協会に懐疑的であった信陽等六県の紅槍会が「抗暴運動」を起こし、戦区農民運動工作者二名、総政治部人員九人、党部人員四人を殺した。さらに唐生智、張発奎等の軍隊が、五月に漯河、覇城、上蔡、西華一帯にて戦った時、信陽紅槍会により数度後方を攪乱され、京漢鉄路も三度破壊された。また許昌においても国民革命軍は奉天軍と戦っている時に、紅槍会により後方部隊を攻撃された[38]。

以上のように呉佩孚系軍隊に苦しめられていた紅槍会は国民革命軍へも反発し、しかも国民革命軍の中には今まで苦しめられていた呉佩孚系から寝返ってきた靳雲鶚、魏益三軍が参加し、農民の眼には呉佩孚系軍と国民革命軍との差異を見出すことは難しかった。したがって「敵の敵は味方」ということで、一部の紅槍会は奉天軍に味方したのであった。このような状況下では広東、両湖（湖北・湖南）、江西におけるような農民の援助も起こらず[39]「農民を圧迫する地主を打倒せよ」「土豪劣紳を打倒せよ」「反共産は反革命」「労農を圧迫する軍閥を打倒せよ」「一切の苛捐雑税を廃せ」などの湖北で通用したスローガンは、河南の農民には受入れられなかったという[40]。

なおスローガンが受け入れられなかったのには家近亮子氏の指摘しているように[41]、この時期の中共の農民運動の方針が、地主―小作関係の発達している華南・華中での経験を、自作農地帯である華北に直接持ち込んだという中共側にも問題があると思う。その点で前述のスローガンが受け入れられなかった点について、国民党左派の立場からであるが、顧孟余が武漢の中央に送ったという報告の中で述べている点は示唆的である。顧によれば「『農民を圧迫する地主を打倒せよ』については、北方では、普通すべて地主（土地所有者）であり、小作農は三、四割にすぎない。さらに『土豪劣紳を打倒せよ』については、紅槍会は農民といわゆる土豪劣紳の連合組織であり、その上豪紳が領袖となっているのである。『反共産は反革命』については、詳細に研究してみればそうとはいえないのである。『労農を圧迫する軍閥を打倒せよ』については、魏益三等が聞いたらどのように思うであろうか？『一切の苛捐雑税を廃せ』も空論にすぎず、いたずらにその他の軍隊の反感を惹起した。要するに、総政治部は河南の状況が湖北と異なるのをかまわず、湖北で通用した各種のスローガンを河南に持っていって、その結果当地の人民の好感を得られないのみならず、さらに教訓を得たのであった」(42)としている。

そして国民革命軍第四軍とともに河南に入った中共党員朱其華は、前述のB表に見られる河南省の農民協会の大部分は群衆なき空機関であり、特に信陽、許昌では一人たりとも革命的農民は見なかったと述べ、さらに紅槍会は国民党の指導を受けず、大部分は土豪劣紳の指導下にあったと述べている。(43)

以上のように第二次北伐の中で、中共河南省委は、奉・直軍と国民軍の戦争の時と同様に紅槍会に対して指導性を発揮しえず、またその後の農民協会の組織化の欠陥を全面的に露呈した。後に八月になって河南省委は、それまでの工作の欠陥を二つあげている。その要旨は一、首領との連絡に注意するだけで積極的に大衆を掌握しなかった。したがってある政治スローガンがたまたま首領の利益に合えば、彼らも我々と一致して行動できるが、あるスローガンが首領に合わないと、首領は大衆全体を率いて反動化する。二、積極的に農民を指導して郷村中で実際の経済闘争をやらず、ただ同志に空しく「反奉、反呉、土豪劣紳を打倒せよ、貪官汚吏を打倒せよ、苛捐雑税に反抗せよ、等」の実行できないスローガンを叫ばせたので、農民に十分に信頼されなかった(44)という二点である。この中で前述した顧孟余の認識とかなり重なっている点に注目したい。すなわち二の部分の「土豪劣紳を打倒せよ」「苛捐雑税に反抗せよ」

というスローガンが空論にすぎないという認識、一の部分に関連しては、例えば「土豪劣紳を打倒せよ」というスローガンが、土豪劣紳が多い紅槍会の首領の利益に合わないということもたやすく想定されるのであり、そうすれば首領は大衆全体を率いて反動化していくだろうという点である。

ただ一で指摘しているような積極的に大衆を把握しなかったとか、二で指摘しているような郷村中で実際の経済闘争をやらなかったという点、つまり紅槍会の会員である農民に直接働きかけて組織化し、実際の闘争を行い、農民の信頼を得ていくということをやらなかったことが、失敗の原因の主たるものだと思う。それは後述するソビエト革命期の山東省で、一部であるが紅槍会の組織化、動員に成功した例があり、それと対比して明らかなことだと思われる。ともあれ今後急速に党中央が土地革命政策へと転換していく中で、その実行を迫られた華北の中共の地方組織は党中央の方針と在地の状況との矛盾に直面しながら、その地域独自の戦術を模索していくことになる。

なお当時の中共河南省委の紅槍会への組織化の状況は実際は極めて劣悪な状況にあり、九月四日付の「河南省委報告」[45]によれば、唯一中共との関係がうまくいっていた天門会に対しても「以前天門会で工作していた同志はすでに信頼を失い、追放されて行くことができない。また他の同志が派遣されることも無い。この工作は、今に至っても放棄している」という状態であり、天門会への工作も途絶した。そして今までの工作全般を反省して「河南の農民運動は、過去槍会領袖との接衝運動であり、農民自身の闘争をなおざりにした。（第二次？）北伐戦争中に、槍会運動は失敗を呈し、槍会に対しては放棄の態度を取り、これにより農民の中に我々の基礎がない」と述べている。以上のような反省の上に立ち、六月の鄭州会議以後河南省を支配することになった馮玉祥のもとで、八月以後河南省委は紅槍会に対して新しい方針で臨むことになるのである。[46]ただ後述する山東省の例からみても、実際の紅槍会の組織工作の中ではその地域の状況に応じて、その後も紅槍会首領への折衝工作が行われたものと思われる。

一方、山東省における農民協会の会員の人数については、二つの相異なる数字があげられる。一つは、北伐以後の一九二六年九月、武漢政府下の一九二七年六月の数字で、これによると二八四人で前述した一九二六年六月の農民協会員数と比較して全く増えていない。[47]もう一つは、一九二六年秋、国民党山東党部責任者範予遂等が国民党各省市および海外代表連席会議で述べた数字で、農民協会のある県は、一九二六年六月に比較して新たに濰県、泰安、邱県、陵県、徳平等六県が加わり、会員数は三三二五人に増えている。[48]会員数が全く増減しないというのはおかしいので、後者の数字の方がより正確ではないかと思われるが、ただそれにしても河南省に非常に差をつけられている。

ところで山東省における国共合作化の国民党系農民運動は、前述した一九二六年三月に行われた国民党山東省党部農民代表会で設置が決まった農民運動特派員と第六回農民運動講習所の卒業生が中心になって行われた。例えば中共党員朱錫庚は農民運動特派員の肩書きで故郷の斉河県袁営に戻り、小学教員となり、袁営等の一〇余の村に農民協会を組織した。同じく中共党員で農民運動特派員の劉英才、劉鴻才は故郷の広饒県劉集に戻り、まず夜学校を通じて組織化を始め、農民協会を組織した。そして一方では消費合作社を組織しその利益で生活困難の会員を援助するとともに革命活動の経費にあてた。他方では地主との闘争を行い、一〇余人の長工を率いて地主と面と向かった理論闘争を展開し、賃金の増加をかちとった。また中共党員で農民運動特派員の孟俊生も故郷の淄川に戻り、中共炭鉱支部の指導下で農民協会を組織し、抗糧、抗捐、賭博禁止などの闘争を行った。[49]このように農民運動が労働運動の支援を受けたのは、淄博炭鉱には一九二四年七月から中共の支部が成立していたという条件があったからであり、[50]労働運動から支援を受けたこのような事例は稀なものと思われる。また中共党員蔣西魯は九月に第六回農民運動講習所を卒業した後、故郷の博山に戻り、農民協会を組織した。前述したようにすでに一九二五年に濰県で農民協会を組織した中共党員荘龍甲は、農民運動特派員として濰県でさらに農民運動を進め、それに九月に第六回農民運動講習所を卒業した胡殿武が加わり、濰県の各地の村に農民協会が組織され、一部では農民夜学校が設置された。農民協会は村の端、分かれ道、集鎮、県政府の入り口などに「打倒土豪劣紳」「反対苛捐雑税」のスローガンを張り出し、農民を立ち上がらせ抗捐闘争などを行った。また中共党員于佐舟は第六回農民運動講習所を卒業後、故郷の陵県に戻り農民運動を始めた(51)。

この時期の山東省委の紅槍会に対する方針については、史料がなく詳しいことは不明である。ただ間接的なものであるが、国共合作下の国民党山東省部（農民運動関係者は中共の影響が強かったと思われる）の記した史料によれば、山東各地の紅槍会の勢力の巨大さについて述べ、紅槍会を軍閥に対抗する有力な勢力として評価したが、紅槍会の封建的な伝統的な思想は、牢として抜くことが出来ず、紅槍会全体を革命の正しい道に引き入れたり、暫時これを利用するには、国民党側が力足らずであり、また個別分子の思想を改造をして、革命の正しい道に引き入れるのは、時間がかかりすぎると述べ(52)、自己の主体的力量の弱体により、紅槍会への働きかけが手詰まり状態であることを自認している。例外的に紅槍会に具体的な働きかけをやっているのは、歴城県の南郷で黄沙会の領袖数人と折衝して、国民党に賛成してもらった例があるのみであり、しかもこれらの領袖を指導、訓練して（革命の）正道に引き入れたり、さらに下層への訓練を行うことは、将来のこととされており(53)、河南省に比べてはるかに遅れた状態が伺われるのである。

ただこの間も張宗昌の統治に対して紅槍会の自然発生的暴動は続き、一月と三月には東部の膠県で紅槍会や大刀会が県署や塩局を襲い張宗昌軍と戦った(54)。また四月から五月にかけて、呉佩孚系で奉天軍に投じた寇英傑の部下の薛伝峯軍に対して、西部の朝城及び范県の紅槍会は、県城を占拠して県知事を追放するなどの闘争を行い、六月には陽穀の農民が抗糧を要求して県城を包囲した(55)。

他方南京の蔣介石系国民革命軍は、五月に三方面から長江を渡り、直魯連軍と孫伝芳軍に攻勢をかけた。その時、直魯連軍第一五軍軍長馬済は、安徽省の定遠で大刀会に包囲され負傷し、蚌埠に戻って死亡した[56]。そのため直魯連軍の秩序は乱れ次々と後退し、蒋系国民革命軍は蚌埠をおとし、五月三〇日には徐州を占領し、さらに六月には直魯連軍と孫軍を追い、山東省南部の郯城、沂州、津浦鉄路沿いでは滕県まで至ったが、その時滕県では紅槍会と連合して直魯連軍と闘ったのであった[57]。

二 ソビエト革命期

国共分裂後の一九二七年八月、中共は八・七会議を開き、革命は高揚しているという情勢判断をし、左派国民党の旗のもとで革命委員会の指導により武装暴動を行い、農民協会中心の政権をかちとり、そのもとで土地革命を行うという方針を決め、そしてその方針のもとで両湖、広東などで秋収暴動が展開された。さらに九月一九日付「『左派国民党』およびソビエトのスローガンの問題に関する決議[58]」によって、党中央は、左派国民党の旗のもとで暴動を行うことを取り消し、国民党左派との合作を最終的に放棄し、樹立されるべき政権として、初めてソビエトを提起した。山東省でも八・七会議の決定にもとづき、暴動を起こすことが試みられた。五月の初めに終わった党の五全大会以後、六月になると党支部も一〇〇余におよび党員数もほぼ一五〇〇人にのぼった。その月に成立した山東省委の書記は、最初呉芳であったが、八月に一全大会の参加者であり、山東省の党組織の創始者である鄧恩銘（明）が任ぜられた[59]。ただ山東省では、国共分裂後でも張宗昌の支配は続き、共産党も国民党も弾圧の対象であることは変わらなかった。しかも五月に張宗昌により、済南の山東区執行委員会および津浦鉄路大廠、魯豊紗廠、省立第一師範学校、省立第一中学の党組織が破壊され、党の幹部李清漪、李子珍、陳仁甫、済南労働運動の責任者魯伯峻が逮捕される[60]という弾圧を受けたばかりであった。

したがって国共分裂後でも、山東省委内部の一部の指導的幹部（例えば丁君羊）は、共産党であろうと、国民党であろうと、奉系軍閥張宗昌の圧迫を同様に受けているので、依然として、陳独秀の「すべての工作は国民党に帰す」右翼政策を堅持し、さらに彼等は分派を形成し、下部党員への影響も大であったという。鄧恩銘は丁君羊等と非妥協的な思想闘争を行うとともに、八・七会議の決定にもとづいて、武装暴動を起こして土地革命を行えるように、山東省委の改組を行い、一定の成果をおさめたが、「国共合作」派の勢力を完全に消滅できなかった。鄧はまた武装暴動を行う時の実践部隊である市、県の基層組織の全面的改組を行おうとしたが、幹部と経費の不足により、改組の工作は行われなかったという。(61)

当時、山東省の各地では、紅槍会による自然発生的農民暴動が盛んであった。八月以降の時期に限定しても、西南部の曹州の紅槍会は、山東省に攻めこんできた馮玉祥軍系の靳雲鶚軍の前峰となって、八月六日に、直魯連軍と戦っていた。九月、西北部の朝城、観県、范県に駐屯していた呉佩孚の旧部下である寇英傑軍所属の薛伝峯軍は、張宗昌の命によって直隷省東明へ移動することになった。だが薛軍は自らの武器の不足を補うため、以前、移動する時には返却するという条件で民団等の武器を提出させていた。いざ移動する時になるとその条件を守らず移動しようとしたため、朝城の紅槍会数千人が立ち上がって薛軍と衝突した。また東部の膠東の膠県では、八月、南郷の王哥荘、蕭家荘で、紅槍会（大刀会も含まれる）が抗税闘争を展開し、また膠州湾に面した紅石崖の近くの港頭の塩局を大刀会三〇〇余人が襲った。膠県の大刀会の勢力はさらに拡大し、一〇月一日夜、塩税徴収機関である紅石崖塩務稽核分所を王台の大刀会四〇〇余人が襲ったのを契機にして、弾圧にやってきた張宗昌の部下の各軍の放火、虐殺に遭いながら、膠県西南の莒県、諸城一帯の総勢一〇万人の紅槍会と連絡をとりながら、各地で闘い、一一月の初めまで組織的な抵抗を続けた。[62]

山東省委書記鄧恩銘は、八・七会議の決定にもとづいて、武装暴動を起こして土地革命を展開するために、党員を西部の陽穀、恩県、夏津、高唐、膠東の膠県、膠州南郷、日照、高密等に派遣して、これらの紅槍会や大刀会の武装暴動に参加させた。しかし張宗昌軍の強大さと党の政策の極左傾向のためにこれらの暴動を十分に発展させ得なかったという。一〇月には、山東省委の代表会議が行われ、「国共合作」派の盧復担（福坦）が省委書記に選ばれ、鄧恩銘は落選して省委委員となり、実権を失った。ただ一一月には、党中央は、鄧恩銘が山東省委書記時代に提出した「山東省委書記報告」にもとづき「山東工作大綱」を出し、鄧恩銘の書記時代に起草した工作計画を肯定した。[63]

ところで中国全体の政治情勢は、一〇月には、北方で直隷、山東両省を支配していた奉天派と山西派の間の奉晋戦争が始まり、南方では、南京政府と唐生智との間の寧漢戦争が始まり、広東では張発奎と李済琛との間の戦争が醸成されつつあり、国民党の支配集団内部、軍閥間で分裂と戦争が開始された。党中央は、これらを革命情勢の高揚と誤ってとらえ、軍閥戦争を武装暴動を含む革命戦争へ転化しようと考え、[64] 中国の南北を問わず暴動を提起した。華北でも奉天派と山西派の戦争に乗じて、中共北方局は順直（直隷省）大暴動を計画し、特に奉天派の張作霖が敗れたという知らせが伝えられた一〇月一〇日には、実際に天津、唐山で暴動を起こし、玉田の暴動にも参加したが、簡単に失敗してしまった。[65] この時、北方局は、山東、山西を含む所属の各省委に対して一律に「すみやかに暴動の組織と配置を行う」ことを要求し、順直大暴動に呼応させようとした。山東省委に対しても「すぐさま魯南、魯西、魯北で農民暴動を行う準備をせよ」「魯東に対してもまたなおざりにするな」という命令を出した。[66] 前述した山東省委書記時代の鄧恩銘が「山東省委書記報告」を提出したのも、北方局の順直大暴動に呼応して山東省で暴動を準備するという方針に応じたものと考えられる。

このような一〇月以降の国民党の支配集団内部、軍閥間の分裂と戦争に対して革命情勢の高揚と誤って考えた党中央は、一一月会議において第一次極左路線を確立していった。そこでは秋収暴動の失敗と南昌蜂起軍の敗北後の情勢と方針を決定した。それは革命は依然として高揚期にあり、「直接的な革命情勢」にあるという基本的認識を持っていた。また農民暴動と都市の労働者の暴動との結合、暴動を起こした都市を農民暴動の中核および指導者たらしめるよう努力するという具合に都市の暴動を強調した。また農民暴動が大規模な勝利をかちとれない時には、暴動の後で遊撃戦争を行う。それはまず農民を農民協会に組織し、農民協会等の秘密団体が推挙した革命委員会が暴動を指導し農民を立上がらせ、土地革命を行い、労農革命を組織していく。そして暴動が勝利して一定の地域の政権を維持できるまでになればソビエト（農民代表者会議）を樹立し、その場合でも、暴動の勝利には、都市の労働者の暴動との結合が必要であるということが強調されていた。[67]

一一月会議後、中共山東省委とその下の県委は、党中央の出した「山東工作大綱」にもとづいて現地で具体的な工作を行っていこうとした。山東省委が党中央にあてた「山東省委一一月份報告」[68]（一九二七年一二月一日）によれば、多少とも大衆的基盤のある暴動工作の行われたのは次の六つである。膠東暴動、津浦路工作、泰安、萊蕪の暴動、東昌の暴動、魯北の暴動、淄博の暴動。山東省委は、これらの党部は新政策（一一月会議の諸決議）の真諦を了解していず、行動上はいぜんとして日和見主義的であるというコメントつきで党中央に報告しているが、これらのうち紅槍会および農民の暴動に多少なりとも関連しているのは、以下の四つであり、次にそれぞれについて検討する。

（1）膠東暴動

これは前述した膠県、高密、諸城一帯の大刀会による抗税暴動に山東省委が参加し、それを指導しようとしたものであるが、一一月会議の行われていた一一月初旬の山東省委の高密県委あての方針は以下のようであった。[69]暴動中の工作として、一、豪紳、官吏、地主の土地没収を行い農民に分配し、宣伝を広めるという土地革命の実行、二、党の基礎を建設し、農民協会の威信を高めること。膠東暴動の中では、農民の暴動を起こす組織であり、一時的には郷村の政権機関となる農民協会がなおざりにされ、土匪および大刀会が中心となっているという認識のもとで「まず大刀会と土匪と農民協会は同じであると主張し（決して大刀会、土匪にはつき従わない）その後徐々にその組織系統を打破し、下層大衆をつかみ農民協会に加入させる」と、土匪、大刀会を丸ごと組織するのでなくその組織を破壊し、下層の大衆のみを農民協会化しようとした。これは前述した七月以前の河南省における紅槍会の首領と接衝し丸ごと組織化した実践とその失敗の反省にもとづいていると思われる。三、暴動を起こした大衆を指導して、引き続いて抗糧抗税などの大小の経済政治闘争をするとともに、各所に代表を派遣して暴動の範囲を拡大する。四、都市を革命の中心と考えているせいか「郷村の政権を奪取するだけでなく、城壁を占領し都市の政権を奪取」し「革命委員会をうちたてる」と、主体的力量を無視して、都市の政権奪取という極左的方針を提案している。

以上の山東省委の方針に対して、高密県委等の各県県委は何とかそれに応じようとしたようである。例えば一〇月のことであるが、高密、諸城の西側にいた大刀会の数百人に対して、一三日に責任者を集めて、革命委員会を組織し土地革命軍の名称を用いることを決めたが、その行動が土匪化して階級的自覚に欠けているので、二人の党員を工作のために派遣し、大刀会の仲間でかつて広州で党を除名された菅××を通じて工作を行おうとしたが、しばらくして両者の連絡が絶えてしまい、[70]結局工作は途絶したようである。ともあれ山東省委の提出した前述の四点のうち、土地革命への指向と暴動の指導機関としての革命委員会の組織化を試みようとした。

ただし以上のような事例はあくまで大刀会の一部に対して行われた例外的なものだと思われる。山東省委の方針が高密県委でどのように実際に行われたかは前述したような断片的なことしかわからず、詳しいことは不明であるが、党中央の方針を反映したと思われる山東省委の方針に対して、奉天派軍閥張宗昌の統治下で、弱体な党組織で独自の武装力もなく国民革命期に自己の影響下にある農民組織もほとんどない高密県委が、第一次極左路線下の党中央の意を受けた山東省委の方針を全面的に実現するのは難しかったことは想像に難くない。例えば暴動の指導機関は、一一月会議では革命委員会が行うのが原則であり、農民協会も暴動の組織とされているが、膠東暴動は大刀会の自然発生的な暴動として起こり、中共は後から一〇月頃になってから参加したこともあり、暴動の指導機関は「官長式の数人の（大刀会、土匪の）首領」であり「暴動の中でそれに適した指導機関を実現するのは難しい」が少なくともその中に「党団（共産党と共青団）を組織し、高密県委書記はそれに参加せねばならない」と、山東省委自身が暴動の指導権奪取と革命委員会の組織化の難しさを認めている。さらに当時、河南省を支配下に入れた馮玉祥軍が西部から山東省に攻め込んできていたが、大刀会や土匪の首領が、膠東暴動の途中で、馮軍に買収されて馮軍の官職に任命される危険性があるという状態であった。(71)

膠東暴動へ高密県委が参加したのは、前述したように一〇月に入ってからだが、暴動そのものが一一月中旬になって失敗し、高密県委は、何らの成果を挙げることなく終わってしまった。(72)

(2)　泰安、萊蕪の暴動

泰安では、一九二七年には、衛駕荘、省荘、東河北等の村に農民協会が成立した。ただその活動は主として、ロシア一〇月革命の状況、中共の主張、反帝、反軍閥、反苛捐雑税等を宣伝する活動にとどまっていた。八・七会議後の党中央の急速な路線転換を受けて、九月、泰安県委書記馬守愚は、会議を開き山東省委の方針にのっとり年末に農民武装暴動を起こすことを決定した。会議の席上で、泰安の現状を分析し、泰安県城は津浦鉄路の要衝であり張宗昌軍の力が強いのでそこで暴動を起こすことは非現実的なので、農村部に党活動の重点を置き、西南郷と東隣りの新泰、莱蕪に発展することになった。(73)

当時、泰安、莱蕪では、紅槍会の力が強く、特に岱南一帯では「農民の一〇の七、八が加入し、もしも紅槍会運動をしなければ、農民運動を放棄するに等しい」という状態で、泰莱県委（九月に泰安県委は泰莱県委となった）はこの紅槍会に依拠し、農民暴動を起こすことを計画し、実行し始めようとした。

これに対し山東省委は以下のような指示を与えている。(74)（一）当時泰莱県委の党員は、わずかに百余人であったので、党組織を農民の中、とりわけ貧農の中に拡大すること。（二）農民協会は、郷村の政権を奪取、ならびに管理する政権組織であるのに、それが忘れられている。その理由は、もともと泰安、莱蕪では、農民協会について何もしていないので、農民に何らの影響もなく、農民協会が農民を指導して闘争したことがないからである。したがって農民協会を始めるのが難しいことが生じているが、決して農民協会そのものが、農村の環境に適さないのではなく、以前何もやっていないことが問題なのである。

以上のように泰莱県委は、従来農民協会で主として宣伝活動のみを中心的にやっていて、農民を指導して闘争を行ってこなかった限界を批判されている。農民暴動の実行を至上課題として実行しなければならない泰莱県委はさらなる農民協会の組織化を躊躇し、それに着手していない。むしろ以下に述べるように暴動を起こすために武装組織である紅槍会工作にのみに留意している。すなわち山東省委の泰莱県委あての指示によれば、泰莱県委が「紅槍会の大衆を、農民協会工作の対象としようとするのは、……それは正しい。もしも一〇の七、八の農民が紅槍会なので、紅槍会を発展させるならば、それは投機的政策である（大てい君達はこのようにしている）。言いかえると、紅槍会を農民協会化させようとするのであり、紅槍会の勢力と生命を拡大し延長してはならず（すべきではなく）、われわれは彼等を利用するのである」と、農民協会を組織するよりも、紅槍会に依拠してむしろ紅槍会を発展させるような泰萊県委の方法を批判した。

紅槍会をどのようにして農民協会化させるかという方法については「現在、泰安紅槍会の首領の昇官欲は、すでに紅槍会大衆の信頼を失っている。われわれはどうして、その機に乗じて（具体的主張をもって）農民協会を彼等に呼びかけ、一歩進んでその組織系統を破壊し、紅槍会大衆を農民協会に加入させないのだろうか？」と述べている。さらに、中共泰萊県委が工作を行っている紅槍会の例として「（泰安県？の）西南郷には内部で工作を行っている紅槍会三〇〇余人がいて、東南郷にはすでに二〇〇余人いる。われわれ萊蕪の同志は、当地の紅槍会を代表して、馮嘉坤を拒絶することができる。これらのわれわれの指導を受けている地方では、われわれはどうして農民協会の名義を直接に持ち出さないのであろうか」と述べているが、このように指導権を持っている少数の紅槍会の中でも、農民協会のスローガンを掲げられないことが伺われるのである。なおここで名前の挙がっている馮嘉坤は、泰安西南郷の磚舎鎮の紅槍会の首領であり、数百人の会員を有し、かつ青・紅幇の首領も兼ねていた。かつて一九二七年前半期に中共党員武冠英が直魯連軍の済南軍需専門学校学生時代に、将来の武装暴動に備えて工作に入ったが、馮嘉坤は昇官して金儲けする事ばかり考え革命に関心無く、かつ部下の紅槍会会員の大部分は地回り、ごろつき、青・紅幇、老兵すれっからし等の烏合の衆の集まりで内部の秩序も無いので、見切りをつけて彼の下を去った(75)。

このように農民協会のスローガンが掲げられないのは、河南省委がすでに一九二七年八月の段階で、農民の文化的落後性ゆえに農民協会とか党部といった名称では農民大衆を組織化できないので、紅槍会に類似した組織を作り、そこに既存の紅槍会より分化した農民大衆を組織し、武装勢力とすると述べているが(76)、山東省でも農民大衆の意識は同じようであったと思われる。ただこのような現象は、農民運動の本格的開始期には、先進的な広東省でさえ、澎湃の初期の苦闘に見られるように大なり小なりどこでも起きたことだと思う。[77] したがって中共側の方針とか、農民運動の活動家の実践とか、具体的行動様式を検討せずに農民の文化的落後性にすべての原因を帰すことには賛成できない。

また泰萊県委は、党と農民協会の組織化が同程度困難であると考え、農民協会を発展させず、党だけを発展させようとした偏向もおかしたという。さらに軍事面では、大衆の欲求、組織した力、煽動工作に注意せず、民団や警備軍に頼るという「軍事投機」に陥ち入り、また軍事上の連絡が十分で無いので時機を待ったり、軍事力が幸運をもたらすという「日和見主義」に立っている。これは以前、蒋介石の北伐に頼ろうとしたり、唐生智の北伐を待っていたのと同じ誤りであると批判されている。

以上のような泰萊県委の方針と山東省委の批判から伺えるのは、より現場に近く農民暴動を実行しなければならない徒手空拳の泰萊県委側は、方針を柔軟に運用し既成武力集団である紅槍会、民団、警備軍への工作を重視し、山東省委側は大衆工作（これは両者の自明の前提だと思われるが）が欠けていると批判し、また泰萊県委側は党と農民協会が組織化が同じ程度困難ならより重要な党の組織化を重視するというプラグマチックな対処をし、それがまた山東省委に批判されるという図式である。

なお泰安、萊蕪では結局暴動が起こされなかったようである。

（3） 東昌の暴動

東昌（聊城）専区に行政的に合まれるのは、山東省西北部の聊城、朝城、范県、陽穀、臨清、茌平等の諸県であるが、これらの地域では、前述したように四月～五月及び九月に范県、朝城で紅槍会による薛伝峯軍に対する暴動が起き、六月には陽穀の農民が抗糧を要求して県城を囲んだ。

一九二七年一〇月一六日（または一七日）、中共魯西（東昌）県委が成立し、共青団山東省委秘書長であった張幹民が山東省委から派遣されて書記になった。魯西（東昌）県委は、県委の中心的メンバーが分担して、聊城（東昌）、陽穀、博平、東平、臨清等の県の工作を担当することになった。[78] 魯西（東昌）県委は一一月一八日付で、前述したように紅槍会の力の強いことに目をつけて、「茌平、陽穀、臨清ですでに紅槍会と土匪三百人位（？）と連絡がつき、二〇日内外に暴動を発動できる」という報告をしたが、山東省委は膠東、泰萊と同様な誤り（農民の暴動を起こす組織であり、一時的には郷村の政権機関となる農民協会の組織化がされておらず、土匪や紅槍会の組織に丸ごと依拠していることを指していると思われる）を犯しているとして、人を派遣して指導することになった。[79] だがこの暴動は土匪の首領韓建徳が一時張宗昌に買収され、張軍に投じようとして中途で降りたため、予定した時期には実行されなかった。[80] 一一月中旬には、陽穀、聊城、博平、東平等に農民協会が成立し、会員数が二〇〇名前後におよんだ。[81] 一二月、山東省委は、中共の支部と農民協会の所在地を暴動発動の起点として、聊城、博平、陽穀、東平、臨清、堂邑、茌平を中心地点とする広範囲な暴動を計画していた。[82]

（4）魯北の暴動

一九二七年一〇月頃、魯北県委は平原県で魯北第一次陵県、平原、禹城、夏津、徳県、臨邑、商河、高唐八県の党の工作会議（略称八県会議）を開き、八・七会議の方針にもとづき、八県の農民暴動を発動し、政権を奪取しソビエトを樹立する事を決定し、さらに暴動を具体的に指導し実施するための魯北行動委員会を成立させた。[83]

北部の夏津一帯では、大土匪の首領と合作条件二〇条を定め、暴動を起こそうとした。これに対して山東省委は、これは全く土匪の首領の運動であり、大衆に対する工作が行われていないと批判し、人を派遣して指導するよう準備を始めた(84)。

以上のような山東省委の方針に対して、中共中央は一一月会議の方針にのっとり次のような指示を出した。膠東、范県、朝城等の山東農村の自発的抗税闘争の主力は、槍会(紅槍会)、あるいは土匪であり、槍会大衆には貧農が含まれていたり、あるいは大部分が貧農であるが、実際には中小豪紳、資産階級の指導の下、軍閥の正税以外の苛捐雑税に反対する単純な運動のみであり、この種の闘争は土地革命の色彩が極めて少なく、たとえ宣伝に行ってもそれぞれの領袖に阻まれると山東の自然発生的抗税闘争に低い評価を与えている。しかし山東の大地主は多いので、困窮した農民は土地没収の切迫した欲求があると述べ、山東の地主制が客観的に存在していることから主体的力量を省みず、「山東農民闘争の重要な路線」は「苛捐雑税に反対する運動を、豪紳地主を取り除き、土地没収し、政権を奪取する暴動に導くことである」と土地革命と政権奪取の暴動を強調する。これらの目的を実現するために、「抗捐抗税抗租抗糧抗債、豪紳地主を殺す、土地没収す、反動の武装を解除す、郷村のすべての権力を農民代表会議(ソビエト)へ」のスローガンのもとに、貧農大衆(失業農民、半失業農民)を主力として、まず遊撃戦争を行い、それを政権奪取をする暴動に発展しなければならないとし、この遊撃戦争の中で、大多数が中小豪紳指導下の槍会による山東の自発的農民闘争は、農村の階級に劇烈な変化を起こさせ、農民は中小豪紳の影響、あるいは指導を離れ、中小豪紳と敵対的な関係となり決死の反抗をしてこそ、暴動を実現し、土地を没収し、政権を奪取することができるとしている。したがって槍会を主力とする抗税闘争を利用することに頼って、農民暴動に変えることを希望するのは、一種の幻想であるのみでなく、必然的に、大衆暴動ではない軍事投機に進むとする。ただこの種の闘争には当然参加しなければならないが、「参加する主要な目的は、大衆を勇敢に指導して闘争を前に進め、抗税闘争中に大衆に首領の反動性を認識させ

てその影響から離れ、土地革命の道に向かわせることである」と述べている。(85)

党中央のこの指示は、自らの影響下にある武装力もなく、農民協会に結集した農民も非常に少なく、そもそも前述したように農民協会のスローガンさえ提出することさえ困難な状況という山東省の状況の中で、広東、両湖なみの（そのうち湖北秋収暴動は一部が発動されただけでほかは発動されず、湖南では発動されたがすでに失敗した）土地没収と政権奪取の方針を実現しようとするのであり、この方針は机上のプランという感が強い。ただ党中央の指示の中でも紅槍会の抗税闘争への参加は否定されなかったのであり、山東省委下の各県委は、これ以後もたとえ軍事投機主義という批判を浴びても既成武力集団である紅槍会、土匪、連荘会等への工作をして暴動を起こそうとしていく。

この指示以後の暴動実施の試みとして以下のものがある。

①　東昌の暴動

前述したように一度暴動を降りた土匪の首領韓建徳が、一九二八年一月一四日、魯西（東昌）県委と打ち合わせた期日より早く紅槍会や農民協会員数十人を率いて、かねての計画通りに陽穀県坡里荘のドイツのカトリック教会を占拠した。魯西（東昌）県委からも人が派遣され、二月七日まで教会を占拠し続けた。この時「東臨地区革命委員会」を名乗り、「打倒帝国主義、打倒蔣介石、打倒貪官汚吏・土豪劣紳、樹立農村政権」という布告を出した。さらに教会内の食糧を農民に分配して農民の結集を試みたり、周囲の地主達から武器を接収したりした。事前の計画では、教会を拠点にして他村や鎮に闘争を拡大し農村政権を確立した上で、博平と協力して聊城県城を攻撃する予定であったが、すぐさま東臨道尹陸春元の率いる県警備隊、民団、さらに張宗昌軍の刑旅、河南督軍寇英傑の派遣した軍に教会は包囲され、ついに二月七日教会を撤退して暴動は失敗した。これはこの時期に実際に行われた唯一の暴動である

（この暴動については詳しくは第五章を参照）。

②　魯北の暴動

陵県の暴動

前述した一九二七年一〇月頃行われた魯北第一次八県会議の後、魯北県委はまず陵県で暴動を起こすことにした。当時徳県宋集（現在は陵県に所属、陵県県城西北二〇里）およびその周辺には農民協会が組織され、「土豪を攻撃し、田地を分けよう」というスローガンを掲げて、土豪との闘争を行っていた。

そして暴動の時の主力として、連荘会と紅槍会が組織化されていた。連荘会の組織化には、一九二六年秋に第六回農民運動講習所卒業後、陵県に戻っていた于佐舟の個人的人脈、個人的ネットワークが使われた。すなわち陵県県城の北一五里にある于集の連荘会副会長于志良は、連荘会の名義で一人の土匪を逮捕したが、役所は良民を捕らえて他人の功績を自分の功績にしてしまうという罪で彼を逮捕し入獄させてしまった。また陵県県城の南の魏家寨の連荘会会長崔朝林は郷紳と矛盾があり、逮捕されていた。于佐舟は叔父の県の建設局長于志清を通じて于志良を助け出し出獄させ、崔朝林も罰金を払って釈放された。于佐舟と于志良はその後莫逆の交わりを結び、于志良は共産党に入党した。その結果陵県の暴動は、于志良、崔朝林の掌握している連荘会も利用して行われるようになった[86]。

魯北県委は、一二月一二日付けで「陵県暴動計画」を山東省委に提出し、山東省委は三日後「陵県暴動に関する山東省委の指示手紙」を出し、同時に党中央に報告するとともに、党中央からの指示も得た。その結果、魯北県委書記李宗魯自らが指揮をし、陵県の于佐舟、于志良、徳県宋集の宋建謀、王風岐を含む七人が統一的指導をすることになり、于佐舟が暴動の総指揮をつとめることになった[87]。中共側の計画によれば、暴動の時の主力軍として、前述した連荘会三二村六〇〇余人（うち農民協会のある村二〇、会員三三五人、県城の北一〇里外、二〇里内、東西の長さ一〇里、于家集を中心、宋集も含まれる）、紅槍会二〇〇余人（県城の南五里外、一五里以内、合計三〇村、魏家寨の連荘会は内実は紅槍会によって構成されていたようであり、紅槍会の中でも九宮道紅槍会が中心のようである）、その他に補助軍として、大仏門七〇〇余人（これも紅槍会的な宗教的秘密結社のようであるが、県城の北および東三〇里外、四〇里内）、土匪二〇〇余人を動員できるとしている。(88)

暴動のために準備されたスローガンとして、当時の党中央の意向を反映している山東省委は、政権組織として郷村では「郷村農民代表会」、都市では「労農兵士貧民代表会」と言う具合にソビエト組織の樹立を提出した。これは魯北県委側が「一切の郷村政権は農民協会に帰す」というスローガンを提案したのに対し、山東省委側は、山東では農民協会は別に多大な影響を与えておらず、かつそれは多く国民党が組織したものであるとし、魯北県委側の提案を退けて政権組織としてのソビエトを提出している。さらに「軍閥・官吏・地主・豪紳」の土地、財産・食糧の労農兵士貧民への分配を提出している。また魯北県委は、暴動の中で必ずやらねばならないこととして「紅槍会の組織系統の破壊」を挙げている。(89)つまり暴動開始にあたっては、組織としての紅槍会の武力を利用するが、暴動が発展していくにしたがって紅槍会の組織を解体するとしている。

具体的な暴動行動として、まずいきなり陵県県城を占領することを目標にした。それは陵県の大衆心理として県城を占領しないと安心できないからであるとし、占領後、一部を残して県城を出て破壊・テロ活動を行い、暴動を全県および隣県に拡大するとしている。(90)県城を占領するために宋集、于家集の人員は、県城の北の天斉廟で集まり、于志良が指揮して県城の北門を攻撃し、魏家寨の人馬は南門に集まり支援し、于佐舟は個人的人脈を利用して県城内で内応して、兵士に運動して城門を開いて攻城部隊を迎え入れるという南北挟み撃ち、内外呼応するという計画を立てた。

一二月下旬の晩、かねての計画により暴動が発動された。于志良が于集で集合の合図の太鼓を鳴らし、于集の人々が大刀、長矛等の武器を持って集合し県城の北の天斉廟に移動し、そこに宋集の農民協会会員も参加して、総勢五、六〇〇人に達した。しかしながらいつまでたっても県城内から攻城の合図がされず、集合した人員もしびれを切らして三々五々と解散してしまった。魏家寨の紅槍会は大地主孫来儀の広庭に火をつけ、その後県城の南に移動したが、県城の北側で動きが起こらなかったので攻城せず、結局暴動は失敗してしまった。そもそも県城内部から合図がされなかったのは、県城内部に入った于佐舟が兵士に運動して謀反を起こす企てを、叔父の県の局長に知られてしまい、叔父の家に監禁されてしまったためであった。(91)

このようにこの事件では暴動への行動はなされたが、暴動自体は尻すぼみで未発のままに終わった。暴動の実施自体にも、中心人物于佐舟の行動を知られて監禁されてしまったり、せっかく県城の北側に集合した人員が合図が無いので解散してしまったり、杜撰な点が散見する。

この後、県当局の弾圧と白色テロが始まり、宋集の農民協会は解散し、宋集、于集一帯の共産党員は党組織との連絡を絶たれ活動を停止し、逮捕令状の出た宋建謀は東北に行き、王凰岐は済南、泰安に行って活動し、後に一九二八年一二月平原県で国民党により逮捕された。于佐舟は一九二八年五月泰安で自首し共産党を離れ、国民党に加入した。(92)

高唐県穀官屯暴動

前述した一九二七年一〇月頃行われた魯北第一次八県会議の後、金谷蘭は故郷の高唐県に戻って暴動の準備を始めた。当時高唐県は一部の地主の土地集中化が進み、穀官屯でも全村六〇傾のうち四〇傾を一部の地主が所有し、階級矛盾が激化していた。さらに高唐県では豪紳悪徳ボスが支配し、民国初年以後、陳友三を頭とする「十虎兄弟」が跋扈し、彼らの中には、省議員、県政府の科長、商会会長、訴訟を独占する文書係、大土匪の頭目がいて、県長も彼らの意向を聞かざるを得なかった。さらにこれに張宗昌政権による苛捐雑税が加わった。その上この年は蝗の害が加わり、農民の生活をさらに悲惨なものにしていた[93]。

金谷蘭は故郷で小学校の教師を援助して農民夜学校を行い共産党の宣伝を行うとともに、県城の北部の農村で大きな勢力を持っていた紅槍会の一派である紅門[94]に、共産党の許可を得て入会することになり、師を拝み入壇し赤い腹掛けをつけた。一九二七年初冬、三殿廟村で行われた十郷会の席上、金谷蘭は共産党の指示にもとづき「抗捐抗税、打倒土豪劣紳」のスローガンを提出し、各村の支持を得るとともに、十郷（一〇村）の団長に選ばれ、紅門を紅団と改称した。かくして紅槍会の一派と思われる武装勢力紅門の指導権を握り、その改造を進めていくことになった[95]。

一九二八年二月、魯北県委拡大会議が穀官屯で開かれ、席上山東省委から派遣された李春栄は「打倒土豪劣紳、除去貪官汚吏」「打倒新旧軍閥」「平均地権」等のスローガンを提出した。会議後これらのスローガンは、紅団の団員の手により県の役所の入り口や県城の北の大村落に貼られていきその影響を広めた。紅団の勢力に対して脅威を感じた穀官屯の大地主李洪樓は、大土匪の頭目で大地主でもある李九と結託して金谷蘭を殺害しようと企てて事が発覚し、李洪樓および悪事を重ねていた土匪郭景芳、張麻蘭は殺害された。また大地主李幹臣、高唐県商会会長姚丁漢も打撃を与えられた。そのため紅団所在地の大地主や豪紳、所在地外でも高唐県の名の通った大地主や豪紳は家を棄てて逃亡した。

そのほか県城の北の十里鋪一帯の地の多くはアルカリ土壌で、貧しい農民は冬や春には土を煮沸し塩を取り出し生活を維持していた。当時高唐城内で食塩を運搬販売していた官の塩店は市場を独占するために、塩の見回りを四方に出して監視をしていた。塩の見回りは、塩民に対して難癖をつけ、塩の瓶を砕き、塩池を破壊し、罰金を課し、塩民の恨みをかっていた。一九二八年四月、塩の見回り李春城は塩務警察の胡景春等六人とともに、武器を携帯し穀官屯に塩税を徴収に来たところ、紅団の団員に捕まり、団の本部に連れて行かれた。金谷蘭は彼らを十里鋪で公開裁判にかけることにし、翌日、彼らは紅団団員や農民大衆に付き添われて十里鋪に向けて出発したが、途中で逃亡しようとしたため、その場で数人が紅纓槍で刺し殺された。

紅団のこのような土豪劣紳反対、および塩の見回りへの闘争は、山東各地に大きな衝撃を与えたという。(96)また県政府に対しても、官への車を出さず、また糧を納めないようにする抗糧闘争を秘密裏に行った。(97)

一方、蔣介石の率いる国民党の国民革命軍は、四月には津浦鉄路上の要衝泰安および省都済南の近くの長清一帯に至り、張宗昌の山東統治は崩壊寸前になった。山東省委第三次執行委員会後、魯北県委は、張宗昌が撤退し蔣介石の国民革命軍がまだ到着せず、郷村の統治権力が空白になるこの有利な時期を選んで、かねての計画通り暴動を起こすことにした。そのための準備として、四月末、山東省委は魯北県委を魯北特委に改組し、山東省委から派遣した李春栄が書記になり、前書記李宗魯、金谷蘭、張幹民等が委員となり、魯北特委を穀官屯に置くことになった。

魯北特委は会議を開いて、山東省委の指示にもとづき暴動計画を以下のように定めた。まず紅団を農民自衛団に改称し、二五の村の団員を七個大隊に編成し、全体を統括する総団部を樹立し、金谷蘭が総団長、副団長に高唐一帯の紅門の首領で一九二七年に中共に加入した姜占甲、ならびに徐興栄がなった。そして五月四日に暴動を起こし、穀官屯ソビエトを樹立する。当日の具体的行動は、まず七個大隊が穀官屯に終結し、前述した大土匪の頭目兼大地主の李九の巣窟である魚李荘を攻撃し、その後高唐県城を占領するというものであった。(98)また山東省委の側は、「豪紳地主を殺し、土地を没収」し、「土地革命の影響を拡大」し、「一郷あるいは一県の割拠の局面すら促す」と土地革命の進行と割拠体制の創造を強調していた。(99)

ところが蜂起の情報は体制側に洩れていた。抗糧行動および大地主李洪楼や塩の見回りの殺害に対して手を出せず、統治の責を果たせなかった高唐県長張振生は、一挙挽回をはかって大土匪兼大地主の李九と謀議して、機先を制して五月四日明け方、優秀な装備を備えた県の大隊、警備隊と土匪千名近くを派遣して穀官屯を包囲襲撃した。多勢に無勢で不意をつかれ武器の装備の劣る農民自衛団側は応戦したが、魯北特委および農民自衛団総団部を占領焼却され、総団長金谷蘭は難を逃れたが、魯北特委書記李春栄、副団長姜占甲、および一般の団員等一六人が殺害された。夜があけて知らせを聞いて他村の農民自衛団が穀官屯に救援に来た時には、県の大隊、警備隊、土匪は素早く撤退した後であった(100)。

かくして高唐県穀官屯の暴動は発動直前に弾圧された。かなりの農民大衆の基盤があったこの暴動の失敗、さらに国民党の統治の開始、および白色テロの激化という要因が加わり、魯北および山東省における中共による農民暴動はこれ以後低調期に入っていく。

夏津の暴動

一九二七年から二八年にかけて、夏津では共産党により数十の村に農民協会が組織され、その数は小村では一〇〇人近く、大村では二、三〇〇〇人に及んだ。農民協会は地主、豪紳、悪徳ボスの搾取や罪悪に対して「清算」運動を展開した。

前述したように一九二七年一〇月頃平原県で行われた魯北県委八県会議の後、夏津一帯では大土匪の首領と合作条件二〇条を取り決め暴動を起こそうとしたが、これは結局発動されなかったようである。その後、まず共産党員張立中の兄の人脈により武城県の民団団頭苟長水およびその下の一〇〇人から二〇〇人の武装力を味方につけた。さらに孫小屯の紅槍会首領孫興太、さらに紅槍会の一派小紅門の首領王森林、邱書欽を味方につけ、その結果数百人の兵力と武器が集まった。そしてこれらの武装力を掌握し同時に暴動の時の中核を担うために、十数名の共産党員と数十名の共青団員と進歩的青年がこれらの民団、紅槍会等の隊列に送られた。さらに高唐と同様に、張宗昌が撤退し国民党の国民革命軍がまだ到着しない時期を狙って武装暴動を起こす計画をたてた。計画では暴動後は、魯北紅軍第一路軍を名乗り、民団団頭苟長水が指令、魯北県委監察委員で夏津の党支部の責任者の劉君雅が党責任者となり、「清党」を行う国民党の弾圧に対して、武装自衛闘争を行う予定であったという。

だが五月九日、夏津党支部の責任者劉君雅等四人が逮捕され、ここでも暴動は発動されなかった。(101)

一九二八年二月、コミンテルン執行委員会第九回拡大プレナムは、中国革命は第一回目の高揚期を過ぎ退潮期に入ったことを初めて認め、四月には中共中央政治局が「コミンテルン決議案についての通告」を出し、(102)全国的範囲の実際工作の中で、第一次極左路線は基本的に終わったとされている。(103)また六月にモスクワで行われた中共六全大会では、中国革命の現段階の性質はブルジョワ民主革命であり、当面の政治情勢は二つの革命高潮の間の時期であり、党の総任務は進攻ではなくて、大衆をかちとり武装蜂起の準備をすることであるとし、(104)革命が退潮期にあることを認めた上で、第一次極左路線下の即座に武装暴動を行う方針を転換した。その外に六全大会では、「土匪やそれに類似した団体との同盟は、暴動以前に限って許され、暴動後には彼らの武装を解除するとともに、厳しく鎮圧すべきである。これは地方秩序を維持し、反革命の再起を防ぐのに必要な先決的前提である」(105)と土匪の評価が大変低くなっているのが注目される。一方、紅槍会に対しては、大衆を獲得し、指導者を大衆と切り離し孤立させ、その上で機を見て紅槍会大衆を紅軍に編入するとし、(106)土匪に対してよりは評価しているのである。

ところが山東省では実際の工作面での方針転換は遅れたようであり、モスクワで開かれた六全大会に参加していた山東省委書記盧復担（福担）、常務委員丁君羊が一〇月に帰国し、山東省委拡人会議を招集したり、各地で県の党組織の責任者および支部書記を召集して六全大会の決議の伝達と討論を行い、党の当面の任務は進攻ではなくて、大衆をかちとり暴動を準備することであると、六全大会の趣旨を徹底させているので(107)、これ以後実際の工作面で方針転換がなされたようである。そして現在史料的に確認できるこの時期の紅槍会を中心にした農民暴動の最後の試みが、これから述べる昌邑県飲馬鎮の暴動である。

昌邑県飲馬鎮の暴動

昌邑県飲馬鎮では、一九二七年秋以後、山東省委から派遣された黄復興、黄世伍が活動していたが、冬になってさらに于培緒が派遣され八・七会議の方針にもとづき、暴動の準備のために農民武装力の組織化を始めた。

一九二八年初夏、于培緒は農民武装蜂起を組織する条件が整ったと考え、飲馬鎮天斉廟前で膠東行署農民協会（対外的には貧民会と称す）を成立させ、その後付近の多くの村にも貧民会は組織されていった。一〇月には中共飲馬党支部が成立し、黄世伍が書記、于培緒等が委員となり、農民運動はますます盛んになった。この事は山東省の支配を開始していた国民党の昌邑県党部を刺激し、彼らは共産党組織と貧民会に打撃を与え消滅しようと企て始めた。

この動きに対抗して、中共飲馬支部は革命の武装力を強化しようとして、まず紅槍会を味方につけようとした。具体的なやり方として貧民会の積極分子を中核にして飲馬の紅槍会を樹立した。すると会員はたちまち二〇〇余人になったという。このようにこの例は中共側が自ら紅槍会を創立したまれな事例である。于培緒等はその後紅槍会の組織のある村落に働きかけ、高密県も含めて紅槍会を連合させた。その結果会員五〇〇〇余人を有し、四二の村落を連合させた連荘会が成立した。つまり内実は紅槍会であるが、対外的に連荘会を名乗ったものと思われる。

その後飲馬の農民闘争の矛先は土豪劣紳と軍閥土匪に向けられた。一一月末から一二月初めにかけて、長矛を持った紅槍会員が悪徳地主于維清と張孟合の住宅を囲み、武器弾薬を奪い、倉庫を開け食糧を分配し、帳簿を焼却した。(108)このように土豪劣紳との関係が悪化したのは、昌邑駐屯の元直魯連軍第三軍旅長で国民政府に帰順した軍閥黄鳳起が給養を土豪劣紳に求め、土豪劣紳がそれを農民に転化したことが背景にあるものと思われる。農民達は貧民会の指導下に給養を納めず、その後土豪劣紳は譲歩して給養の額を減らしたが、貧民会はなお納めず両者の間は緊迫していた。(109)土豪劣紳は、地主于と張の屋敷が襲われたので恐慌状態になり、黄鳳岐に密かに通じて、彼の武力で農民運動を鎮圧しようと機を伺った。于培緒は黄鳳岐の部隊が飲馬を襲撃するという情報を得て、紅槍会の指導者と相談し、武装蜂起をする決定をした。

一二月二五日、黄鳳岐の部下の王路全団長は兵士三〇〇余人を率いて飲馬に押し寄せて来た。飲馬の紅槍会はその情報を聞き、北門に二門の鉄製の大砲を備え一二の入り口を閉め、近くの村々の一〇〇〇余人の紅槍会が飲馬に集合した。一〇時頃、王軍は飲馬を包囲し北門外に迫撃砲と水圧の機関銃をすえ進攻しようとしたが、紅槍会の勢力が強大なのを見て策を用いて弾圧しようとし、まず停戦して講和することを提案し談判をすることになった。王路全は兵を率いて飲馬に入り、もっともらしい態度をとって大衆の面前で飲馬の豪紳を指弾し、農民の抗捐抗税闘争に支持を表明した。その晩王路全は兵を率いて飲馬を去った。しかしそれは罠であった。一方于培緒は危険は去ったと考えたのか、応援に来ていた他村の紅槍会を撤退させた。ところが二六日早朝、王路全は兵を率いて飲馬に殺到し内部の反動豪紳が呼応し虐殺を始めた。貧農会と紅槍会の責任者王聚堂、李天倫、于中田等がその場で殺害され、中共飲馬支部の于培緒、黄復興は捕らわれ、昌邑県城に送られその晩殺害された。(110)かくして飲馬の農民運動は弾圧され武装蜂起は失敗してしまった。

このように昌邑県飲馬鎮の事例は、もともとは八・七会議の方針に沿って工作が開始されたが、中共飲馬党支部が成立したり、五〇〇〇余人の紅槍会を連合させて連荘会を成立させたりして、農民運動が高揚してくるのは、山東省委が六全大会の趣旨を下部組織に徹底した一九二八年一〇月以後であり、その時期になると第一次極左路線は終息していた。したがってこの事例は一一月会議の方針にのっとった蜂起というよりは、軍閥の弾圧の動きに対抗して自衛のための武装化をしている最中に弾圧されてしまったという性格が強い。ただこの事例は中共側が自ら紅槍会を創立したまれな例であり、その点で注目される。

前述したように、昌邑県飲馬鎮の暴動は、現在史料的に確認できるこの時期の紅槍会を中心にした農民暴動の最後の試みとなった。

ところで前述した暴動への試みを、農民協会、貧民会等の大衆組織の有無、およびどのようにして紅槍会を中心にした既成武装集団を組織化していったかをまとめると、東昌（陽穀県坡里荘）では農民協会の組織化が行われていたが、中共党員楊耕心の個人的人脈を通じて土匪の首領韓建徳を組織し、さらに彼の個人的人脈で九宮道紅槍会の首領に話をつけ紅槍会を組織した。つまりこれは河南省で国民革命期に行われた首領を通じての折衝工作の方法で組織化したのである（詳細は第五章参照）。

陵県でも農民協会の組織化が行われ土豪との闘争が行われていたが、中共党員于佐舟の個人的人脈を通じて于集の連荘会副会長ならびに魏家寨の連荘会（実態は紅槍会）会長を組織化して、彼らの下の武装力を動員しようとしている。つまりここでも首領を通じての折衝工作を行っている。

高唐県穀官屯では、中共党員金谷蘭が紅槍会の一派紅門に参加し、その指導権を握り紅団と改称した。このように中共党員が紅槍会を組織化するのではなく、自ら紅槍会に参加した事例はあまり例がない。なおここでは農民協会を組織しなかったが紅団がその役割を代行し、土豪劣紳反対、塩の見回りへの闘争、抗糧闘争を展開した。

夏津では、農民協会が組織され、地主、豪紳、悪徳ボスに対して「清算」運動を展開していたが、中共党員張立中の人脈により民団団長を組織化してその下の武装力を動員しようとし、その他に紅槍会や紅槍会の一派小紅門の首領を組織化しており、ここでも首領への折衝工作を行っているが、さらに民団や紅槍会の下部の団員や会員への工作のために、中共党員や共青団員や進歩的青年が派遣されている。

昌邑県飲馬鎮では、貧民会（膠東行署農民協会）が軍閥黄鳳起に対する給養支払いを拒否し、給養の支払いを農民に転化した地主の家を襲い武器を奪い食糧を分配したりし、軍閥の弾圧に対抗して、貧民会の積極分子を中核にして自ら紅槍会を創立した。そして周辺の紅槍会を連合させ、対外的には合法的な連荘会を名乗った。中共が自ら紅槍会を創立したことは注目に値する。このようにすれば、国民革命期に河南省で見られたような、農民武装力として紅槍会を丸ごと農民協会に組織し、その指導権を紅槍会の指導者である豪紳、地主に奪われてしまうという問題を回避できるからである。

おわりに

国民革命期、紅槍会を農民協会に最も組織化したのは河南省であったが、国民軍対奉、直両軍との戦争の中で中共は国民軍擁護という方針を出したが、紅槍会に対して指導性を発揮できず、紅槍会の首領と折衝して農民協会下に丸ごと組織化する欠陥は明らかになった。だが河南省委は、呉佩孚系軍閥に反対する闘争の中で、従来の方法を変更せずに再組織を行い、中共中央もその方針に追随したが、それらの組織化は、紅槍会に結集している農民自身の闘争を行わずに農民に信頼されなかったり、中共自身の方針が地主制の発達した南方での経験を自作農の多い北方にそのまま持ち込もうとしたこともあり、武漢政府の第二次北伐の中で国民革命軍への紅槍会の呼応はなされず、その組織化は破産していった。一方この時期、山東省では河南省に比較して農民をあまり農民協会に組織できず、紅槍会への働きかけもようやく始まったところであった。

ソビエト革命期に入り、山東省では、独自の武装力の欠如の下で、第一次極左路線下の八・七会議から一一月会議までの方針にのっとり紅槍会を利用して暴動を起こそうとした。結果的には陽穀県坡里荘の事例を除いて、そのほとんどは実際に発動されなかったが、国民革命期に比べて一部の紅槍会の組織化に成功した。

一部であれ紅槍会の組織化に成功した原因を考えると、第一、農民運動の訓練を受けたり、革命運動の経験のある活動家達の出現である。すなわち広州で行われた第六回農民運動講習所卒業生が山東省に戻り農民運動に携わり、また武漢、広州、上海等で活動し革命運動の経験のある中共党員が国共分裂以後、中央組織部の統一的配置により山東省に戻って活動を開始した(11)。第二、農民達を農民協会（組織化の過程でかなりの困難を伴ったが）、紅槍会の一派紅門を改造した紅団、貧民会に組織化するのみならず、具体的な農民闘争を行い、中共は農民達へ影響を及ぼし彼らのある程度の信頼もかち得た。すなわち各地で土豪劣紳への反対、清算闘争、塩の見回り反対、抗糧闘争、軍閥への給養反対等の農民闘争を行っていた。このような農民の組織化と農民闘争の基盤の上で、東昌、陵県、夏津では、組織化の手段として首領との折衝工作を用い紅槍会を組織したのであり、そのためある程度紅槍会への指導権を確保出来た。また貧民会の中核分子を中心に紅槍会を創立した昌邑の例、さらに紅槍会の一派紅門に参加し内部で指導権を握って紅団と改称した高唐の例は、指導権確保という点でより確実な方法であった。第三、第一次極左路線下の八・七会議以後の方針は、即時武装暴動を提起したため、山東の中共党員は自らの武装力がないこともあり、既成武力集団である紅槍会や民団、連荘会工作を行わざるを得なくなった。このことは革命史上の第一次極左路線の評価とは別に、中共党員が紅槍会等を正面から見据えて工作に真剣に取り組まざるを得なくした。国民革命期、河南省において国民軍対奉、直両軍との戦争における国民軍への紅槍会への呼応、あるいは武漢政府の第二次北伐では国民革命軍への紅槍会の呼応ということが求められているように、頼るべき軍隊があり、それへの副次的武力集団として紅槍会を位置ずけるというのとは異なるのである。

ともあれ紅槍会や農民協会等の大衆組織への組織化といっても一部であり、中共による山東省の農民や紅槍会の組織化は、抗日戦争の開始を待たねばならなかった。

また八・七会議から始まる第一次極左路線下で紅槍会を中心にした農民暴動を遂行する中で、中共山東省委側も大きな打撃を受けた。すなわち中共山東省委の党員数は、一九二七年六月には一〇〇余の支部、党員数一五〇〇名いたが、体制側に殺されたり、弾圧を避けて他省に逃亡して党組織と連絡が出来なくなったり、離党したり、さらには一九二八年六月以後山東省の統治を開始した国民党を選択したりして、一九二八年一一月には九二の支部、四二三名の党員に激減し、さらに一九二九年には党員数は二五一名に減ったのであった(112)。

註

（1） 三谷孝「国民革命期における中国共産党と紅槍会」（『一橋論叢』六九―五、一九七三年）。
（2） 姫田光義「第一次国内革命敗北後の党組織と党活動（下）」（『史潮』第一〇四号、一九六八年）

（3）前掲三谷孝「国民革命期における中国共産党と紅槍会」四九頁。
（4）「南京短簡」『時報』（一九二六年四月八日）、「魯南紅槍会之騒動」（『時報』一九二六年四月一五日）、「魯南会匪騒動続聞」（『時報』一九二六年四月一六日）、「魯省近聞」（『時報』一九二六年四月一九日）、「魯軍囲勦汶上紅槍会」（『時報』一九二六年四月二一日）等、なお本書の第三章を参照。
（5）河南省杞県の紅槍会については馬場毅「紅槍会運動序説」（『中国民衆反乱の世界』汲古書院、一九七四年）、本書の第二章、三谷孝「国民革命時期の北方農民暴動」（『中国国民革命史の研究』青木書店、一九七四年）を参照。
（6）阮嘯僊「全国農民運動形勢及其在国民革命的地位」（『中国農民』第一〇期、一九二六年一二月）。
（7）河南省党部「河南省農民運動報告」（『中国農民』第八期、一九二六年一〇月）。
（8）雷音「呉佩孚侵豫声中之河南（開封通信二月四日）」（『嚮導週報』第一四五期、一九二六年二月一〇日）。
（9）前掲「全国農民運動形勢及其在国民革命的地位」。
（10）右に同じ。
（11）前掲「河南省農民運動報告」。
（12）右に同じ、章龍「悼我們的戦士－王中秀同志」（『嚮導週報』第一六二期、一九二六年七月一四日）。
（13）前掲「河南省農民運動報告」。
（14）述之「国民軍失敗後民衆応有之覚悟与責任」（『嚮導週報』第一四七期、一九二六年三月二七日）。
（15）『時報』一九二六年四月八日、四月九日。
（16）前掲「河南省農民運動報告」。
（17）農民協進社編集『中国農民問題』三民出版部、一九二七年四月再版（本文中には一九二六年一〇月三日に編集したとある）、五三－五五頁。
（18）安作璋主編『山東通志　現代巻』上冊、山東人民出版社、一九九四年、七三～七四頁。
（19）瀟湘「河南紅槍会被呉佩孚軍隊屠殺之惨状（河南通信五月二五日）」（『嚮導週報』第一五八期、一九二六年六月二八日）、

霽帆「介紹河南的紅槍会」(『中国青年』第一二六期、一九二六年七月)、また瞿秋白は、直魯連軍及び呉佩孚系軍閥の民衆虐殺の例として、山東省と河南省東部の紅槍会についてふれている。秋白「五卅週年中的中国政局」(『嚮導週報』第一五五期、一九二六年五月三〇日)

(20) 陳独秀「紅槍会与中国的農民暴動」(『嚮導週報』第一五八期、一九二六年六月一六日)。

(21) 『政治生活』第八〇・八一期、一九二六年八月、ただし参照したのは、『李大釗選集』人民出版社、一九六二年、五六四―五七〇頁のものであるが、引用した日本訳の箇所は、西順蔵編『原典中国近代思想史　第四冊』岩波書店、一九七七年、四六六―四七五頁　丸山松幸訳を使用した。なお原載の『政治生活』の期数、発行年月は『李大釗研究辞典』紅旗出版社、一九九四年、九九頁による。なお M.Meisner, *Li Ta-chao and the Origins of Chinese Marxism*, Harvard University Press, 1967(邦訳『中国マルクス主義の源流―李大釗の思想と生涯―』丸山松幸・上野憲司訳、平凡社、一九七一年、三九六頁)によれば、『政治生活』は北京の中共機関誌であったという。

(22) 前掲「全国農民運動形勢及其在国民革命的地位」によれば七日間とある。

(23) 抗日戦争期における山東省の根拠地建設と、中共の農民運動政策については、拙稿「抗日根拠地の形成と農民―山東区を中心に―」(『講座中国近現代史』六、東京大学出版会、一九七八年)、拙稿「山東抗日根拠地の成立と発展」(『中国八路軍、新四軍史』河出書房新社、一九八九年)を参照。

(24) これらの「迷信」の闘争における果たす役割や意味については、本書の第二章を参照。

(25) 中央檔案館編『中共中央文献選集』第二冊、中共中央党校出版社、一九八九年、二一六―二一八頁。

(26) 前掲『中国マルクス主義の源流―李大釗の思想と生涯―』三二八頁。

(27) 田中忠夫『革命支那農村の実証的研究』衆人社、一九三〇年、二四六―二四八頁、前掲「国民革命期における中国共産党と紅槍会」等。

(28) 前掲「河南紅槍会被呉佩孚軍隊屠殺之惨状(河南通信五月二五日)」。

(29) この状況を示す最近の史料として、中共河南省委党史資料徴集編纂委員会編『睢杞太地区史料選(上)』(河南人民出版社、一九八五年）がある。
(30) 前述『中共中央文献選集』第二冊、二一八頁。
(31) 日本国際問題研究所中国部会編『中国共産党史資料集』二、勁草書房、一九七一年、二八〇—二八六頁。
(32) 何幹之主編『中国現代革命史』生活・読書・新知三聯書店、一九五八年、九〇頁。
(33) 前掲三谷孝「国民革命時期の北方農民暴動—河南紅槍会の動向を中心に—」。
(34) 右に同じ、二五四頁、二五六頁。
(35) 右に同じ、二五九頁。
(36) 子貞「反奉戦争中之豫北天門会（河南通信四月二九日）」（『嚮導週報』第一九七期、一九二七年六月八日）。
(37) 前掲「国民革命時期の北方農民暴動—河南紅槍会の動向を中心に—」二五九頁、蔣永敬『鮑羅廷与武漢政権』伝記文学出版社、一九六三年、三七二頁。
(38) 前掲「国民革命時期の北方農民暴動—河南紅槍会の動向を中心に—」二五九頁、前掲『鮑羅廷与武漢政権』三七四頁、朱其華「一九二五—二七年中国大革命に於ける農民運動（下）」（『満鉄支那月誌』九—二、一九三二年）一八—一九頁。
(39) 前掲「一九二五—二七年中国大革命に於ける農民運動（下）」一八頁。
(40) 前掲『鮑羅廷与武漢政権』三七四頁。
(41) 家近亮子「『華北型』農民運動の一考察—紅槍会と国民革命—」（『慶應義塾大学大学院法学研究科論文集』一六号、一九八二年）一五〇頁。
(42) 前掲『鮑羅廷与武漢政権』三七四頁。
(43) 前掲「一九二五—二七年中国大革命に於ける農民運動（下）」一八頁。
(44) 「河南農運報告」一九二七年八月三〇日（『中央通信』第四期）。
(45) 『中央通信』第六期所収。
(46) 八月以後の変化については前掲三谷孝「国民革命期における中国共産党と紅槍会」参照。

(47) 陸智西「全国農民協会九月份統計表」(『農民運動』一四期、一九二六年一一月)、『第一次国内革命戦争時期的農民運動』人民出版社、一九五三年、一九頁。
(48) 前掲『山東通志　現代巻』上冊、七五頁。
(49) 右に同じ、七四~七五頁。
(50) 中共山東省委組織部・中共山東省委党史資料徵集研究委員会・山東省檔案館編『中国共産党山東省組織史資料　一九二一~一九八七』中共党史出版社、一九九一年、二〇~二一頁。
(51) 前掲『山東通志　現代巻』上冊、七五頁。張東輝主編『中国革命起義全録』解放軍出版社、一九九七年、八六頁。
(52) 山東省党部「山東省農民運動実況」(『中国農民』第九期、一九二六年一一月)、本史料を手に入れるに際し三好章氏のご援助を得た。記して謝意を表す。
(53) 右に同じ。
(54) 『時報』一九二七年一月一三日、「魯軍与大刀会接戦」(『時報』一九二七年三月六日)。
(55) 曲魯「東昌農民的暴動及其発展的趨勢(山東通信　一九二八年一月二八日)」(『布爾塞維克』第一八期)。
(56) 「魯軍奪蚌之経過　現趕修該処鉄橋」(『順天時報』一九二七年五月三〇日)、前掲『革命支那農村の実証的研究』二六五頁。
(57) 「兗州方面　魯軍重兵雲集　設防禦線於界河右岸　臨城一度失守已恢復李宗仁又占単県」(『順天時報』一九二七年七月一日)、劉紹唐主編『民国大事日誌』第一冊、伝記文学出版社、一九七八年、三六八頁、「張宗昌官報」(『順天時報』一九二七年七月一日)。
(58) 『中央通信』第六期、一九二七年九月三〇日(翻訳は、日本国際問題研究所中国部会編『中国共産党史資料集』三、中川一郎訳、勁草書房、一九七一年、三一七-三一九頁)。
(59) 前掲『中国共産党山東省組織史資料　一九二一~一九八七』一八頁。
(60) 前掲『山東通志　現代巻』上冊、五九頁。
(61) 周慶本・王暁梵・李海青「鄧恩銘」九〇-九一頁(『中共党史人物伝』第二巻、陝西人民出版社、一九八一年)。

(62) これについて詳しくは本書第三章を参照。
(63) 前掲「鄧恩銘」九二頁。
(64) 「中国共産党反対軍閥戦争宣言」一九二七年一〇月二三日（『布爾塞維克』第二期、翻訳は日本国際問題研究所中国部会編『中国共産党史資料集』三、池上貞一訳、勁草書房、一九七一年、三三〇―三三四頁）。
(65) 瞿秋白『中国革命与共産党』一九二八年六月、一三一頁。
(66) 金再及「試論八七会議到〝六大〟的工作転変」（『歴史研究』一九八三年第一期、一七五―一七六頁）。
(67) 中共中央臨時政治局拡大会議「中国の現状と共産党の任務についての決議」（『中国共産党史資料集』三、池上貞一訳、勁草書房、一九七一年、三六九―三八六頁）。
(68) 『中央政治通訊』第一六期所収。
(69) 「省委給高密的信―為暴動事―」一九二七年一一月九日（『中央政治通訊』第一六期）。
(70) 「関於膠東暴動的報告」一六八―一六九頁、「関於膠東暴動的又一報告（一九二六年一一月一六日）」一七〇―一七一頁（山東省檔案館・山東社会科学院歴史研究所合編『山東革命歴史檔案資料選編』第一輯、山東人民出版社、一九八一年、本書は佐藤公彦氏を通じて入手した。記して謝意を表す）。
(71) 前掲「省委給高密的信―為暴動事―」。
(72) 「山東省委一一月份報告」（『中央政治通訊』第一六期所収）。
(73) 李明実「泰西地区党的産生和発展」（「中共冀魯豫辺区党史資料選編」編輯組『中共冀魯豫辺区党史資料選編』第一輯（下）山東大学出版社、一九八五年）二一九頁。
(74) 「山東省委致泰莱県委函」一九二七年一一月二三日（『中央政治通訊』第一六期）、なお泰安県委から泰莱県委への変化については、前掲『中国共産党山東省組織史資料　一九二一～一九八七』六一頁を参照。
(75) 武冠英「泰山脚下的星火」（泰安地区出版局編『徂莱烽火』山東人民出版社、一九八一年）二八―三〇頁。
(76) 「関於槍会問題的決議」一九二七年九月四日（『中央通信』第六期）。

(77) 彭湃『近代中国農民革命の源流—海豊における農民運動—』山本秀夫訳、アジア経済研究所、一九六九年、一五—一八頁。
(78) 張幹民「中共魯西県委的建立及其工作」(『聊城地区党史資料』一九八二年第一期、ただし前掲『中共冀魯豫辺区党史資料選編』第一輯(下)所収による)一〇四~一〇五頁。
(79) 前掲「山東省委一一月份報告」。
(80) 山東省委「山東省委一二月份総結及今後党的工作意見」二一一頁、沈偉「給東昌信之一」一九二八年一月二八日(『省委通信』第七期、一九二八年三月、ただし前掲『中共冀魯豫辺区党史資料選編』第一輯(下)所収による)一三八頁、「中共山東省委一月份総合報告」(前掲『山東革命歴史檔案資料選編』第一輯)二四四頁。
(81) 前掲「中共魯西県委的建立及其工作」一〇八頁。
(82) 前掲「山東省委一二月份総結及今後党的工作意見」二一三頁。
(83) 中共山東省徳州地委党史資料徵研委員会「魯北地区党的産生和発展」(前掲『中共冀魯豫辺区党史資料選編』第一輯(下))二二頁。
(84) 前掲「山東省委一一月份報告」。
(85) 中共中央「致山東信」一九二七年一二月一六日(『中央政治通訊』第一六期)。
(86) 中共山東省陵県県委党史弁公室「陵県農民暴動」(前掲『中共冀魯豫辺区党史資料選編』第一輯(下))三三一—三三三頁。
(87) 右に同じ 三三一頁。
(88) 右に同じ 三三三頁、魯北(県委)「陵県暴動計画」一九二七年一二月一二日(前掲『山東革命歴史檔案資料選編』第一輯)一九七—一九八頁。
(89) 「山東省委関於陵県暴動的指示信」一九二七年一二月一五日(前掲『山東革命歴史檔案資料選編』第一輯)一九七頁、前掲「陵県暴動計画」二〇〇—二〇一頁。
(90) 前掲「陵県暴動計画」二〇一頁。
(91) 前掲「陵県農民暴動」三三三—三三五頁。

(92)　前掲「魯北地区党的産生和発展」一三頁、陵県志編纂委員会編『陵県志』一九八六年、一六四―一六五頁。
(93)　中共山東省高唐県委党史弁公室「高唐県穀官屯『農民自衛団』暴動」（前掲『中共冀魯豫辺区党史資料選編』第一輯（下））四六―四八頁。
(94)　「関於高唐紅団工作的報告」（一九二八年）によれば「以前団員は多く紅槍会に関わる」とあり、紅団の前身である紅門は紅槍会の一派と推測される。（前掲『山東革命歴史檔案資料選編』第一輯）四七一頁。
(95)　前掲「高唐県穀官屯『農民自衛団』暴動」四八頁。
(96)　右に同じ、四九―五〇頁、田克深・王兆良著『光輝的百年歴程』山東人民出版社、一九八四年、二三九―二四〇頁。
(97)　前掲「関於高唐紅団工作的報告」四六七頁。
(98)　前掲「高唐県穀官屯『農民自衛団』暴動」五〇―五一頁。
(99)　「山東省委到魯北特支的信」一九二八年六月三日（前掲『山東革命歴史檔案資料選編』第一輯）三〇九頁。
(100)　前掲「高唐県穀官屯『農民自衛団』暴動」五一頁、張東輝主編『中国革命起義全録』解放軍出版社、一九九七年、二〇四頁。
(101)　前掲「魯北地区党的産生和発展」二三頁、劉君雅「夏津県早期革命活動的回憶」（前掲『中共冀魯豫辺区党史資料選編』第一輯（下））六八―六九頁。
(102)　コミンテルン執行委員会第九回拡大プレナム「中国問題に関する決議」（一九二八年二月二五日）（前掲『中国共産党史資料集』三、森田恭子訳）五四六―五五一頁、中共中央政治局「コミンテルン二月決議についての通告」（一九二八年四月二〇日）（前掲『中国共産党史資料集』三、竹島金吾訳、五五二―五五三頁）。
(103)　前掲『中国現代革命史』一二七頁。
(104)　「政治議決案」（一九二八年七月）、邦訳は『中国共産党史資料集』四、勁草書房、一九七二年、中川一郎訳、三―二七頁。
(105)　「蘇維埃政権的組織問題決議案」（一九二八年七月）、邦訳は前掲『中国共産党史資料集』四、中川一郎訳、七一頁。
(106)　右に同じ、中川一郎訳、七一―七二頁。

(107) 前掲『山東通志　現代巻』上冊、一三〇頁、中共山東省委党史資料徴集研究委員会編『中共山東党史大事記（一九二一年七月至一九四九年九月）』山東人民出版社、一九八六年、五〇―五一頁。なお本書は Gregor Benton 氏を通じて手に入れた。記して謝意を表す。
(108) 前掲『中国革命起義全録』二三七―二三八頁。
(109) 「共青団山東省委工作報告」七三頁（『団中央通訊』第三集、一九二九年五月、ただし山東省檔案館・山東社会科学院歴史研究所合編『山東革命歴史檔案資料選編』第二輯、山東人民出版社、一九八一年所収による）。
(110) 前掲『中国革命起義全録』二三七―二三八頁。
(111) 前掲『中国共産党山東省組織史資料　一九二一～一九八七』一九頁。
(112) 右に同じ、一八頁、四三頁、四四頁。

第五章　陽穀県坡里荘暴動について

はじめに

一九二七年、蔣介石及び国民党左派が革命を裏切って後、中国共産党（以下、中共、あるいは共産党と略称）は、八・七会議を開き、武装暴動、土地革命、農民協会中心の政権という新しい方針を決定し、革命の敗北を挽回しようと試みた。この路線は、党中央の一一月会議において、現在、第一次極左路線と命名されるほど、極左的傾向を強めていきながら継続されていった。一方、山東省でも、山東省委が八・七会議から一一月会議の方針を、現地で具体化し、実行すべく苦闘を続けた。その場合に、当時、山東省の各地で抗糧抗捐の反軍閥闘争を展開していた紅槍会が、武装暴動の時の組織化の対象となった。この点に関して、第四章で国民革命期の河南省と山東省における中共の紅槍会対策、ソビエト革命期の山東省における中共の紅槍会対策について分析した。そこで述べたように陽穀県坡里荘暴動は、ソビエト革命期に山東省で実際に発動まで至った唯一の例である。

本章は、魯西（東昌）県委の陽穀県坡里荘暴動の準備、実際の暴動の過程、特にその中で、近代的なマルクス主義の世界観を持った共産党員が、伝統的な世界の中にいる土匪や紅槍会に対して、一一月会議の決議に沿いながら、どのように実際の政治、組織工作を行い、何が達成され、何が達成されなかったかを述べたものである。

一　準　備

一九二七年七月の国共分裂以前、この地域の共産党組織の基礎を作ったのは、趙以政、王寅生、聶子政等であり、彼らは山東省立第二中学の卒業生で、五・四運動時期の新文化運動や革命潮流の影響を受け革命化し、後に広州に行って黄埔軍校に入学し、中共にも加入した。この中で代表的なのは王寅生であり、彼は一九二六年七月、中共の指示により山東省に戻り、国民革命軍の北伐開始に呼応して、済南、東昌（聊城）、陽穀および安楽鎮等の党組織の樹立ならびに発展に力を尽くした。その後一九二七年初めに広州に戻り、後に武漢の国民政府で工作を行った。その他の人物も北伐時には国民革命軍の下級将校となり戦場で戦った。彼らは国共分裂以後、広州、武漢からこの地域に戻ってきて、その後この地域で本格的に活動を開始した。(1) 武漢の国民政府の中央軍事政治学校（黄埔軍校武漢分校）の政治教官をしていた申仲銘が、国共分裂後、学校が解散したため、八月に山東省に戻った時には、王寅生の紹介で入党した陽穀県九都楊荘に住んでいた楊耕心とか、同じく王寅生の紹介で入党した陽穀県梨園荘の王筱湖、さらには博平県の郭印九、袁国善等がいて、それぞれ後の陽穀県披里荘の暴動の組織者や工作者となった。(2)

山東省委は八・七会議後の暴動方針を東昌（聊城）で具体化するために、一〇月、魯西（東昌）県委を成立させ、共青団山東省委秘書長であった張幹民を派遣して魯西（東昌）県委書記とした。魯西（東昌）県委成立以前には、各地の責任者がその地域を担当して工作しており、具体的には王寅生と申仲銘が聊城県南郷と陽穀県、聶子政が聊城県北部、袁果が博平県、それに趙以政が協力援助し、また趙以政と張幹民が東平県と聊城県城内、趙儒昌が臨清県を担当し、その他に軍事工作、兵士工作は王寅生が主となって担当し、聶子政と趙以政が協力援助していた。[3]この三人はみな前述したように黄埔軍校出身である。魯西（東昌）県委成立以後は、これらの責任者の地域的分担は継続されたようであるが、党組織の責任者として、組織委員として趙以政、宣伝委員として王寅生、軍事委員として聶子政、農民委員兼青年委員として、農民党員である袁果がなった。[4]

成立当初の魯西（東昌）県委は、上述の南方で工作した人物と地元にいた人物の外は、山東省立第三師範と山東省立第二中学の学生が組織の中核であり、全体の数は共青団員を含めても二、三〇人位であるといわれ小さな組織であった。[5]この党組織の構成員は年齢的に大変若いところに特色がある。すなわち年齢がはっきり解る者のみ記すと、一九二七年において王寅生は二三歳、申仲銘は二一歳であり、[6]学生がかなりの部分を占めていたことから他の者も大同小異であったものと思われる。魯西（東昌）県委は最初、東関姚家園子の趙以政の家に置かれ、一〇数日後、新文化運動の指導者として有名な傅斯年の家である北城の傅家大院に移った。ただ会議のために人の出入りが多く人目を引き、かつ山東省立第三師範の国民党員が動静を伺い、警察に密告される危険もあったため、再び郊外の趙以政の家に移った。[7]

その後しばらくして党員数も四、五〇名に拡大し、党支部も陽穀県九都楊荘、聊城県の北周店、山東省立第三師範、山東省立第二中学、博平県の二支部に成立して、農民協会員も二〇〇名ほどに拡大した。そして農民達を指導して、地主に対して強引に食糧を借りさせたり、県に納める捐の催促に郷村に来る県の手先に対して口論したり喧嘩して納税を拒否する闘争を行い、農民達の信頼をかち取った。一一月中旬には、陽穀県安楽鎮、博平袁家楼、東平県等にも党組織と農民協会が成立していた。[8]

魯西（東昌）県委所属の党員の暴動工作が進む中で陽穀県坡里荘暴動の組織化の始まりは、楊耕心による楊の親戚にあたる土匪韓建徳に対する接衝工作の成功であった。韓は当時四〇歳前後、坡里荘東北一三里にある韓荘の人であり、数年間私塾で学んだことがあり、この時代の農民にしては珍しく文字も読めた。また占いを好み、性格は豪放磊落であり、すこぶる義侠心に厚かったという。また文人を好み、「洋学生」を尊重するという面があり、この点は外の土匪と異なる点であった。彼はもと自作農であったが、韓荘においてかつて武郷試に受かったこともある有力な家であり、地主・富農の家でもある韓丕顕、韓丕厚の兄弟と衝突して、この村を去って土匪となったという。その衝突の原因というのは、韓建徳の家で、高利貸を兼ねていた韓丕顕から金を借りたが、返すことができず、そのため旧暦の年の瀬、韓丕顕が韓建徳の家の小豚を連れていってしまい韓建徳の怒りを買ったことであるとか、また一説によれば韓丕顕、韓丕厚の家と韓建徳の家との訴訟になったが、官が韓建徳を敗訴としたことだともいわれている。

このように不本意ながら韓荘を去って土匪になった韓建徳は、楊耕心による暴動参加への呼びかけ、共産党の主義・政策、蜂起の方針を聞いて終生続く「匪」の名前をそそぎ、彼が頭角を現わす日がやって来たと考え大変喜んだという。(9) このように郷村社会の体制へルサンチマンを抱く韓建徳が、自らの起死回生を求めて中共と共同行動をとることになった。

楊耕心は、魯西（東昌）県委の同意と山東省委の同意を得て、土匪韓建徳との合作にふみきった。魯西（東昌）県委は、黄埔軍校第四期歩兵科孫大安、政治科聶子政等を派遣し、孫は軍事部を担当し、聶は政治部を担当することになり、申仲銘が、秘書と宣伝計画工作を担うことになった。(10)

暴動の時の攻撃の対象として、楊耕心と王筱湖の提案により陽穀県坡里荘のドイツのカトリック教会が選ばれた。(11) この教会はかつて十九世紀末にドイツ帝国主義の政策の先兵としての役割を果たしたアンツァーが赴任したことがあった。[12]

陽穀県坡里荘のカトリック教会が攻撃の対象として選ばれた理由として、第一に、この教会が大量の洋式の武器を所蔵していると考えられ（実際には四〇余丁の銃しかないことが教会占拠後判明するが）、その武器を奪取しようとしたことがあげられる。韓建徳は、当時、教会内には少なくとも一〇〇〇余丁の洋式の銃がありそうだと推測し、これらの武器を広範な紅槍会員に持たせて、暴動を引き起こすことを提案したという。第二に、この教会は、この地域の唯一といっていい大地主であったことである。この教会は宅地だけでも一、二頃（頃＝一〇〇畝）を占め、教会の周囲には煉瓦造りの壁と深い溝があった。そして坡里荘に四〇余頃（四〇〇〇余畝）の土地を所有し、佃農に耕やさせたり、一部の自作地では雇農を使用して耕作させていた。そしてその倉庫には食糧が満ち溢れていたという。第三は、教会が義和団運動期に顕著であったようにドイツ帝国主義の先兵の役割を果たし、さらに中国官憲と結合して、在地の支配秩序維持の役割を果たしていたことである。義和団運動期に、数千人の義和団がこの教会を攻撃したが（一般の民衆はこの事件を『紅頭反』と称していたという）、洋式の銃砲と堅固な建築に阻まれて、遂に占領することができなかった。したがって、聊城、陽穀一帯の地主、富農は、支配秩序の動揺する「荒乱の年月には、教民と連係し、洋人と結び、教会に避難する」という状態であったという。[13]

党中央の一一月会議後、魯西（東昌）県委は山東省委あてに「荏平、陽穀、臨清で紅槍会と土匪約三〇〇（？）人と連絡がついたので、二〇日以内に暴動を発動できる」と一一月一四日付で報告したが、山東省委は「膠東、泰莱と同様な誤り（農民の暴動を起こす組織であり、一時的には郷村の政権機関となる農民協会が十分に組織化がされておらず、土匪や紅槍会の組織に丸ごと依拠していることを指していると思われる）を犯しているので、人を派遣して指導することになった。[14]だがこの暴動は土匪の首領韓建徳が一時張宗昌に買収され、張軍に投じようとして途中で降りたため結局実行に移されなかった。[15] これ以後、聶子政は工作のためとどまったようであるが、一時韓と共産党との組織的な関係は切れたようであり、また後に教会占拠の暴動を起こした後も、後述するように中共山東省委は、韓に対して全幅の信頼を置かなくなることになった。ただ郷村社会の体制に対してルサンチマンを持つ土匪韓建徳にとっては、張軍に収編され「官」の軍になることも起死回生への選択肢の一つであっただろう。

この間魯西（東昌）県委所属の共産党員達は、山東省を統治していた張宗昌軍が、前年の一一月末から一九二七年七月にかけて、蔣系国民革命軍と江蘇省北部と山東省南部で戦い、また一九二七年六月以後は、馮玉祥軍と山東省西南部と河南省東部で戦い、その軍費徴収のために種々の名目の苛捐雑税を徴収したため、農民に対して「最も過ごしにくい丁卯の年、畝ごとに四吊の銭、この一年で終わらず、またも多くの銭を出す」という歌謡をはやらし、宣伝を行った。

一九二七年の冬には、共産党員達は暴動を組織するために、山東省西北部の各県に行き、ある者は紅槍会の首領を訪れ、ある者は勇猛でなる塩民を組織した。申仲銘と王寅生は、旧暦の一二月の近くに、博平、茌平、平原、高唐等の県を訪れた。その時に、紅槍会の首領も含んだ多くの弟子を有している白蓮聖母の前で恭しく叩頭して礼拝し、聖水（実はなつめ入りのスープ）を飲んで、弟子入りをし暴動の組織化を行おうとした。彼女の言うことには、義和団より代々にわたって伝わって彼女にまで到った。彼女は数万人に呼びかけることができるのだと。[16]

また何月か正確な日取りは不明であるが、多分一一月に紅槍会首領会議が開かれ、一部の首領が国民党の指導を離れて独立に行動しようとする意志を表明した。また紅槍会首領自らが一一月二九日に暴動を起こそうとし、それに共産党員が参加しようとしていた。[17] これと前述した魯西（東昌）県委が山東省委に対して、一一月一四日付けで報告した紅槍会と土匪を中心に二〇以内に起こそうとした暴動と同じものではないかという可能性が強い。なおこの時期に実際に暴動が引き起こされた形跡はない。

一二月六日には、国民党員が東臨一帯に呼びかけ、荏平で紅槍会首領による反張宗昌会議が開かれている。この席で共産党員は、蔣介石および国民党の罪悪を宣伝し、彼らを打倒するスローガンならびに党の主張を宣伝し、国民党の指導権へ挑戦し、紅槍会首領へ影響を与えようとした。当時、東臨一帯の紅槍会は、河南省を支配下に入れた国民党の軍閥馮玉祥擁護に回ったものもいるが、それらを含めてその八割は反張宗昌の態度を取っていたという。そして共産党側が暴動を起こせば少なくともその二、三割は暴動に参加援助するだろうし、その他も最低限中立を守るだろうと目されていた[18]。なお国民党の招集した会議に共産党員が参加したように、全国的な国共分裂後でも、山東省では両者は対立していてもまだ会議に同席する面もあった。どちらも張宗昌政権によって弾圧の対象であったことが、両者を決定的に決裂させない要因であると思われる。そして魯西（東昌）県委は、聊城（東昌）、博平、陽穀、堂邑、荏平の五県を中心地点とし、そこの党組織および農民協会所在地を暴動発動地点として「ソビエト」の旗を掲げた大規模な暴動を計画した。計画によれば農民大衆（その中には紅槍会員も含まれると思われる）二万人以上が参加することを予定した[19]。陽穀県坡里荘暴動はこのような五県を中心地点とする暴動計画の一環として計画された。そして教会を占領したら、ここを拠点にして付近の村鎮に闘争を拡大し郷村政権を樹立し、博平も呼応して、聊城県城を攻撃する予定であった。そして暴動発動の時期は、丁卯の年旧暦一二月三〇日（一九二八年一月二二日）の予定であった[20]。この段階になると、土匪韓建徳は再び暴動を起こす決意を固めており、魯西（東昌）県委と十分な打ち合わせをすることなく行動を開始した[21]。

二　暴動開始

旧暦一二月二二日（一九二八年一月一四日）、土匪韓建徳は、彼の部下および九宮道[22]紅槍会首領曹万年、王朝聚等数十人を引き連れて、聶子政の反対を押し切り、[23]予定より早く行動を開始した。まず韓建徳等数人がキリスト教徒に化けて教会内に入りこみ、賛美歌を歌っている時に突然拳銃をつきつけ、神父と修道女合計七人（一説によると六名）を縛りあげて、仲間を引き入れて教会を占領した。その時、韓は教会に集まっていた人々に次のような演説をしたという。

「われわれは南軍（国民革命軍）の北伐に呼応した地方部隊の蜂起したものである。目的は軍閥を打倒し、劣紳を打倒し、抗糧抗捐を行い、兵匪を防禦し、人民の苦痛を取り除くことである。村の人、驚き慌てるには及ばない。各自家へ帰って年を越してくださることを望む。」

突然の韓による教会占領の知らせを聞き、共産党側では申仲銘と楊耕心と王筱湖の三人が相談して、とりあえずまず教会占拠の翌日、申仲銘を教会内に派遣し、楊耕心と王筱湖の二人は外にいて、王の家を教会と党との連絡場所にすることにした。紅槍会首領王朝聚は教会内部を隋末の農民蜂起で有名な瓦崗寨になぞらえ、教会内に入った申仲銘を含んだ五、六人と異姓結拝して「金蘭兄弟」となった。[24]その他に教会の食糧倉庫の食糧を貧乏人に分配した。一方魯西（東昌）県委は知らせを聞き、教会占拠の翌々日、県委書記張幹民と山東省委委員兼魯西（東昌）県委宣伝委員王寅生が教会に駆けつけた。そして韓と行動をともにした聶子政から状況を聞き、農民大衆を立ち上がらせ付近の地主豪紳と闘争を行い、食糧や財物を没収し農民に分配し、地主の武器を奪い農民を武装させるという方針を提出した。[25]

すなわちこの段階で韓の行動を実質的に追認した。

その後、二、三日して一〇〇〇余人の人々（その中心は当地の農民であった）が教会に集まってきた。東昌（聊城）の党組織は、博平から一群の共産党員と共青団員を紹介してきて、農民大衆の中核的な力とした。この中には農民協会員も含まれていた。韓の親戚である楊耕心を教会内郡との連絡係とし、さらに黄埔軍校出身の孫大安等を派遣した。

一方、教会を占領した韓建徳は、自己の人間関係を通じた「八大司令」と呼ばれた蜂起の中枢部を組織していた。

八大司令

一　韓建徳　全体の司令、泰二哥（隋末の農民蜂起である瓦崗寨起義に参加した隋将秦瓊《秦叔宝》。魯西の人々に尊敬されていたという）と呼ばれる。

二　韓建春　韓建徳の弟。

三　曹万年　陽穀県の西北の曹荘の人。かつてフランスに働きに行ったこともある。九官道紅槍会首領。共産党員(26)

四　王朝聚　朝城県王横村の人。年四〇歳前後。九官道紅槍会首領。王の言うことによれば、彼は、莘、冠、朝城県一帯で、数万人の紅槍会員に号令できるという。

五　粛永梅　粛老頭とも呼ばれる。莘県人、または聊城県四里営の人ともいわれている。九官道紅槍会首領。

六　王　聚

七　崔存厚　崔沢民　崔司令とも呼ばれる。陽穀県侯海の人。

八　霍子和　霍司令と呼ばれる。陽穀県完本鎮の人。

韓建徳の組織した農民大衆の基盤は、このように九官道紅槍会にあると思われる。組織の中枢部には、その他に、以前、北洋派の軍人徐登朝の参謀長を務めたことのある程宗岳（彼はすこぶる才覚もあり、教会占領の第一夜にこの事件を記念して「創業」というスローガンを出したのであった。だが惜しむらくはアヘンを嗜んでいた、その他に江南出身でかつて県知事を務めたことのある「江南先生」（氏名不詳）がいて、彼が、程参謀長と申仲銘が起草した文章を、清書して書いたという。このように退役した軍人とか、旧来の読書人が中枢部に参加していた。また常に二丁拳銃を身から離さない楊万奎という若者も参加していた[27]。

ただ蜂起の指導部は、韓側の中枢部と共産党との合作により構成された。全体の指令は韓建徳、参謀長は程宗岳、共産党側からは政治部主任聶子政、軍事部主任孫大安、宣伝工作の責任者兼韓建徳の機密秘書申仲銘[28]という布陣であった。

ところで暴動の中で共産党側の政治的主張は、どれくらい入れられたのであろうか。

教会占領直後、聶子政が「革命」の名義で布告を張り出し、大衆に闘争への参加を呼びかけることを提起したが、韓建徳は伝統的な「殺富済貧（富者を殺し貧者を救う）、替天行道（天に替わりて道を行う）」の宗旨で大衆に会うことを主張し、対立して決着がつかなかった。教会占拠の翌々日、魯西（東昌）県委書記張幹民が教会に入り韓と協議して、「東臨地区革命委員会」の名で「東臨地区革命委員会人民に告げる書」という布告を出すことになったが[29]、その内容は両者の妥協の産物であった。

その布告を出すまでの具体的な動きは、申仲銘によると、共産党側は革命には「鮮明な政治スローガンと具体的な政策・主張」が必要であると韓に説き、申仲銘と程参謀長が合議して布告を出すことにした。申仲銘等は共産党の名義を出すほど教会の内部や外部の農民大衆、九官道紅槍会の思想的な条件は熟していないし、また共産党の上級組織の具体的指示もないので、共産党の名義を使用しないことにした。また農民大衆に呼びかけ、とりわけ貧乏人が行動を起こせばよいので、無産者の素朴な階級的感情に火をつけようとして、地元にある水滸伝で有名な梁山の故事を借用することにした。その布告の内容は、軍閥の政権掌握、兵匪の騒擾、貪官の横行、苛捐雑税、土豪劣紳の高利の搾取を暴露し、「打倒軍閥、打倒貪官、打倒土豪劣紳」のスローガンを記した。さらに伝統的な反乱の時に用いられる「われわれは殺富済貧（富者を殺し貧者を救う）しなければならない」とか、梁山の故事にある「天に替りて道を行う」というスローガンを用いた。つまりこの部分では韓建徳の提案を受け入れたものと思われる。ただし申仲銘ら共産党員は、「天道」とはマルクス・レーニン主義を含意していたという[30]。

この布告の作られる経過からみて、既に「山東省委一一月份報告」が述べているような、共産党の名義を使用できないという状態が続いていることは明らかである。土地革命に関しては、「土豪劣紳を打倒して、土地革命を実行する宣言」を発布したというが[31]、詳しい内容は不明である。ただし土地革命が実行された形跡はない。

ところで暴動開始直後の山東省委の反応はどうであったろうか。魯西（東昌）県委から、韓建徳の教会占領と魯西（東昌）県委の人員派遣の計画が報告されると、山東省委の反応は一言でいえば、韓建徳に全幅な信頼を置かず、距離を置いて警戒の姿勢を緩めなかった。すなわち韓建徳が共産党と紅槍会の首領への連絡を求めたのは、消極面ではこれらの勢力と敵対しないようにしたのであり、積極面では彼個人の勢力を拡大して後、馮玉祥に投じることであり、それが不可能ならば張宗昌に投じることも彼の元々の願いに反しないと[32]、かつて韓が暴動参加から降りて、張宗昌に投じようとしたせいか、不信感を露わにした。そして韓建徳の力を借りて暴動を起こすことが出来るという幻想を捨てねばならず、策を設けて韓に、地主の契約書を焼いたり、地主豪紳の食糧を貧農に分け与えるという農民に有利なことをやらせるようにすべきである。また共産党側から参加する大衆は最多でも十数人でよく、これらの人は、某村鎮を占領した時に、まず武器を奪いその武器を渡すように韓に公然と要求する。もしも武器を得られず、地主の契約書を焼かず、地主の食糧を没収する事も不可能ならば、共産党側はすぐさま全員退出するのだと主張し[33]、自らの主張が入れられなければ韓との分離の可能性についても指示している。

ただ現実の展開は、魯西（東昌）県委書記張幹民が教会に一日半滞在した後、博平で呼応した暴動を起こして聊城（東昌）を攻撃をするために、山東省委員兼魯西（東昌）県委宣伝委員の王寅生とともにひとまず聊城に戻った[34]。ところが三日後、後述するように東臨道尹陸春元が民団と警察を派遣して教会を包囲したために二度と教会に戻れなくなり、教会内には魯西（東昌）県委の最高責任者がいなくなってしまった。そして後述するように王筱湖が外部からの情報を伝えていたのであるが、包囲が厳しくなるとそれも不可能になり、教会内の共産党員は孤立して山東省委や魯西（東昌）県委の指示が伝わらなくなり、独自の判断をせざるを得なくなっていった。

さて事前に予定した行動はどれくらい実現したのであろうか。

前述したように無血で教会を占領したのであるが、事前に計画したことと異なることが二つ発生した。一つは、教会内には一〇〇〇余丁の洋式の銃があるものと思われていたが、実際には五〇余丁しかなかったこと[35]。しかもその銃は連発銃で、共産党側の農民は慣れておらず、積極的に手を出さなかったので、すべて韓建徳の仲間が教会から奪ってしまった[36]。前述した山東省委の武器に対する指示は、このような事態を受けて出されたものであろう。二つめは、結集してくる農民大衆の不足である。事前の予想では多くの紅槍会と連絡済みであり、一万人以上、あるいは数万人集まるものと期待していたが、実際には一〇〇〇人前後しか集まってこなかった。その理由として、蜂起の段階で、大衆への組織工作が十分に行われず、また多方面との連絡が間に合わなかったことがあげられるという[37]。このことは共産党側と予定した時期より早く韓建徳が暴動を起こしたことと関係があると思われる。事前の計画では、教会を占領後、ここを拠点にして付近の村鎮に闘争を拡大し郷村政権を樹立し、博平も呼応して、聊城県城を攻撃する予定であった。そのためにまず教会に多くの農民大衆を結集して、武装化する必要があったが、初発からその計画が頓挫してしまった。

共産党員達は、韓建徳と何度か相談して以上の二点についての方策を講じるとともに、数十枚の布告を付近の村鎮に行って貼り出したところ、多くの人々の反響を呼び人々は争って読み、中には字の読めない人のために大声で読むものも現われた[38]。これを見てかつて一九二六年三月、抗税抗捐を要求して紅槍会を率いて聊城県城を包囲した李大黒をだまし討ちにして、この蜂起を鎮圧した冷徹なリアリストである東臨道尹陸春元[39]は激怒して、人を派遣して布告を取り除き、その代りに官製の布告を出したが、人々は誰も理解できなかったという[40]。

銃は農民達を武装化して暴動拡大をするために必要であったが、教会内で銃があまりに不足していたため、教会外で銃を集めることにした。ところで銃は土匪や敗残兵からの攻撃から自衛するために所持しているのであり、軍閥の軍隊が自らの武器の不足を補うために、農民達の銃を収集することは、前述した朝城県の紅槍会が、薛伝峯軍と衝突したように、往々にして軍隊と農民達の衝突の原因となった。したがってこの仕事は、相当な抵抗に遭ったものと思われる。そこで銃を集めるのに二種類の方法を採った。一つは、貧乏人を高利で搾取し勢力をかりて威圧している土豪劣紳に対しては銃を没収し、必要な時には逮捕した。例えば韓建徳の宿敵韓丕顕、韓丕厚の兄弟に対しては、韓荘に人をやって二人を捕えて教会内に連れてきて、銃を没収した。一方、比較的開明な家や共産党員の家に対しては、一般的な説得をして、説得がならなければ比較的平和的な方法でもって銃を集めた。暴動の首唱者であり組織者である共産党員楊耕心の父楊蘭亭は、二丁の連発銃を保持していた。楊耕心がまず提案して、自らの住んでいた九都楊荘の銃を渡すこと（その間、楊耕心による説得が行われたものと思われる）と彼の父の二丁の連発銃を供出することを主張した。そして旧暦の大晦日の夜（一九 一八年一月二二日夜）、韓建徳自ら九都楊荘の各戸に行って連発銃数十丁を集めてきた。翌日の旧暦の正月一日、韓建徳はまた九都楊荘の各戸に行って新年を祝うとともに遺憾の意を表したという。しかしこのように苦心しても、事前に予想していた一〇〇〇余丁の銃を獲得することはできなかったことと思われる。その上、楊蘭亭は連発銃を供出したことに不満を抱いたせいか、息子の楊耕心を軟禁してしまい、わずかに王筱湖のみが教会にきて外部の情況を知らせるのみで、しかもそれもしばらくすると民団、警察、軍隊の包囲が厳しくなるととぎれてしまい、教会内と魯西（聊城）県委との連絡がとれなくなり、教会内の共産党員は孤立し、革命的暴動に多大の損失を与えたという。[41]

一方結集してくる農民大衆の不足を打開し、「貧乏人に呼びかけてわれわれとともに革命をする」ために、党の方針にもとづいて申仲銘ら共産党側から韓建徳等の首脳に提案して、教会内の食糧を農民達に分配することにした。教会は山東省西北部の大地主であり、小麦、高粱、とうもろこし等一万斤、その他に白菜、豚肉等を貯えていた。[42] この地域の農民の多くは、商品作物としての綿花（御河綿と呼ばれる）を栽培しこれを売って、市場で食糧たる雑穀を購入しており、恒常的に窮迫販売的状況におち入っていた。[43] したがって食糧分配は、多くの農民（とりわけ貧農）の心をつかみ彼等の支持を得る可能性が大いにあった、そのやり方は、まず分配の前に、数人の同志が（食糧分配の）世話をし宣伝を行った後、一回目の分配の時には、教会内から数十石の食糧を出して、坡里荘の西場に置いて銅鑼をたたいたところ、多くの農民が集まり、三斗、五斗と食糧を持っていき、中には一輪手押し車で運んでいくものもあった。しかし、その後教会に農民大衆が多く集まってくるのを恐れた東臨道尹陸春元が、食糧分配を受けることを禁止する布告を坡里荘付近に出した上に、武力でもって坡里荘を封鎖したため、二度目は一度目ほど人が集まらず、三度目、四度目になるとわずかに二、三〇人の農民がこわごわ集まって来ただけであり、[44] 食糧分配を行うことによって多くの農民大衆を教会に結集するという意図は失敗してしまった。

以上のように教会を襲って武器を奪い、結集した農民達を武装して郷村政権を樹立し、暴動を拡大していくという事前の計画は、武器と結集してくる農民の不足により実現出来なかった。そしてその後の展開は官憲の包囲に如何に対抗していくかということになった。

官憲側は、教会を占領してドイツ人の神父と修道女を人質にしたこの暴動を清末以来の用語である「教案」であるとし、第二の「臨城事件」（一九二三年に土匪孫美瑤が津浦鉄路の臨城駅付近で列車を襲って、外国人と中国人を人質に取った事件）であると見なした。教会を占領し暴動を起こした側では、共産党員宋金川が付近の紅槍会を掌握し、さらに教会占領後四日目の一月二八日に官憲側の兵と戦って破り、中隊長を生け捕りにした。そのため坡里荘の周囲、あるいは坡里荘の一〇里以内の保守頑固勢力は威圧され、陽穀県の（警察）隊や陸春元の派遣してきた各県の警察隊や民団は敢えて交戦をしなかった。哀れだったのは任について数日で「教案」に出くわした新任の陽穀県知事王家楨であり、陽穀県城内の外国人に何度もつきまとわれ、さらに上司の陸春元道尹に督責され、やっと県城を出て討伐に向かおうとして、乗馬するや否や落馬して、平生アヘンを嗜んでいた王家楨は、そのショックのためか急死してしまった。

しかし山東省西部の二九県を管轄している東臨道尹陸春元は、有能で冷徹なリアリストであり、坡里荘のこの暴動は普通ではなく、「赤化党」が内部で策動しており、これらの「暴徒」は簡単には対処しにくいと、かなり正確に事態の本質を認識していた。ただ外国人が人質になっているので「討伐と招撫を併用」するという硬軟両用の手段を用いた。すなわち一面では、所轄の二九県の民団と直属の警察隊を集合させ、さらに張宗昌に電報して鋼鉄の大砲二門を備えた正規軍邢旅を派遣してもらった。他面では、韓建徳以下全員を収編して「官」軍にして、「外国人を救出してこの教案を解決」しようとして何度か使者を派遣した。この張宗昌軍への収編策は、かつて暴動を起こす寸前に張建徳が張宗昌軍へ投じようとして暴動から降りた経過もあり、大変巧妙な策であった。恐らくは共産党側からの強力な説得活動が行われ、韓建徳以下、「投降しないことを誓う」という意志一致した上で、暴動を大規模にするための時間かせぎのために、官憲側の談判に応じることにした[45]。

ところで陸春元が「招撫」の談判を行うようになったのは、申仲銘の父、申集盤が大きな役割を果たしたという。申集盤はかつて中国同盟会に参加したことがあり、共産党員王寅生は彼の表叔《おじ》であったという。かつて寿張県で学校を営んでおり、その時、寿張県知事であった陸春元とも面識があり、また王寅生は彼の学生であったという。そして王寅生の影響により共産党の主張を支持し、蒋介石国民党反動派が共産党と分裂し、大革命を破壊したことを憎悪していたという。彼は自己の社会的地位と人的関係を利用して、陽穀県民衆自衛団（民団）総団長の地位についており、陸春元の命により出陣して、地元の「教案」であるということで第一線に布陣し、坡里荘南五里の定水鎮に駐屯していた。申集盤は、この暴動は共産党によって行われたことも、申仲銘が教会内にいることも初めから知っていた。それでかねて面識のある陸春元に対して、外国人を救出するために収編の談判をすることを主張した。その意は、彼は、教会内の人数は少なく戦闘力は弱く持久戦ができないことを知っており、そこで談判を口実にして時間を与え早目に教会から撤退させようとしたのである。陸春元は談判に賛成し、申集盤に人を捜して坡里荘に行かせるよう委託した。この事情は、申集盤の派遣した密使段振清によって教会内の申仲銘に伝えられた。申仲銘はこの知らせを韓建徳に伝えた。そして申集盤と教会を占領した側との筋書にしたがって、収編の談判という芝居が行われることになった[46]。

最初に土匪通の青皮[47]盛思本という男が、談判の交渉役として名乗りあげてきた。申集盤は盛思本を陸春元に紹介した。その結果、盛思本は、裏の筋書を知らずに談判の交渉役として坡里荘に出かけ、土匪の隠語を用いて韓建徳に呼びかけたが、自らにはられた土匪というレッテルを憎悪していた韓の怒りにふれ、すぐさま拳銃によって殺されてしまった。その後、陸春元が「招撫」の談判の交渉は不可能と判断してすぐさま攻めてこないように、長文の手紙が送られた。その内容は「われわれは土匪でなく、官に逼られて民衆が反抗しているのだ」と述べ、さらに土豪劣紳が官衙と結託し、訴訟を引き受けて金もうけし、苛政を行い、民衆を困惑させている等の状況を列挙し、県政の改革、民選の県長が必要であると提案した。無論、申仲銘等はこれらが実現されると思っていた訳ではなく、自らの主張の宣伝としてこれを記したという。そしてさらに訾蘭齋のような「人格者」が談判に来るなら歓迎するだろうと述べた。この時も、申集盤が意見を述べ、訾蘭齋が請われて談判に派遣されることになった。訾は清の秀才であり、辛亥革命後、山東老優級（?）師範を卒業し、多年にわたって省立各中学校学監をつとめ、かつ共産党員の多くは彼の学生であり、また申仲銘の山東省立第二中学時代の先生であり、共産党側から見て信頼に値する人物だったと思われる。訾蘭齋が二、三人のお伴を連れていよいよ談判にやって来ると、丁重にもてなした上で、韓建徳が共産党側と事前に協議した通り自らの主張を「抗糧抗捐、土豪劣紳に反対する」と述べ、最後に「われわれは土匪ではない。誰であろうと土匪としてわれわれに対する者には、われわれは反対し、あの走狗（盛思本）のように打ち殺す！」と述べて談判は終わり、丁重に訾蘭齋を見送った。その後、若干の人の往来があったがすべて取るに足らないものであったという。[48]

二月に入ると坡里荘暴動は、全国的な新聞紙上にも載るようになった。上海で発行されている『時報』一九二八年二月四日に、北京三日発ロイター電の記事として、「紅鎗会が博里（坡里の間違いと思われる）でドイツの宣教十数人を虜にして、身代金六万元を要求している」と載せられた。さらに二月一二日にも『時報』紙上に、北京一一日発ロイター電として「先に博里（坡里の間違いと思われる）で紅鎗会に虜にされたドイツの宣教士各四人は、現在匪によってなお教会に捕われている。兵士が教会を包囲攻撃しようとすると、匪は諸宣教士を庭の前に置いて、兵士に敢えて発砲させない。匪は現在身代金六万元を要求している」という記事を載せている。この二つの記事は、事件の本質、教会を占領し暴動を起こした側の要求等を何も伝えていないという限界があり、かつ後述するように二月七日には教会を撤退しているのであるが、ともあれこのように全国的な新聞にもこの暴動が採り上げられている。なお身代金六万元という話は、申仲銘が述べていない点であるが、一般的にいえば土匪が人質を拉致しての身代金要求というのはありうることであるが、真偽のほどは解らない。

三　撤　退

二月に入り元宵節（旧暦一月一五日、新暦二月六日）も過ぎれば、農民達も春耕の準備に入り、農作業に忙しい時期も間近になり、農民達が結集してくる望みもなくなってきた。談判も終りに近づき、決戦の日が、一日一日と近づくのに、人も銃も少なく銃弾もだんだん少なくなってきた。投降して「官」軍に収編される事態は共産党の指導により、くいとめられていたが、訾蘭齋が去って後、官憲側は大挙して攻めてこなかったけれども、刑旅の小型の鋼鉄製の大砲により毎日数度砲撃が行われ、教会内の士気は一日一日と衰えていった。そしてとうとう教会から撤退という方針が決まった。「江南先生」が占いをして、「本日の包囲突破は大吉である」という卦が出た二月七日の夜[49]、吹きやまぬ黄砂にまぎれて、教会の北側から撤退し、一〇〇〇人前後の隊列は、その晩のうちに八〇里移動して堂邑県柳林一帯に移動した。その途中、韓建徳は申仲銘等二、三の共産党員に対して、「われわれは今後流賊となる。これはあなた方は読書人（共産党員のこと）には不便であり、あなた方二人（聶子政と申仲銘）は聊城に行って党組織を探したらどうか」と述べた。共産党員と別れた韓建徳等は、一〇〇〇人の隊列を引き連れて党邑から西北に向かい直隷省の大名に行った[50]（大名一帯では、一九二七年四月―五月、紅槍会が軍隊と衝突し、同じく一〇月には大仙会と天門会が衝突する等して、紅槍会の勢力の強い所なので、それを頼りにしたのかもしれない[51]）。一方、張宗昌は、直隷督弁であった同じ奉系の褚玉璞に電報をうち、待ち伏せをさせた。韓等は大名一帯で、張宗昌、褚玉璞の直魯連軍の包囲攻撃を受け、捕虜として連れてきた外国人を奪回され、その隊列は潰滅し四散した。韓建徳自身は、その包囲を突破し脱出した。

坡里荘暴動失敗後、官憲と坡里荘教会のキリスト教徒（特に劉二安）が結託して、白色テロを開始し、地元で暴動に参加した者に対し恣に罰金を課し、逮捕し、殺害した。韓建徳は山西省に逃れ、汾陽で客死した。九官道紅槍会首領曹万年は捕われて兗州の獄に送られ、出獄後しばらくして病死した。二丁拳銃の楊万奎は、陽穀県警隊隊長陳光川に捕えられ、舌を切られて処刑された。共産党の側では上級組織の指示により多くの者が地元を離れた。魯西（東昌）県委書記張幹民は東北に逃れた。申仲銘は、韓建徳と堂邑県柳林で別れて以後、聶子政とともに、聊城に行き魯西（東昌）県委と連絡を取ろうとしたが、県委の人間も官憲の逮捕を避けるために逃れていて連絡が取れず、一時、自分の故郷である陽穀県安楽鎮に身を潜めていたが、その後、山東省委の指示により、楊耕心とともに東北に逃れた。聶子政、孫大安のその後は不明である。このように暴動の中枢部を形成した人々は、一部は捕われ、殺され、また多くの人間が難を避けて他郷に移動した。その他に、山東省西部の党組織の基礎をすえた王寅生、趙以正の二人は、それぞれ山東省にとどまり、王寅生は、山東省委の指示により済南で労働運動を行っていたが、一九二八年五月三日の「済南事件」の直前、張宗昌が山東省を撤退する時に、逮捕され、たまたま拳銃を所持していたために「赤党分子」と見なされて殺され、趙以正は聊城で活動を続けていたが、一九二八年六月、蔣介石系の陳調元の部下の魯西剿匪司令陳以燊によって殺された。(52)

おわりに

この暴動に対して、教会撤退直後とそれから数カ月後の山東省委のコメントが残されている。

教会撤退直後には、次のようなコメントをしている。(旧暦)一二月二五日(実際は旧暦一二月二二日、新暦一月一四日)、韓建徳が突然坡里の教会を占領して、共産党も参加する事を要求したのに対し、魯西(東昌)県委は、もし彼らが豪紳を殺し、土地契約書を焼き、食糧を分配するという共産党の主張を受け入れるなら参加し、この機会に、大衆に公然と煽動工作と宣伝組織工作を行う。そうでなければ離脱すると方針を決定し、その上で暴動に参加した。その結果、食糧分配を六度行い、毎回七、八〇〇人、あるいは一〇〇〇余人集まったが、受動的な施しを受ける地位にとどまった。豪紳三、四人を殺したが、すべて土匪と仲違いした者であった。そして現在はすでに土匪から離脱したと。[53] このうち、食糧分配に結集した農民の数は、申仲銘の回憶にもとづいて前述したように、陸春元により教会が封鎖されたこともあり、回を重ねるごとに少なくなったという方が事実に近いであろう。ところで最大の誤りとして挙げているのは、①、土匪と合作している期間、共産党は独立した政治的主張を発表することがなく、大衆を十分に立ち上がらすことができず、土匪と同じ立場に立ち慈善事業をした。[54] ここで述べている慈善事業というのは、食糧分配のことをこのように言っていると思われるが、それではそこで何をなすべきだったかというと「我々の同志が食糧分配の大衆の中に参加し、彼らを指導し自発的に分配させれば、大衆の力を拡大させることができ、この機に豪紳を殺し、土地契約書を焼き、一歩進めて農民代表会を招集し、郷村政権を受け入れさせ、土匪を屈服させるか土匪と決裂して片付けることもできた[55]」と述べ、食糧分配の中で農民を指導し、党の方針を実現させるべきだったと、客観的な情勢を無視して述べている。前述したように食糧分配の時に結集してくる農民大衆は回を重ねるごとに少なくなったのであり、かつその地域を安定的に支配できなければ、農民大衆は地主側の報復を恐れて、土地契約書を焼いて土地革命を行うとか、郷村政権に協力することは難しいであろう。②、魯西（東昌）県委が指導性を発揮できず、共産党員や共青団員が土匪の影響を受け、豪紳と談判をするのをなすがままにしたこと。[56]豪紳との談判とは訾蘭齋との談判を指しているると思われるが、前述したようにこれは申仲銘の父申集盤の発案による時間稼ぎの芝居であり、教会撤退直後で情報がちゃんと伝わっていなかったものと考えられる。

山東省委は数カ月後に次のような暴動の素描とコメントを行った。[57]東昌（聊城）一帯では以前から大暴動を行う準備をし、魯西（東昌）県委は土匪の中に一〇人の同志を派遣して、土地革命闘争の策略、殺人、放火、および食糧分配等を行うよう活動した。一部の同志は土匪もこれらのことを同じように行いたいとしているのを見て土匪の下を去ったが、数人は土匪の下にとどまり、土匪を用いて豪紳地主の家へ行き食糧を分配し飢民に与え、農民二〇〇〇余人が受領したが、豪紳を殺さなかった。山東省委は魯西（東昌）県委が全力でこの事変に対処しなかったこと、腕ききでない同志を土匪の所に派遣し、誤認して土匪を主力とし、大衆を立上がらせなかったことは主要な誤りであると批判し、さらに「食糧分配において、われわれの同志は大衆に食糧を奪うように指導し、われわれの主張、宣伝を提出すべきであって、土匪が賛成するかどうか顧慮すべきではなかった。かつ工作上でも頼りにならない中産（階級）の同志にこの仕事を託すべきではなかった」と述べている。

暴動直後に書かれたものと趣旨は同じであるが、豪紳を殺さなかったという点が異なる（もっとも食糧分配の時に乗じて豪紳を殺さなかったというならば同じであるが）。また裏の事情を知ったのか豪紳との談判への批判が消えている。

ところで私はこのような山東省委の暴動のコメントには異論がある。そこで私なりの位置づけをしてみたい。

張宗昌政権の下での山東省の共産党は自らの掌握している軍事力はまるでなく、また西北部の臨清県のように、一九二八年五月の張宗昌政権崩壊以前には、国共分裂後の国民党でさえ公開で活動できないという状態は、山東省で普遍的であったと思われ、ましてや共産党は公開で活動できなかったし、党員数も前述したように、一九二七年一〇月頃で魯西（東昌）県委全体で二、三〇人という数で非常に少なかった。このように劣悪な状態の山東の、特に東昌（聊城）一帯の共産党員は、八・七会議以後準備を進め、広州コンミューン崩壊以後若干是正されたとしても、基本的には、第一次極左路線を確立した一一月会議の決議に沿って現地で実際に暴動を起こし始めた点が、陽穀県坡里荘暴動の注目される点である。

しかしながら一一月会議の決議がどこまで実際に実現されたかという視点でみると、事前の計画では、まず教会を占領してそこに貯蔵されている大量の武器を奪って、それを教会に結集してくる紅槍会を中心とした農民達に配布して暴動を拡大し、付近の村鎮に闘争を拡大し郷村政権を樹立し、博平も呼応して、聊城県城を攻撃する予定であったが、貯蔵されている武器の不足、結集してくる紅槍会や農民の少なさ、官憲側の包囲によって、教会占領以上に暴動を拡大できなかった。さらには東臨地区革命委員会を名乗って布告を出したが、その実態は韓建徳の組織した八大司令・程参謀長・「江南先生」と申仲銘等の共産党員が合同して、指導組織を形成したものであり、しかも共産党側は官憲側の包囲の強化に伴い山東省委との関係が切断され、教会内の共産党員は孤立して独自の判断をせざるを得なくなった。土地革命については「土豪劣紳を打倒して、土地革命を実行する宣言」を発布し、かつ地主の食糧の分配は、前述の山東省委のコメントでは、土地革命への一環として位置づけられているが、土地契約書を焼いて土地革命を実行した形跡はない。したがって一一月会議の決議が具体化され実行されたとはとても言えない。奉系軍閥張宗昌の厳しい統治下にあり、自らの掌握している独自の武装力もなく弱体の党組織の山東省では、一一月会議の決議を実行するには無理があった。そもそも全国一律に南北を問わず、国民革命期に先進であった広東、両湖なみの暴動計画を行おうとした一一月会議の決議自体に問題があった。

また山東省委は土匪を主力とし大衆を立ち上がらせなかったことは主要な誤りであるとか、食糧分配の時に土匪が賛成するかどうか顧慮すべきではなかったと述べている。確かに蜂起の段階で大衆への組織工作が十分に行われず、そのため教会への農民大衆への結集が悪かったことは、前述した通り申仲銘も認めているが、教会の食糧分配等を通じて農民大衆を教会へ結集させ立ち上がらせようと一貫して追求したのであり、土匪韓建徳も食糧分配に反対していないのであり、山東省委の述べていることは一面的な断定である。ところで自らの掌握している農民大衆や独自の武装力がなかったからこそ、土匪韓建徳と接衡工作を行い、韓建徳の関係により農民の武装した組織である九官道紅槍会を結集してきたのである。したがって韓建徳の意向を顧慮せざるを得ないのは、暴動の現場にいるものとして当然のことであり、山東省委の意見は、机上の批判という感が強い。

また山東省では申仲銘が行ったように白蓮聖母に弟子入りし、白蓮聖母から弟子である紅槍会の首領に呼びかけてもらうとか、土匪の首領韓建徳に接衡してその関係で九官道紅槍会の首領を組織化するとか、依然として紅槍会の首領との接衝工作に力を注がれているのは注目すべき点である（河南省では一九二七年八月には、一九二五年以来の過去の紅槍会の工作の反省点として、首領との連絡に注意するだけで積極的に大衆を掌握せず、そのため、政治スローガンが首領の利益にあうかどうかで共産党と行動するか、あるいは大衆を率いて反動化するか決まってしまうという指摘をしている）[58]。山東省では、一九二七年七月以前に紅槍会の組織化の経験があまりなかったが、八・七会議以後は積極的に紅槍会への工作をすすめ、かつ魯西（東昌）県委管轄下でも前述したように農民協会員が二〇〇名にのぼり農民を指導して農民運動を展開したという基盤の上に、折衝工作を行ったのであり、それぞれの地方の事情に応じて、人間関係、ネットワークを利用し、その具体例として折衝工作をしたものと考えるべきであろう。つまり折衝工作自体は否定できないと思う。なお占拠直後に出した布告に土匪韓建徳との妥協の結果として、「殺富済貧（富者を殺し貧者を救う）」とか、梁山の故事にある「天に替りて道を行う」というスローガンを用いたことは、共産党側の評価に反して、農民大衆への影響力という点では評価されるべきである。一一月会議の決議のスローガンをそのまま掲げても農民の反応がなければ、農民動員という点ではあまり意味がないと思うからである。その他に山東省委は、「頼りにならない中産（階級）の同志」に食糧分配の仕事を託すべきではなかったと述べているが、これは一一月会議の時期に強調された党のプロレタリア化(59)という視点から「中産（階級）の同志」に不信を示しているに過ぎず、意味のある批判とは思えない。

陽穀県坡里荘暴動は失敗したけれども、この暴動は、山東省委所属の魯西（東昌）県委が、自己の劣悪な条件の下で、一一月会議の決議にもとづき、当時、山東省の各地で抗税抗捐、反軍閥闘争を展開していた紅槍会の一部と土匪を組織化し、暴動発動までに至った稀有の例であった。第四章で述べたように、この前後、山東省委下の県組織は類似の暴動の試みを山東省の各地で行おうとしていたが、高唐県穀官屯、夏津、昌邑県飲馬鎮のように未然に弾圧されたり、あるいは陵県のように行動開始したが尻すぼみに終わってしまっている。

しかしながら陽穀県坡里荘暴動でも紅槍会に結集した農民達を全面的に組織したとは言い難い。これらの課題は抗日戦争の開始を待たねばならなかったが、陽穀県坡里荘暴動で活躍した共産党員達は、抗日戦争開始後、逃亡先から山東省西部に舞い戻り、各地で活躍することになった。例えば申仲銘は聊城を拠点として「守土抗戦」を行った范筑先の下で活動し、『抗戦日報』社長となった(60)。

註

（1）張幹民「中共魯西県委的建立及其工作」（原載『聊城地区党史資料』一九八二年第一期、ただし「中共冀魯豫辺区党史資料選編」編輯組編『中共冀魯豫辺区党史資料選編』第一輯（下）による）一〇三―一〇四頁、陽穀県地方史志編纂委員会編『陽穀県志』（中華書局、一九九一年）四九三頁、申仲銘編著「記魯西紅槍会三事」（『民国会門武装』中華書局、一九八四年）七七―七八頁、なお『民国会門武装』およびそのもととなった『紅槍会概述』は、山根幸夫氏を通じて故申仲銘氏から送呈された。記してお二人の先学に感謝の意を表す。

（2）前掲「記魯西紅槍会三事」八一―八二頁。

（3）前掲「中共魯西県委的建立及其工作」一〇五頁。

（4）中共山東省委組織部・中共山東省委党史資料徴集研究委員会・山東省檔案館編『中国共産党山東省組織史資料　一九二一～一九八七』中共党史出版社、一九九一年、七六頁。

（5）申仲銘「陽穀県坡里荘暴動的回憶」（原載『聊城地区党史資料』一九八二年、ただし前掲『中共冀魯豫辺区党史資料選編』第一輯（下）による）一一四頁、なおこの史料と前掲「記魯西紅槍会三事」（『民国会門武装』所収）と重複しているところは多いが、細かいところで異なるところがあるので、「記魯西紅槍会三事」を中心にしながら、必要に応じて「陽穀県坡里荘暴動的回憶」を参照することにする。

（6）前掲『陽穀県志』四九三頁、前掲「陽穀県坡里荘暴動的回憶」一一三頁。

（7）前掲「中共魯西県委的建立及其工作」一〇七、一〇九頁。

（8）前掲「中共魯西県委的建立及其工作」一〇八頁、前掲『中国共産党山東省組織史資料　一九二一～一九八七』七六頁、ただし県以下の両者の地名は若干異なるので、『中国共産党山東省組織史資料　一九二一～一九八七』の地名による。

（9）前掲「記魯西紅槍会三事」八二―八四頁。

（10）右に同じ、八三―八四頁。

（11）右に同じ、八二頁。

（12）アンツァーについては、ジョセフ・エシュリック（永井一彦訳）「宣教師・中国人教民と義和団―キリスト教の衣をまとった帝国主義―」(『史潮』新一一号所収、一九八二年)、佐藤公彦「初期義和団運動の諸相―教会活動と大刀会―」(『史潮』新一一号所収、一九八二年、後に加筆され佐藤公彦『義和団の起源とその運動―中国民衆ナショナリズムの誕生―』研文出版、一九九九年、第二章所収)。

(13) 前掲「記魯西紅槍会三事」八三頁。

(14)「山東省委一一月份報告」一九二七年一二月一日(『中央政治通訊』第一六期)

(15)「山東省委一二月份報告総結及今後党的工作意見」一九二七年一二月二八日、二一一頁、「中共山東省委一月份工作総合報告」一九二八年二月八日、二四四頁(山東省檔案館・山東社会科学院歴史研究所合編『山東革命歴史檔案資料選編』第一輯山東人民出版社、一九八一年)。

(16) 前掲「記魯西紅槍会三事」八一―八二頁。

(17)「山東省委関於陽穀暴動給東昌県委的指示信」一九二七年一二月一三日(前掲『山東革命歴史檔案資料選編』第一輯)一九一―一九二頁。

(18) 前掲「山東省委一二月份報告総結及今後党的工作意見」二一二頁。

(19) 右に同じ、二一三―二一四頁。

(20) 前掲「中共魯西県委的建立及其工作」一一〇頁。

(21) 前掲「中共山東省委一月份工作総合報告」二四四頁。

(22) 興亜宗教協会編『華北宗教年鑑』(一九四一年)によれば、九宮道は、白陽道、後天道、聖賢道、太上門、八卦道、一貫道、皈一道と同じく(白蓮教系の)先天道の系統をつぎ、これらは其の名は異なるが同一のものであるとする。また清の咸豊年代、直隷省甯晋県にいた李向善なる者は、先天道の教祖李廷玉の子孫と称していたが、匪に虜にされて山西省に連れていかれ、五台山で僧となり、普済和尚と名乗り、九宮道を伝布したという。北京普済仏教会、普化仏教会、普渡仏教会、普明仏教会、龍華仏教会はみな九宮道の一派であるとする。さらに民国以後、先天道徒達が組織した武会が、紅槍会、大刀会、黄沙会、天門会、黄旂会、白槍会であるとする(四九三―四九四頁)。一方、李世瑜『現在華北秘密宗教』(古亭書屋、一九七五年）では、『華北宗教年鑑』の説に対して、皈一道は先天道の系統をひくが、九宮道も含めて、白陽道以下先天道の系統をひくかどうかについて保留している（一三二頁）。申仲銘氏は、その名前から考察して、九宮八卦、あるいは清の咸豊年代の莘邱の八卦各旗教軍に関係あるのではないかと推量している（前掲「記魯西紅槍会三事」、八五頁）。私は、これらの説のどれが正しいか確定できないが、八掛教を中心とした白蓮教の系統をひいていることはいえるのではないかと思う。なお八卦の伝教系統を中心とした清代白蓮教の史的展開については、佐藤公彦「清代白蓮教の史的展開」（『続中国民衆反乱の世界』汲古書院、一九八三年）を参照。

(23) 前掲「中共魯西県委的建立及其工作」一一〇頁。

(24) 前掲『民国会門武装』八二、八四頁、八六頁。共産党員と土匪等が異姓結拝して金蘭兄弟を含む義兄弟となった事例およびその意味については福本勝清『中国革命を駆け抜けたアウトローたち』（中公新書、一九九八年）の終章に詳しい。

(25) 前掲「中共魯西県委的建立及其工作」一一一頁。

(26) 曹万年が共産党員であったことは、前掲「陽穀県坡里荘暴動的回憶」一一八頁による。

(27) 前掲「記魯西紅槍会三事」八五頁。

(28) 前掲「陽穀県坡里荘暴動的回憶」一一八頁。

(29) 前掲「中共魯西県委的建立及其工作」一一一頁。なお前掲「陽穀県坡里荘暴動的回憶」（一二〇頁）では、「民衆に告げる書」となっている。

(30) 前掲「記魯西紅槍会三事」八七頁。

(31) 張東輝主編『中国革命起義全録』解放軍出版社、一九九七年、一二六頁。

(32) 沈偉「給東昌信之一」一九二八年一月二八日（『省委通信』第七期、一九二八年三月、ただし前掲『中共冀魯豫辺区党史資料選編』第一輯（下）所収による）一三八頁。

(33) 右に同じ、一三八－一三九頁。

(34) 前掲「中共魯西県委的建立及其工作」一一一頁。

(35) 前掲「記魯西紅槍会三事」八七頁。
(36) 前掲「中共魯西県委的建立及其工作」一一〇―一一一頁。
(37) 前掲「記魯西紅槍会三事」八七頁。
(38) 右に同じ。
(39) 李大黒の蜂起と東臨道尹陸春元のだまし討ちによるその敗北までの経過については、前掲「記魯西紅槍会三事」七七―七九頁、本書第三章を参照。
(40) 前掲「記魯西紅槍会三事」八七―八八頁。
(41) 右に同じ、八八頁。
(42) 右に同じ。
(43) これについては、拙稿「抗日根拠地の形成と農民―山東区を中心に―」(『講座中国近現代史』六、東京大学出版会、一九七八年)、一一一頁を参照。
(44) 前掲「記魯西紅槍会三事」八八頁。
(45) 前掲「記魯西紅槍会三事」八九頁、九三頁。
(46) 前掲「記魯西紅槍会三事」八九頁―九〇頁。
(47) 青皮とは魯西北の方言では、土匪に対して人質を紹介する仲介人のことを指すという(前掲「記魯西紅槍会三事」九三頁)。
(48) 前掲「記魯西紅槍会三事」九〇―九一頁。
(49) 安作璋主編『山東通志　現代巻』上冊、山東人民出版社、一九九四年、一二八頁。
(50) 前掲「記魯西紅槍会三事」九二頁。
(51) その他に後のことであるが、一九二九年三月一二日(旧暦二月二日、龍抬頭の日)黄馬褂会、すなわち九宮中方道会が大名県城を攻めようとしている(『大名県志』一九三四年、巻一一、兵事、民国、巻二八、文揖)。九官道と九宮中方道会の関連は不明であるが、仮に同一のものとすれば、韓建徳と九官道紅槍会が大名に向かった理由がわかると思う。

(52)　前掲「記魯西紅槍会三事」九二頁―九三頁、前掲「陽穀県坡里荘暴動的回憶」一二八頁。
(53)　前掲「中共山東省委一月份工作総合報告」二四四頁。
(54)　右に同じ。
(55)　陳石甫「給東昌信之二」一九二八年二月一〇日（『省委通信』第七期、一九二八年三月、ただし前掲『中共冀魯豫辺区党史資料選編』第一輯（下）所収による）一四四頁。
(56)　前掲「中共山東省委一月份工作総合報告」二四四頁。
(57)　盧××（復坦）「張宗昌将去時的山東情況」（『中央政治通訊』第三〇期、一九二八年七月三日）
(58)　「河南農運報告」一九二七年八月三〇日（『中央通信』第四期）。三谷孝「国民革命期における中国共産党と紅槍会」（『一橋論叢』六九―五、一九七三年）四三八頁。なおこの点に関する私の見解については本書第四章を参照。
(59)　何幹之は、一一月会議の時期の党中央が、「ただ幹部の労働者出身ということだけを一面的に強調した」と批判している（何幹之主編『中国現代革命史』生活・読書・新知三聯書店、一九五八年、一二七頁）。
(60)　前掲「陽穀県坡里荘暴動的回憶」一三頁。なお山東抗日根拠地の成立については前掲拙稿「抗日根拠地の形成と農民―山東区を中心に―」、および拙稿「山東抗日根拠地の成立と発展」（『中国八路軍、新四軍史』河出書房新社、一九八九年）を参照。

第六章　山東抗日根拠地と紅槍会

はじめに

革命史全般から見れば抗日戦争期中共が農民動員に成功したことを前提にして、日本[1]、中国[2]、アメリカ[3]を問わず、従来の研究では、抗日戦争期の中国共産党（以下中共と略称）と農民の関係を予定調和的に考える傾向がある。ところが個々の抗日根拠地では、中共と農民の関係は、時には緊張した対立的なものであった。ここでは山東抗日根拠地における中共と紅槍会[4]に結集した農民とのこのような事例を、農民の伝統的な組織である紅槍会に焦点をあてながらいくつか分析したい。なお時期は抗日戦争中期の一九四一年まで、場所も史料の関係[5]で津浦鉄路以西の山東省西部に限定する。この地域は、一九四一年七月以後、魯西区と冀魯豫辺区が合併し冀魯豫区となった。またここで取り上げるのは、紅纓槍を持った本来の紅槍会に限らず、紅槍会に代表される会門全体を対象にする。

一　紅槍会の性格

紅槍会の性格に関連して、劉少奇は抗日戦争開始一年後に書いた論文の中で「紅槍会、連荘会を問わず、華北の多くの地方でこの種の組織がある。最近、日本侵略者の進攻、敗残兵や土匪の騒擾のために、いささか新発展している。これらは民間に深く隠れている武装（組）織」であり、紅槍会、連荘会の「主要目的は苛捐雑税および土匪や軍隊の騒擾に反対することである」とした上で、「日本軍、敗残兵、土匪が彼ら（紅槍会、連荘会）の所に来て騒擾しなければ、彼らは積極的に反日、土匪攻撃、遊撃をしない。彼らの領袖の大多数は豪紳であるが、彼らは特別に農民の落後した狭小な自身の利益に迎合できる。」「彼らはすべての問題について自身の利益から出発し、誰であろうと彼らを騒擾略奪に来れば、反対し、片付ける」と述べ、さらに「彼らは自衛のために、在地で戦うと常に大きな力量を発揮するが、彼らの領袖が自衛の範囲を越えて、積極的に何か野心的なことをしようとして」「隊伍を集めて在地を離れて戦う時には、彼らの力量は別に大きくなく常に失敗するものである。なぜならばこれも農民の狭隘な自身の利益を越えた他のことだからである」としている。すなわち紅槍会の性格を抗日ナショナリズムに無縁な農民の狭小な郷土防衛主義としている。さらに「日本軍、傀儡軍、抗日軍隊あるいは省政府、土匪やいかなる党派であろうと、かれらの政治的立場は中立である」とその本来の政治的立場を、いかなる勢力に対しても中立であるとしている。(6)

だが本来の政治的立場が中立だとしても、在地の政治的、経済的、社会的条件により、中共側の分析によれば、中共側に立って革命的になったり、反共の国民党頑固派と通じて反革命的になったり、日本軍と通じて漢奸と評価されたりする。例えば河北省南部・河南省北部の例であるが、王従吾は抗日戦争中期の一九四〇年に会門を次の四つに分けている。

① 公然と敵に投じ秘かに漢奸に操縦されている会門。大公団の一部、聖道会、先天道、万寿道、来生道、聖賢道、後天道、太陽会、一貫道、一心堂仏教会、三仙仏堂。

② 土匪を防ぎ自衛し頑固分子に利用されているもの。大公団、連荘会、大仙会、紅槍会、黄香会、白槍会。彼らのスロガーガンは「家を守り土匪を防ぐ」である。

③ 郷村の愚か者を欺き、デマを飛ばして金品を巻き上げ、恐喝して金銭をゆすって私利を肥やすもの。九宮道、八卦、南太離、北太離、東方、西方、青×、道傍会、理門、各県に普遍的である。

④ 敵や傀儡に反抗する進歩的会門。天門会。(7)

ただしこれはあくまで抗日戦争を遂行する立場に立ち、日本軍と敵対し反共の国民党頑固派と対立しながら如何に会門工作を進めるかという観点からの分析であり、会門自体を分析するには、このような枠組みの中共側の分析に対して一定の留保の必要がある。

また中共の会門工作の方針について、同じく王従吾は要旨以下のように述べている。

我々の方針は（組織を丸ごと組み込むのでは無く）会門を瓦解させ、広範な大衆を抗戦の中にかち取ることである。①、積極的にかち取ることを行うのは、会門工作を行う主要方式の一つである。そのために会門に参加し上層の指導権をかち取り、中下層の大衆に説得教育を行い組織を瓦解させ、抗日救国会、自衛隊等に参加させる。②、かち取る工作の中でも必要な適当な打撃を忘れてはならない。同時に公然とは救う手だてがなく、確かに漢奸の証拠のある会門に対しては、我々の力量が優勢を占めている有利な条件の下で、断固とした軍事上の打撃を与えねばならない。(8)

二　抗日戦争初期

ここでは抗日戦争開始後から、それまで比較的うまくいっていた中共の政策が誤りを犯した時期以前までを対象にする。その時期は地域ごとに若干異なり、山東省西部全体では第一次反共高潮および中共の極左傾向の時期（一九三九年冬〜一九四〇年春）の前まで、微山湖の西部の江蘇・山東・河南・安徽四省の省境地帯の湖西では粛托事件（一九三九年八月〜一一月）より前まで、泰山西部（津浦鉄路）以西、大運河以東、黄河以南の泰西では紅五月運動（一九四〇年春〜八月）より前までの時期である。

第一に、中共の抗日統一戦線政策適用により紅槍会をかちとった例がある。その場合に紅槍会を抗日武装力として位置ずけてかちとっている。

例えば、第六区専員范築先下の魯西北抗日根拠地の長清県で、一九三八年一〇月、抗日自衛隊を樹立した時に、中共の地方組織は大峰山区紅槍会の首領朱存禎（頭を弁髪にしていたので朱小弁とも呼ばれた）を動員して紅槍会を抗日自衛隊化した。ただ朱存禎は紅槍会への指導権を確保しようとして、自らが抗日自衛隊の団長になる事や二名の護衛兵を配備する等の要求を出したが、中共の地方組織はこれを拒否したという。[9]この例では中共の地方組織が紅槍会の指導者と対立を含みながらも、紅槍会をかちとった。

また一九三八年一二月、湖西の豊県で八路軍蘇魯人民抗日義勇隊第二総隊が、抗日民族統一政策を適用して、国民党豊県常備隊、地主の用心棒の武装隊や桿子会（無極道）等の民間武装隊とともに、日本軍と結託して湖西抗日根拠地を侵犯してきた土匪の武装漢奸王献臣（王歪鼻子）部隊と戦った。[10]

第二に、国民党に組織化されて八路軍と対抗した例もある。国民党側も紅槍会の軍事力を利用しようとした。例えば河北省の例であるが、一九三八年九月一五日、国民党の河北省政府主席鹿鍾麟は南宮に移動し、冀察戦区を成立させるとともに、孫良誠を遊撃総指揮とし地方の軍事力である河北民軍の張蔭梧軍等の国民党軍や遊撃隊を結集し、中共、八路軍からの失地回復を図り、兵力を補うために紅槍会等と結託した。九月三〇日には、鹿鍾麟に指図された胡和道部隊が、山東省境の河北省の棗強県で六離会、黄沙会と結託し、八路軍東進縦隊独立団の一個連（中隊）に進攻し、戦士一二三名を殺害し、歩兵銃槍一七丁を奪うという事件を起こしている。[11]

他の例は、容共の第六区専員范築先の下に成立した魯西北抗日根拠地に対して、反共の国民党山東省主席沈鴻烈の率いる魯西（主席）行轅が対立し、この対立の中で紅槍会の一派忠孝団は范築先と対立し、国民党側に立ち魯西（主席）行轅[12]と結託し、また暗々裏に日本軍と呼応しながら暴動を起こした例である。

この事件をやや詳細に述べれば、忠孝団は紅槍会各派のうち無極道の系譜を引き陽穀県では紅槍会の耿門に属し、抗日戦争開始後組織化されたが、その基盤は陽穀県の地主、富農の荘寨、例えば胡家楼、朱家荘、薛家寨にあり、地主の武装民団と合体して一つとなり、事実上地主、富農の家を警備する用心棒となっていたという。一九三八年初め、范築先は陽穀県城を収復し、共産党員徐茂里を県長に任命した。だが大地主が勢力を持っている朱家荘一帯では、民団や忠孝団を頼みにして、反抗して糧食を納めず、田賦正税を納めることを願わなかった。一九三八年三月初め、陽穀県の共産党指導下の地方武装隊が朱（家）荘を服従させようとして出動したが、逆に大地主の民団長劉学来に扇動された紅槍会に包囲されて県城に撤退した。その後范築先が第四区専員趙仁泉下の党品玉営（大隊）を陽穀に移動させ、その四個連を朱（家）荘に派遣して、朱家荘はやっと少量の田賦を納めたが、党品玉営が第四区に戻ると再び政府の命令に服せず、抗糧抗税を続けた。[13]

一九三八年六月、国民党山東省主席沈鴻烈が反共の魯西（主席）行轅を范築先政権統治下の魯西北の東阿から聊城に、その後陽穀県張秋鎮に置き、容共の范築先と対立した。この対立の中で、国民党の山東省民政庁長兼魯西（主席）行轅主任李樹椿は忠孝団に「魯西（主席）行轅は三つのものを要らない。一つは銃を要らない。二つは人を要らない。三つは金や糧食を要らない。」と述べた[14]。これは明らかに当時中共が行っていた「金あるものは金を出し、糧食あるものは糧食を出し、銃あるものは銃を出す」「力あるものは力を出す」という原則にもとづき裕福な者から重く徴収する合理負担方式に対する反対であるとともに、忠孝団の抗糧抗税の容認であった。一方忠孝団の指導者である団長は、以下のように階級的には裕福な者である地主や富農、地主の武装組織である民団の団長等が多く、政治的には国民党の党組織と関係の深い者、さらには日本軍や傀儡軍と関係の深い者を含んでいた。

［劉清泉］、地主、富農分子。陽穀県東北丁荘人、年四〇余歳、かつて私塾に学んだ事があり、文字を知っていた。迷信を信じ護符や呪いを信じ、木剣を持ち「この木剣は人を殺す事が出来る」と称していた。また粘土を指でこねてタンク、飛行機等の児童の玩具の類を作り、「法気を吹けば、泥の飛行機は天に上る事が出来る。泥のタンクは進む事が出来る」と言っていた。

［劉清嵐］、劉清泉の弟、年三〇歳前後。当時としては珍しく学校教育を受け元安楽鎮省立第二職校学生であった。迷信を信じてなかったが、彼は政治的野心を持ち、忠孝団を利用して大官になろうと思い、日本軍、傀儡軍、国民党の反動派と結託し、倒范反共を目的にし、挙兵して反乱を起こす事になった。反乱の前に国民党の山東省民政庁長兼魯西（主席）行轅主任李樹椿が劉に働きかけて行轅参謀に委任した。伝えられる所によれば、劉清嵐はかつて済南に行き、日本軍、傀儡軍の訓練を受けたので、日本軍、傀儡軍から派遣された特務と見られていたという。別名を「馬太子」「史御史」という。

［趙二虎（趙長銜）］、元張勲の部下の軍人。当時日本軍、傀儡軍と結託していて、遂に漢奸の隊長、司令になった。民衆の財物を騙し取ったり、民衆を脅したりして、ずっと恨みをかっていた。

［瞿青雲］、元地回りゴロツキ。国民党党部の勢力のある人物、瞿秀山、瞿仲范をバックにしており、七級鎮一帯の地方ボスであり、地主民団の首領であった。後から参加。

［劉淑宝］、地主、国民党員、高慢な反動分子であったという。

［劉学来］、大地主の民団団長、後から参加。

［徐芳徳］、後から参加、地主民団の首領。(15)

范築先政権と魯西（主席）行轅の対立が激化する中で、紅槍会等の暴動が頻発した。国民党山東省主席沈鴻烈や李樹椿は、これらの組織を利用して、日本軍、傀儡軍とも気脈を通じて抗戦を破壊しようとしたという。八月初旬、長清県旦鎮で黄沙会の暴動が起きた。一〇月中旬には、陽穀県七級鎮で忠孝団の暴動が起きたが、范築先自らが現地に乗り込んで説得して暴動は鎮まった。一〇月下旬、長清県趙官鎮で再び黄沙会の大暴動が起きた。首領の邱作成は九県勦共司令と自称し、「打倒范築先、駆逐共産党」のスローガンを提出した。范は四個支隊を討伐に派遣して、黄沙会の暴動を鎮圧した。

そこで沈鴻烈等は、ついに日本軍、傀儡軍と結託し、范に悪辣な手段を用いる準備をした。彼らは魯西（主席）行轅参議兼陽穀忠孝団総団長趙二虎（趙長銜）を済南に行かせ、日本の特務機関と連絡をとり、忠孝団の暴動の発動に呼応して、日本軍が聊城に進攻する計画を相談した。趙が陽穀に戻ってから、李樹椿自ら忠孝団団長会議を召集して後、一一月中旬、寿張、陽穀、東阿で数万人の忠孝団の大暴動が起きた。(16) 彼らは、沈鴻烈や李樹椿に扇動されて、「沈主席の命令を奉じて」「正税のみを納めるべきで、付加税を取るのは許さない」「金や糧食が必要なのは、すべて范一人のなす事による」と述べ、范築先を殺そうとした。一一月一五日、忠孝団は陽穀県安楽鎮を占領して、その後陽穀県城を攻撃したが、防衛していた范派の劉耀庭支隊と劉子章県長により撃退され、その時団長の劉清泉が殺された。[17]忠孝団が暴動を起こすと同時に、駐済南の日本軍末松師団（第一一四師団）は平田大隊三〇〇余人を派遣し、禹城、大名駐屯の日本軍も呼応して、聊城に進攻してきた。忠孝団の暴動により孤立した聊城は、一一月一五日に陥落し、范築先も戦死して、[18]魯西北の抗日根拠地は壊滅し、国共間のこの地域における従来の抗日民族統一戦線は終わりを告げた。

この事件の原因には、①、紅槍会の本来の性格が狭小な郷土防衛主義にあり、抗日ナショナリズムとは無縁であるため、抗日の大義のために県政府の要求に応じる事をしなかった。②、指導権を握っている地主達が、中共が行っていた「金あるものは金を出し、糧食あるものは糧食を出し、銃あるものは銃を出す」「力あるものは力を出す」という原則にもとづき裕福な者から重く徴収する合理負担の抗日政策に反対して、自らの私的階級利益を追求して抗糧抗税を行い、県政府に対抗して地方割拠体制を取った。③、抗糧抗税を行い范築先政権と対立したため、范政権と対立していた国民党の「主席（魯西）行轅」側の働きかけもありそれと結びつき、また暗々裏に日本軍と結託した、という三点が挙げられる。

第三に、紅槍会が日本軍、傀儡軍と直接結託し、さらには日本軍と協力していた一部の反共の国民党頑固派と結び、暴動を起こした例がある。その原因として、中共の合理負担等の抗日政策が、中農以上、とりわけ地主の負担が重かったので、紅槍会を指導している地主達が反発したことがあげられる。

この例は河北省南部、河南省北部、山東省西南部の三省交界地帯の冀魯豫辺区に属する魯西南の曹県で、一九三九年一二月に起きた紅槍会の暴動である。この地区の紅槍会は、河南省考城県小宋集一帯の頭目で、一九三九年の夏に曹県湾楊村に招かれた安天国、湾楊村の頭目である楊敬言、張老荘の頭目である張和中、二大頭、西郭村の頭目である郭吉凱、郭大三に率いられていた。楊敬言以下は各村の地主であり、そのため紅槍会は地主の利害を反映していた。

地主達は、中共の「金あるものは金を出し、糧食あるものは糧食を出し、人あるものは人を出す」という抗日政策が富裕な者に重く彼らの利益を犯すので、中共の抗日政策と八路軍の糧食と資金調達方法とに不満を生じたという。[19] また別の史料によれば、当時、この地区では合理負担政策を行っており、地主の大なる者にはより多く、小なる者にはより少なく寄付をさせ、拒めば鎮圧したが、中農以上の負担が重すぎ、そのため後に統一累進税に改められたという。また自らの掌握している政権が無いので、部隊の衣食はおもに大衆を動員したり、地主から寄付を募ったのも、大衆の不満を生じたという。[20] これらのことがこの地区の紅槍会の暴動の原因となった。

当時中共曹県県委、抗日救国総会をはじめとする農民、青年、婦女の各種の大衆組織が、劉崗、安陵集、湾楊村一帯に成立し、紅槍会の地盤と競合していた。

一九三九年八月、紅槍会数千人が安陵集に集まり、いわゆる「兵力の示威」を行った。安天国は集会で、中共の「金あるものは金を出し、糧食あるものは糧食を出し、人あるものは人を出す」という共同抗日の主張を批判して、「貧者は富者に頼り、富者は天に頼る」「七路八路を問わず、誰であろうと民衆を害する者は攻撃しなければならない」と述べた。そのため魯西南地委民運部長于子元がその場で反論を加えた。[21]

一九三九年一一月一一日、日本軍、傀儡軍一万余人が一〇余日にわたって魯西南地区に掃討を加え、大きな被害を与え、部隊が去った後も根拠地の南北の両端の畢寨、韓集に拠点を置いた。さらにこの地区の主力軍が河南省北部に去り、八路軍冀魯豫支隊しか残らなくて軍事的に弱体化したこともあり、この地区の工作は多大の困難に直面した。安天国はこの機に乗じて、公然と中共および抗日活動に敵対する活動を開始した。彼は紅槍会の武装力を拡大し、歩哨を設け、通行人を取り調べ、抗日活動を制限し、抗日工作人員を捕らえ、抗日積極分子を拷問した。そのため冀魯豫支隊第五大隊が、一一月二〇日夜、西郭村にいた安天国を捕らえようとしたが、安は日本軍、傀儡軍の拠点畢寨に逃げ込んだ。安を取り逃がした冀魯豫支隊第五大隊第一営は南に移動しようとして湾楊村の近くまで来た時に、紅槍会に追撃されやむを得ず発砲して、一〇数名を死傷させた。[22]

翌日早朝、畢寨の日本軍、傀儡軍二〇〇余名が冀魯豫支隊を求めて安天国に率いられ、西郭村、湾楊村に出動してきた。その後一二月二三日、湾楊村、西郭村、張老荘、楊帽頭の紅槍会は安天国、楊敬言、郭吉凱、張大三などに率いられて暴動を起こし、別々に安陵集に向かった。彼らは道々、抗日工作団と抗日救国会の工作員を捕らえ、魯西南抗日救国総会会長劉斉濱の家に放火した。そして安陵集南門で大会を開き、安陵区委書記冠貞一（冠復儒）を惨殺した。安天国、楊敬言等は、大会の席で、抗日工作団と抗日救国会の人はすべて「妖魔」「怪物」であり、彼らは「天に代わって道を行い」「六県の共産党を殺し尽くし」「工作団を魯西南から追い出し」「王道楽土」を樹立すると述べた。出発に際し、曹東県委書記程力夫の家の物をすべてひっくり返して、財産をみな湾楊村に運んだ。[23]

この後、紅槍会は八カ月にわたって湾楊村一帯を支配することになった。すなわち安天国を頭とする紅槍会は、公然と日本軍に投降し漢奸となり、湾楊村を拠点として、紅槍会総部を設立し、安自らは六県（山東省の曹県、定陶県、満沢県、河南省の考城県、民権県、河北省の東明県）紅槍会会長となった。そして畢寨を拠点とする日本軍、傀儡軍と緊密な連絡をとり、各村に強制的に紅槍会の武装力を樹立し、中共指導下のすべての抗日大衆組織を解散し、村々を武装して防備し、いたるところに歩哨を立て、昼夜巡邏し、通行人を取り調べ、抗日工作団および抗日救国会の工作員を捕らえて殺害し、抗日積極分子を迫害し、テロを行った。そのため大量の工作員が暫く韓集以南の地区に移動せざるを得ず、安陵集を中心とする安陵区抗日根拠地は破壊された。そして紅槍会は湾楊村の防備を固め、壕を掘り寨を築きバリケードを作り武装を強化し、一九四〇年春までには、数百丁の紅纓標槍のみならず、七〇余丁の歩兵銃、四〇余門の手製の大砲を備えていた。さらに当時日本軍と協力していた反共の国民党頑固派の石友三軍の張福成という軍官が湾楊村に駐在して、紅槍会が軍事訓練をするのを援助していた。そのため、湾楊村の紅槍会は、実質的に日本軍、傀儡軍、さらに日本軍と協力していた反共の国民党頑固派の支持を得ていた。

このような状況は、魯西南に戻った冀魯豫支隊の主力の一部が、七月二六日、湾楊村を占領して終わった。(24)

三　粛托事件、極左傾向の発生

時期的に最も早いのは湖西粛托事件であり、これは一九三九年八月から一一月にかけて、「トロツキスト」として湖西地区の中共の地方党組織、および八路軍蘇魯豫支隊第四支隊の幹部三〇〇名が冤罪で殺され、五〇〇名から六〇〇名が拘禁され審査され、党と軍の内部は恐慌状態となり、多くの者が逃亡しこの地区の工作は大きな打撃を受けた。(25)当然この事は根拠地内の多くの農民達も見聞し、党と軍に対する彼らの信頼を失わせる事になったと思われる。

極左傾向は、一九三九年冬から一九四〇年春にかけて、河北省南部（冀南）、山西省西北部（晋西北）、山東省西部（魯西）で起きた。これは国民党の第一次反共高潮（一九三九年冬～一九四〇年春）に呼応した反動地主の動きに対抗して起き、地主、富農に大きな打撃を与え、彼らの反革命化を促した。極左傾向の具体的現われとしては、一部の農民が租を渡さず利息を払わず、減租減息を土地没収と債務の廃止に変えてしまったこと、財政負担の大部分、甚だしい場合には全部を、地主、富農に集中したこと、また甚だしい場合には、「地主が無ければ頑固派にならず、頑固派が無ければ漢奸にならず」というスローガンを提出して、「打撃を与えることをもって心地よい」という野蛮な偏向が発生し、みだりに打撃を与え、殺し、罰金を課し、没収して、理由も無く地主、富農の財産権と人権を侵し、一部の工業や商業を閉じさせたこと等が挙げられる。その結果、多くの地主、富農が日本軍の占領区に逃亡し、甚だしい場合には、公然と日本侵略者に投降し、日本軍、傀儡軍を引き連れて来て区、村の幹部と農民大衆を虐殺したことがあった。そのため農村の階級関係は緊張し、農村の抗日民族統一戦線は破壊の危機を迎えた。この極左傾向は一九四〇年四月、北方局黎城会議で是正の方向に向かい、七月七日の中共中央の「関于目前形成和党的政策的決定」の中で、反摩擦闘争における極左的誤りの発生について述べられる等して、克服されていくことになった[26]。

極左傾向の一環としての泰西紅五月運動は、一九四〇年の春から九月にかけて、泰西地委指導下の肥城、東平、長清（南部は大峰山区）県等で起きた。これは春の飢饉により貧苦な農民の食糧不足が起きたため、農会が農民を動員して地主、富農の家に行き、大衆的に糧食を借りてくる借糧運動から始まった。同時に減租減息、雇工の賃金増加運動等も展開された。だが借糧運動の後期には行き過ぎの現象が出現した。例えばある村の貧農、雇農は自村で借り終わるとまた他村に行って借り、糧食を借りられないと家具、財物を借り、一部の中農の利益を損ない、農村の一部の大衆の支持と共感を失った。特に大峰山区では、日本軍がこの弱点を利用して、後述するような紅槍会の暴乱を引き起こした[27]。

借糧運動の高揚を受けて、さらに反特務、除奸、反頑固派闘争が展開された。反頑固派闘争に関連して既に一九三九年に、国民党頑固派との対立が激化していた。すなわち泰西国民党頑固派の代表的人物、肥城県長田家濱が中共側と常に摩擦を起こしていたため、泰西軍分区第三営が大衆の呼応の下で、田家濱を津浦鉄路以東に駆逐した。そのため、一一月に田家濱の残党張相蘭と肥城県の紅槍会の頭目張啓旺が日本軍と結託し、肥城第二区動員委員会を襲撃し、動員委員会幹部李江等四人を殺害し、三人を俘虜にし、二人に重傷を負わせた。泰西軍分区軍が追撃し肥城県城付近でこれらの勢力を殲滅したが、張啓旺は逃亡した。一九四〇年初め、肥城県魏家坊一帯の紅槍会の頭目許光賢、丁伝璽等が張啓旺と結託し、三、四〇〇〇人を集め、魏家坊に集まって要路を封鎖し、抗日区長共産党員高会山および動員委員会幹部五人を殺害し、幹部の家族四人を人質にした。軍分区の部隊が魏家坊を攻略し、許、丁の紅槍会頭目等一八人を打ち殺したが、張啓旺はまたも残党を率いて逃亡し、軍分区の部隊も比較的大きな損害を受けた。[28] この事件でなぜ紅槍会が国民党頑固派と結んで、中共側と敵対したか詳しい理由は不明であるが、このような国民党頑固派との対立の後、一九四〇年春、国民党の第一次反共高潮が発動されて、泰西の日本軍、傀儡軍、国民党頑固派が結託して中共側を挟撃する形成になったので、反特務、除奸、反頑固派闘争が展開されることになった。だが反特務、除奸闘争でみだりに逮捕したり、殺したりの行き過ぎが生じ、また反頑固派闘争では統一戦線の対象である人物に対しても打撃の対象にするという現象も起きた。そのため中共を支持していた人の中からも離反が起き、甚だしい場合には、日本軍に投降する人も出てきた。このような大衆の不満に乗じて、日本軍による暴乱を扇動する働きかけも行われた。[29]

さらに反封建、反浪費、節約救国活動が行われた。しかし婦女会が中心になって行った「纏足禁止」「短髪」等の反封建活動の過程で、肥城、長清県等では強制的命令の現象も生じたという。また児童団は「日貨ボイコット」「浪費反対」「節約救国」「アヘン煙草の喫煙禁止」「破除迷信」のスローガンを提出したが、大峰山区の児童団は、大衆の祭った竈王爺、財神爺を焼き、仙家楼をこわし、喫煙や飲酒に対して、みだりに闘争し罰し、大衆の不満を巻き起こした。[30] 以上のことも大峰山区の紅槍会の暴動の原因となった。

大峰山区の紅槍会の指導者の朱小弁（朱存禎）は、前述したようにかつて中共と協力して支配下の紅槍会を抗日自衛隊化したこともあったが、紅五月運動後期の行き過ぎに反発して暴動を起こした。日本軍、傀儡軍もこの機に乗じて彼を利用した。朱小弁は「共産党は共産共妻であり、八路軍は廟をこわし神を破壊する」「共産党は喫煙飲酒すら反対する。民衆どのように過ごすのか」と述べて、「破除迷信」や「アヘン煙草の喫煙禁止」を攻撃した。日本軍、傀儡軍が援助して、朱小弁は総計六〇〇余人で長（清）・肥（城）・平（陰）紅会総団部を樹立し、朱小弁が団長になり、各区、郷に紅会事務所を置き、各村に強迫して紅槍会を成立させた。彼らのスローガンは「張（泰西専員張耀南）に反対せず、韓（長清県抗日民主政府県長韓培成）に反対せず、ただ工作員には反対する」とか「もっぱら婦女（会）、児童団に反対する」と述べ[31]、農村での紅五月運動を推進した工作員、婦女（会）、児童団への敵対を示し、彼らのやり方に反感を持っていた農民大衆の支持を得ていった。朱小弁は日本軍に身を投じて後、絶えず日本軍の「掃蕩」に呼応して、抗日組織を襲撃し、抗日工作を破壊し、同時に各所で騒擾を起こし、勢力を頼んで民衆を威圧し、民衆の財産を搾り取った。そのため中共の長清県の区クラス以上の幹部は黄河以西に移動せざるを得なかった。肥城、東平、平陰県の県境の地区でも、小グループの紅槍会の暴動が発生した。

一九四〇年八月、九月、一一月に、泰西軍分区軍等が泰西の状況を好転するために、紅槍会への攻撃をし打撃を与えたが、根本的な問題の解決にならなかった。そのため魯西区党委の意見にもとづき、紅五月運動の行きすぎについて長清県委は大衆の中に入って自己批判をし、県、区の幹部も村落に行って誤りを反省し、朱小弁の漢奸の罪証を暴き、大衆に真相を明らかにした。一九四一年春、朱小弁はまた隊を率いて長清県第三区、七区に「掃蕩」に来たので、区隊が大衆の協力援助を得て朱を殺した。これ以後、大峰山の紅槍会は瓦解し、各基層政権は再び中共の手中に帰した[32]。

冀魯豫辺区でも一九三九年の「一二月事変（新軍事件）」後、地方工作で極左傾向が現われ、鋤奸（除奸）工作中にみだりに捕えたり殺したりし、地方士紳を罰し、借金、募金を強要し、遊撃隊が村に移動しようとすると吠えたてて邪魔になる犬を、大衆を動員して打ち殺し、建物を破壊して、地主、富農および広範な大衆の不満を生じた。日本軍、傀儡軍、国民党頑固派の石友三軍がこの機に乗じて、封建的な地主、会門の頭目と結託し、河南省の濮陽県の南徐鎮、西門一帯に、快道会（快刀会）[33]を発展させた。一九四〇年七月までに快道会（快刀会）は濮陽北部および清豊、南楽、滑県等に蔓延した。多くの根拠地が会門区に変わり、中共の党政機関と武装が公然と攻撃され、中共の活動区は沙区（冀魯豫辺区の最西端、濮陽、内黄、清豊、高陵、頓丘等の広い沙地地帯）に押し込められた[34]。この間日本軍が六月五日から一八日にかけて冀魯豫辺区の中心区沙区を「掃蕩」し、大きな被害を与えた。快道会（快刀会）の発展には、日本軍の「掃蕩」に乗じて、六月二八日、巻土重来を期し、河南省の濮県城、濮陽、清豊、山東省の観城、範（范）県の間の根拠地を再び占領した国民党頑固派の石友三軍が、大いに尽力していた[35]。快道会（快刀会）の活動を鎮静化するために、冀魯豫区党委と八路軍第二縦隊は政治的攻勢で対処することになった。一〇月から広範に宣伝を行い、同時に極左偏向を是正し、犬を打ち殺したり、建物を破壊することの停止を宣布し、快道会（快刀会）の活動地区では糧食や金の調達をしないようにした。同時に、大量の幹部を抽出して各地に入らせ大衆工作をさせ、石友三の通敵反国の罪行を暴露し、国民党頑固派軍の影響を失わせた。そのため一一月中旬以後、快道会（快刀会）の内部に変化が起き、一部は中立化し、一部は中共に傾き、中心区の脅威は取り除かれた[36]。

一方、粛托事件の起きた湖西では、以前から桿子会（無極道）の組織が存在していた。湖西地区の首領は単県堆集の人である田生水であり、彼は弁髪をつけていたので、日本軍により田小弁とあだ名をつけられていたが、会員からは「田老師」と呼ばれ農村で一定の影響力と動員力を持っていた。彼は知名人士のため中共のかち取る対象になり、抗日民族統一戦線政策が適用されて、一九四〇年八月、湖西専署成立以後、湖西専署参議会考議員に推薦されて選ばれた。その他の首領に単県桿子会首領であり大地主である劉景中がおり、彼の甥の劉克仁は国民党山東省第一一区専員兼保安司令朱世勤の副官であり、劉は人脈的に国民党につながっていた。桿子会（無極道）の組織の積極分子の大多数は地主、富農と国民党頑固派軍・雑軍の家族および「社会的不良分子」であり、国民党との関係が強かった。

当時、粛托事件が起きてそれほど経たず、農民大衆の多くが中共から離反したことや、日本軍、傀儡軍、国民党頑固派軍が湖西根拠地に進攻して、根拠地が厳しい困難に直面したのに乗じて、田生水は、国民党山東省第一一区専員兼保安司令朱世勤および金（郷）、単、魚（台）三県辺区剿匪司令時錫九と秘かに結託し、共産党指導下の抗日武装隊を湖西から追い出し、抗日民主政権を打ち壊し、湖西を彼らの天下に変えようとした(37)。

一九四〇年秋以後、梍子会（無極道）は「七路、八路に反対し、七八十五、県政府と立ち回りだ」とのスローガンを出し、中共側に公然と敵対した。単県東北の陳蛮荘、曹馬集、金郷県南部の鮑楼、司馬集一帯の数十の村落では、会員が一万人に達し、村はずれや路傍には立ち番や哨兵を置き、抗日政府の工作人員が村に入るのを許さなかった。

一九四一年春、田生水、劉景中は、次々と単県曹馬区抗日動員委員会主任、県参議員の民主人士孟法孔、曹馬郷郷長中共党員蘆紹恵、安徳郷郷長中共党員楊徳慶を逮捕し、時錫九に渡して死刑にしてしまった。さらに七月下旬には、李窰村で「兵力の示威」を開き、そこに金郷県委書記李剣波を招き害を加えようとしたが、李剣波に見破られて失敗した(38)。

一九四一年八月、梍子会（無極道）は遂に暴動を起こした。八月一日、金郷県の梍子会（無極道）首領である楊継常が鮑楼、韓楊荘一帯の村落の会員数千人を組織し金郷県政府の所在地官荘に進攻してきた。梍子会（無極道）の包囲攻撃を避けるために、県政府は大馮荘に移動したが、梍子会（無極道）も後を追って、金郷県の南の梍子会（無極道）五〇〇〇余人が大馮荘を包囲した。単県曹馬集一帯の梍子会（無極道）もこれと呼応し、区、郷の抗日武装隊を襲撃し、抗日幹部と大衆を殺害した。大馮荘では、金郷県委書記李剣波が県の大隊および区、郷の自衛隊を指揮して、一〇数回にわたる梍子会（無極道）の進攻を撃退し、五日に、八路軍教導四旅第一一団が増援にきて、大馮荘の囲みは解かれた。同日、八路軍教導四旅第一〇団が単県の東の陳蛮荘、黄楊荘に出動して桿子会（無極道）を鎮圧した。[39]

八月一一日、国民党山東省第一一区専員兼保安司令朱世勤は、桿子会（無極道）の仇を討つと称して、バリケードを造り、主力の陳伯陽団六〇〇余人を派遣して、単県の東の陳蛮荘を占領し、桿子会（無極道）の残党を収容して、八路軍との決戦の準備を始めた。時錫九も一個団の兵力で白寨に進攻し、桿子会（無極道）の再起を支えようとした。そのため八月一四日夜一二時から翌日午前にかけて、八路軍教導四旅が、陳蛮荘の陳伯陽団を攻撃し、二〇〇余人を死傷させ、副団長以下二〇〇余人を捕虜にして鎮圧した。[40]

冀魯豫辺区の昆山県第四区の徐楼村でも、日本軍が治安強化運動により抗日根拠地への攻勢を強め抗日根拠地側が劣勢になった一九四一年一二月、地盤をめぐって中共、八路軍と対立していた紅槍会が日本軍、傀儡軍に頼って暴動を起こし、八路軍冀魯豫軍区軍に鎮圧される事件が起きている。

この地域の紅槍会に参加した大多数は貧民であるが、少数の地主、富農、豪紳も参加しており、指導権は往々にして少数の地主、富農の手中に握られていた。徐楼の紅槍会の頭目の王明煌はもともと耿楼村の地主であり、幼時からいくつかの拳脚を鍛錬していた。日本軍の侵略、土匪、漢奸の横行という混乱の中で、人々は自衛組織の必要性を感じていたので、彼は武術を教練することで立身の手段とし、徐楼村、耿楼村一帯の紅槍会の師となった。

彼は日本軍、傀儡軍の力が強いのを見て、徐立朝、徐四（あだ名「四天爺爺」）、王明雨、王明居、呂明衛等人と謀って、張坊丁子里の漢奸隊長馬振安と秘かに結託し、日本軍、傀儡軍の力に頼って、自己の勢力を発展し、自己の武装力を拡充し、一旦機が熟すれば独立して覇権を握ろうとしていた。[41]

徐楼村、耿楼村一帯の紅槍会の勢力はだんだんと拡大し、一九四一年八月には一四〇〇人になった。徐楼村の近くの郭楼村には中共の大衆的基礎があったが、王明煌、徐登昌等は、中共や八路軍が抗日主張を宣伝し、大衆を立ち上がらすのは、紅槍会の組織拡大に不利と考え、中共側の主張に中傷を加えて、中共の組織化を阻害し、両者の間は対立していくことになった[42]。この対立の背景には、当時の中共の会門に対する方針が、抗日根拠地と遊撃区では、会門組織の発展をさせないとしたことがあると思われる[43]。

一九四一年一二月一五日、徐楼に来ていた第四区区長亭卓亭と通信員范淑新が、王明煌、王明居、徐四に率いられた紅槍会に包囲されて捕らえられた。昆山県委は進歩人士を派遣して釈放を要求したが、紅槍会は拒否して、一二月一七日、王明煌は二人を張坊の傀儡の拠点に送り、後に鄆城漢奸県長劉本功の下に転送してしまった[44]。さらに一二月のある日、劉本功に意を授けられて、王明煌は紅槍会の積極分子を引き連れて、第四区に駐屯する八路軍冀魯豫軍区軍の一個営に対して攻撃をしかけてきた。この攻撃は八路軍冀魯豫軍区軍の反撃により撃退されたが、王明煌は張坊、鄆城に行って漢奸の救援を求め、共産党と決着をつけると言明した。そのため一二月二三日、八路軍冀魯豫軍区軍が徐楼村を攻撃し、王明煌、徐四を殺し、紅槍会の会員四〇〇余人を死傷させ、三〇〇余人を捕虜にし、紅槍会の暴動を鎮圧した[45]。

おわりに

最後に本章で述べたことを簡単にまとめておきたい。紅槍会の性格は、抗日ナショナリズムと無縁の狭小な郷土防衛主義であり、本来の政治的立場は中立であった。中共の抗日政策による紅槍会工作がうまくいき中共側にかち取ることが出来たのはごく少数で、それも種々の条件が変われば、往々にして敵対的関係に変化した。ところで紅槍会が暴動を起こしたり、国民党ないし日本軍と結びついた原因として以下のものがある。

1、中共の初期の「金あるものは金を出し、糧食あるものは糧食を出し、人あるものは人を出す」という合理負担の抗日政策が地主階級の利益を犯したことによるもの、魯西北における忠孝団の暴動、冀魯豫辺区の曹県湾楊村の暴動

2、中共の政策の誤り（極左傾向等）によるもの、長清県の大峰山区の紅槍会の暴動、冀魯豫辺区の快刀（道）会、直接の関係がないが湖西粛托事件が背景としてあるもの、桿子会（無極道）の暴動

3、地盤争い、泰西の昆山県徐楼村の紅槍会の暴動

以上、大部分が反革命暴動とされるものであるが、紅槍会の暴動は中共の農民政策の反面教師的側面もあり、一時的には中共と農民の緊張し対立した局面をもたらした。同時にまたこの中に中共の紅槍会工作の困難さが解るのである。

註

（1）①、日本における抗日根拠地研究については、石島紀之「第八章　日中戦争」（山根幸夫・藤井昇三・中村義・太田勝洪編『近代日中関係史研究入門』研文出版、一九九二年）を参照。

②、なお山東抗日根拠地については、馬場毅「抗日根拠地の形成と農民―山東区と農民―」（『講座中国近現代史』六、東京大学出版会、一九七八年）、馬場毅「山東根拠地における財政問題」（『史観』第一一〇冊、一九八四年）、馬場毅「第二章　山東抗日根拠地の成立と発展」（宍戸寛・内田知行・三好章・佐藤宏との共著『中国八路軍、新四軍史』河出書房新社、一九八九年）を参照。

（2）①、最近の中国における中国革命根拠地研究については、馬洪武・王明生「十年来的中国革命根拠地史研究」（馬洪武主編『中国革命根拠地史研究』南京大学出版社　一九九二年）を参照。

②、また最近の中国における山東抗日根拠地についての研究については、王海天「山東省革命根拠地史研究簡況」（前掲『中国革命根拠地史研究』所収）を参照。なお山東抗日根拠地における中共と農民の関係を分析した代表的な論文として、朱玉湘「山東抗日根拠地的減租減息」（『文史哲』一九八一年第一期、ただし『復印報刊資料　中国現代史』一九八一年一五期所収）を参照。

（3）①、最近の米国における中国革命根拠地研究については、丸田孝志「Kathleen Hartford and Steven M.Goldstein, "Perspectives on the Chinese Communist Revolution"」（『広島大学東洋史研究室報告』第一三号　一九九一年）を参照。

①、山東抗日根拠地についての代表的な研究としては、David M.Paulson, *War and Revolution in North China: The Shandong Base Area, 1937–1945*, Ph. D. dissertation, Stanford University, 1982, これは山田辰夫氏からお借りした。記して謝意を表す。David M.Paulson, "Nationalist Guerrillas in the Sino–Japanese War: The "Die–hards" of Shandong Province" (Kathleen Hartford & Steven M.Goldstein, Edit. *Single Sparkes: China's Rural Revolution*, Columbia University, 1990) を参照。

（4）日本における紅槍会運動の研究については、馬場毅「会党・教門」（『中国近代史研究入門－現状と課題－』汲古書院、一九九二年）および本書の序章を参照。

（5）本章で史料として主に用いたのは、次のものである。申仲銘編著『中華民国史資料叢稿　増刊　民国会門武装』中華書局一九八四年、『中共冀魯豫辺区党史資料選編』第二輯、専題部分、山東大学出版社、一九九〇年。

（6）劉少奇「堅持華北抗戦中的武装部隊」（『解放』第四三・四四期、一九三八年七月一日）。なお抗日戦争期の紅槍会の政治的立場の中立性については、三谷孝「抗日戦争中的紅槍会」（南開大学歴史系中国近現代史教研室編『中外学者論抗日根拠地－第二届中国抗日根拠地国際学術討論会論文集－』檔案出版社、一九九三年）五一四頁に指摘がある。

（7）王従吾「如何進行会門工作」（一九四〇年一月三日）（『中共冀魯豫辺区党史資料選編』第二輯、文献部分（上）、河南人民出版社、一九八八年）一三七頁～一三九頁。

（8）同右、一三九頁～一四一頁。
（9）中共山東省泰安市委党史資料徴集研究委員会（呉緒倫執筆）「泰西紅五月運動」（前掲『中共冀魯豫辺区党史資料選編』第二輯、専題部分）四六六頁。
（10）中共江蘇省豊県県委党史工作委員会（繆欣然・李子祥執筆）「討伐漢奸王献臣部戦闘」（前掲『中共冀魯豫辺区党史資料選編』第二輯、専題部分）二六七頁～二六八頁。
（11）中共河南省濮陽市委党史工作委員会（張増林執筆）「反撃頑軍石友三部戦役」（前掲『中共冀魯豫辺区党史資料選編』第二輯、専題部分）三八六頁。
（12）申仲銘「記魯西紅槍会三事」（前掲『中華民国史資料叢稿　増刊　民国会門武装』）では主席行轅とし、姜克夫「范築先」（中国社会科学院近代史研究所、宋志文・朱信泉主編、李新校閲『中華民国史資料叢稿　民国人物伝』第三巻、中華書局、一九八一年）では、魯西行轅としている。
（13）前掲「記魯西紅槍会三事」九四頁～九六頁。
（14）同右、九六頁～九七頁。
（15）同右、九六頁～九八頁。
（16）前掲「范築先」三〇頁。
（17）前掲「記魯西紅槍会三事」九八頁～一〇〇頁。
（18）前掲「范築先」三〇頁～三一頁。
（19）中共山東省満沢地委党史資料徴集研究委員会（張保英執筆）「平息湾楊紅槍会暴乱」（前掲『中共冀魯豫辺区党史資料選編』第二輯、専題部分）四二三頁～四二四頁。
（20）陳廉編著『抗日根拠地発展史略』（解放軍出版社、一九八七年）一九七頁。
（21）前掲「平息湾楊紅槍会暴乱」四二四頁。
（22）同右、四二五頁～四二六頁。

(23) 同右、四二六頁。
(24) 同右、四二六頁～四三〇頁。
(25) 湖西粛托事件については、辛瑋・尹平符・王兆良・賈蔚昌・王伯群主編『山東解放区大事記』（山東人民出版社、一九八二年）六二頁、六八頁、李維民「湖西〝粛托〟事件」（『星火燎原（双月刊）』一九八五年第二期）三二頁、楊得志『横戈馬上』（解放軍文芸出版社、一九八四年）一三九頁～一四〇頁、梁興初「湖西脱難憶羅帥」（『星火燎原（双月刊）』一九八五年第二期）三一頁～三二頁、馬場毅「第二章　山東抗日根拠地の成立と発展」（宍戸寛・内田知行・三好章・佐藤宏との共著『中国八路軍、新四軍史』河出書房新社、一九八九年）三三七頁～三三九頁、を参照。
(26) 肖一平・郭得宏「抗日戦争時期的減租減息」（『近代史研究』一九八一年第一期）七七頁～七八頁。
(27) 中共山東省泰安市委党史資料徴集研究委員会（呉緒倫執筆）「泰西紅五月運動」（前掲『中共冀魯豫辺区党史資料選編』第二輯、専題部分）四五七頁～四五八頁、四六一頁。
(28) 同右、四六二頁、四六四頁。
(29) 同右、四六四頁。
(30) 同右、四六五頁～四六六頁。
(31) 同右、四六六頁～四六七頁。
(32) 同右、四六七頁。
(33) 戴玄之氏によれば、快道会（快刀会）の淵源は、抗日戦争開始後、山東省西部の各地で組織拡大した無極道であるという。その指導者張空五が、一九三八年、無極道を中央道と改称したが、中央道の意味は国民党の中央を擁護するという意味であり、その後蘇文奇の意見を入れ、さらに「努力抗戦建国」の六字を弟子に授けたり、三と五を標識にしたが、三は三民主義、五は五権憲法を表すものであるという。その後、一九三九年冬、山東省西部の各県が日本軍により陥落し、日本軍が各地の重要な郷鎮や要路に駐屯すると、中央道に注目し始めたため、張空五は日本軍の弾圧を避けるために、中央道を快道と改称したという。その後河北省南部、河南省北部、安徽省北部の各県に広まり、一九四〇年には二〇〇万人が参加したという

（『紅槍会』食貨出版社　一九七三年、一六一頁～一六三頁）。したがって快道会（快刀会）は政治的には抗日戦争開始直後から、親国民党であったものと思われる。

(34)　前掲『抗日根拠地発展史略』二〇一頁～二〇二頁。

(35)　中共冀魯豫辺区党史工作組弁公室（梁向前執筆）「沙区軍民一九四〇年『五・五反掃蕩』」（『中共冀魯豫辺区党史資料選編』第二輯、専題部分）三五〇頁、三五三頁、前掲「反撃頑軍石友三部戦役」、三九八頁。

(36)　前掲『抗日根拠地発展史略』二〇二頁。

(37)　中共山東省単県県委党史資料徴集研究委員会（任正林執筆）「平息湖西無極道暴乱」（前掲『中共冀魯豫辺区党史資料選編』第二輯、専題部分）四三一頁～四三二頁。

(38)　同右、四三二頁～四三三頁。

(39)　同右、四三三頁～四三五頁。

(40)　同右、四三七頁。

(41)　中共山東省梁山県委党史資料徴集研究委員会（王顕柱・戴永顕執筆）「平息徐楼紅槍会暴乱」（前掲『中共冀魯豫辺区党史資料選編』第二輯、専題部分）四三八頁～四三九頁。

(42)　同右、四三九頁。

(43)　前掲「堅持華北抗戦中的武装部隊」。

(44)　前掲「平息徐楼紅槍会暴乱」四四〇頁～四四二頁。

(45)　同右、四四三頁～四四四頁。

結　語

一九世紀末に、中国の華北農村社会における従来の白蓮教系秘密結社の伝統、民間習俗、武術の伝統等様々な要素を統合して、義和団が出現した。その運動は八ヵ国連合軍と清朝の弾圧にあって終息し、義和団は中国華北農村社会に姿を潜めた。

紅槍会は義和団の伝統を継ぎ、義和団の再来である。その運動が特に盛んになるのは、軍閥混戦期の一九二〇年代と、一九三〇年代の坑日戦争開始後であり、中華人民共和国成立以後の一九五〇年代に弾圧されて姿を消した。

紅槍会の思想的特徴について、改めてここで強調したいことは、一、「降神付体」する紅槍会の神々は、迎神賽会とか市の立つ日に行われる芝居や見せ物、災害除去を願う農耕儀礼等を通じて農民に親しい神々であるが、それらはこのように農民の日常生活の中で、かつその多くがハレの場に出現するというだけではなく、特別の異能を持っていると信じられているということである。例えば、『封神演技』の登場人物は様々な術を使えるし、『西遊記』の孫悟空も妖怪と戦う術を使えるし、道教の最高神玉皇は雨を降らすことが出来ると信じられている。特別の異能があると信じられているからこそ、それらが「降神付体」することによって「刀槍不入」の不死身になれるのである。二、坑税坑捐の正当化の思想はみられるが、義和団にみられるような素朴な帝国主義認識がみられないこと。その理由として、一九二〇年代には、帝国主義が直接的な侵略を行うことによって、農民に可視的であるというよりは、投資の拡大や自国向けの原料作物の栽培の拡大等、間接的な侵略になったことが挙げられる。さらには封建的な地主制の問題や土地分配についても言及していない。三、一部の紅槍会が掲げた、易姓革命説にもとづく真命天子の思想は、現行の権力者の正当性を問い、その権力の正当性を相対化する役割を果たす。そして運動が高揚した時に河南省でみられたような、悪い軍隊の代表であり、権力者であった老陝（国民軍第二軍）と自らを解放してくれる真命天子という二元的対立に収斂する世界の解釈をもたらす。さらに真命天子の思想から、権力者の正当性を問うだけでなく自らが真命天子たらんとする人物が出て、実際に自己権力形成に向かうことになる（天門会の場合は、首領の韓欲明は自らは皇帝と名乗らなかったようであるが、「天賜石印」策を行う等農民に真命天子と見なされるような行動をとった）。私は中華民国になって皇帝を名乗るその復古性の側面だけでなく、真命天子の思想が持つ現行の権力の正当性を問う側面を重視したい。

次に紅槍会の発展の原因とその運動について山東省を中心に略述する。一九二〇年代の軍閥混戦期には、まず例年のように起きる自然災害による農業経営の打撃、その上帝国主義国向けの商品作物栽培の普及び貨幣経済の浸透による貧富の差の拡大による一部農民の離農化による土匪の増加があり、それへの防衛組織として地主・富農や自作農を結集して多くの村落を連合して紅槍会が発展した。そしてさらに発展してくると苛捐雑税を課す省統治者である軍閥の軍隊にも対抗した。本来村落の秩序維持は、国家が直接的あるいは官製の連荘会の組織化などにより間接的に行う仕事と思われるが、国家がそのような機能を果たし得ないところに紅槍会の発展の一因があると思われる。直魯連軍の苛捐雑税に対抗してしばしば暴動を起こした紅槍会は、一九二八年、国民党の支配が始まると、日本軍の膠済鉄路沿線二〇華里以内の軍事占領による山東省の南北分断によって北部、膠東への国民党の実効支配が不可能だったことによる土匪の跋扈、一部の旧直魯連軍の雑色軍化および国民革命軍への参加による残存、それによる駐屯地での恣意的な苛捐雑税徴収策の継続によりその闘争を各地で継続した。また西南部において上から強権的に破除迷信（迷信打破）運動を展開した馮玉祥系軍の統治下にある国民党に対しても暴動を起こした。その際山東省支配の復活を図る張宗昌一派の働きかけもあったが、それ以外に国民党支配下において、農民の望むほどには苛捐雑税が軽減されず、その上破除迷信（迷信打破）運動が彼らの思想の中心である「刀槍不入、降神付体」への真っ向からの挑戦であったからである。一九二九年五月以後になると、日本軍の膠済鉄路沿線二〇華里以内からの撤退による国民党の膠東への実効支配の実施、張宗昌の反乱に呼応した膠東の旧直魯連軍の壊滅、駐屯軍の現地での給養の徴収禁止、国民党による民団や紅槍会の人民自衛団化にみられる統治の末端への抱え込む試み等により、紅槍会の闘争は沈静化していった。

紅槍会が再び盛んになるのは、抗日戦争開始後、日本軍が華北に侵入して以後であった。そこでは日本軍の攻撃により、国民政府の統治機能が麻痺し支配秩序が崩壊した。山東省でも抗日戦争初期、山東省主席兼第三路軍指揮韓復榘の命により、黄河北岸から県長などの官僚および国民党軍が撤退し、政府の統治機能は崩壊し、農村では、土匪や敗残兵の襲撃、さらには日本軍の進攻に直面し、村落自衛のために再び紅槍会が盛んになった。[1]

以上に述べた歴史的状況を踏まえて、ここで紅槍会の機能、並びに国家と地方の関係を、村松祐次氏の指摘を手がかりにして考えてみたい。村松氏は「清代でも一八六〇年以後は、……清廷は各省をほとんど統制しえなかった。民国以来一九三五―三六年の間というような短かい、例外的な期間を除けば、各地に独立または半独立の首長・督軍が割拠し、甚だしい場合には中央政府の威令はほとんど部門を出なかった。」と、清末民国期の中国の国家の分裂傾向を指摘しているが、この指摘は紅槍会の活躍した時代にそのまま当てはめられる。そして「中国の政府の組織には、清代以前から、極めて統一的な、中央集権的な外形の下に、甚だ複元的・分散的な傾向を包蔵していた。そしてそれは中国の『政府』―あるいは官僚制度のうちで、中国の個々の官僚が示す極めて個別主義的な、私人的な行動態様と結びついている。[2]」と、その政府の外形の中央集権の下で、実態においては個々の官僚の個別主義的な、私人的な行動態様と結びついた政府の複元的・分散的な傾向を指摘している。その上で「私人的な政府の下で、中国人の営む社会生活が、法的な規制よりも、より多く慣行的・自律的な秩序に依存する」[3]と、法治とは異なる慣行的・自律的な秩序の役割を重視している。

このように国家が地方を十分に統制できず、民衆を十分に保護でき得ない状況下において、村松氏は、国家と家族の間に存在する中間的諸団体、すなわち宗族、村落、ギルドについて注目している。[4]私は紅槍会について、村松氏の述べている中間的諸団体に包含していいと考えている。もっとも村松氏は中間的諸団体は、その結合はゆるやかなものとしているが、紅槍会は、結合の固い中間的諸団体であり、かつ村松氏はその役割の相互扶助的側面についてギルドについて部分的に認める以外は否定的であるが、村落防衛の機能を中心とする相互扶助的役割を果たすと考えている。[5]

中共と紅槍会との関係については、まず一九二〇年代の問題で以下のことを強調しておきたい。一、山東省で、紅槍会への中共側への組織工作が本格化するのは、八・七会議以後のソビエト革命時期であったが、一一月会議を経ての第一次極左路線と称され武装暴動が目指されたこの時期、従来明らかにされていなかったが、各地でかなり広範囲にわたって、既成武装集団紅槍会、土匪、民団、連荘会への働きかけが行われ、かつ農民協会（一部では貧民会を名乗る）やそれを代行する紅団への前述の組織や農民の実際の組織化が行われた。二、農民協会や紅団は大衆的基盤を持ち、地主や土豪劣紳および軍閥軍との闘争を進め、農民の信頼をかち得る一方、他方で中共党員の人脈を通じて、紅槍会首領との折衝工作を行い、紅槍会を自らの指導下にかち取った。このことは、国民革命期、紅槍会を最も農民協会へ組織化した河南省で、中共河南省委はその指導権を握れず、一九二七年の武漢政府の第二次北伐の後に、紅槍会への組織化は失敗したと認め、その原因として河南の農民運動は、紅槍会首領との連絡に注意するだけで積極的に大衆を掌握しなかったので、スローガンが首領の利益を犯すようならば首領は大衆を率いて反動化することと、農民を指導して実際の経済闘争をやらず、実行不可能なスローガンばかり叫ばせたので、農民に信頼されなかったことを挙げているが、河南省に遅れて紅槍会への工作が始まった山東省では、実際の工作の中で、この欠点を是正していった。紅槍会を組織化するにあたっては、首領と折衝してかち取る外に、中共党員自ら紅槍会に参加して指導権を握ったり、あるいは自ら紅槍会を創立したが、これは指導権確保という点でより確実な方法であった。三、実際に発動まで至った唯一の例である陽穀県坡里荘暴動で、「東臨地区革命委員会」を名乗り、「土豪劣紳を打倒して、土地革命を実行する宣言」が発布された点は、中共側が一一月会議の方針を実現しようとした努力の現れと思うが、土地革命は実行されず、ソビエト政権の樹立も行われなかった。ただ周辺の農民に呼びかけた布告の文章や実際の行動様式は、暴動に立ち上がった土匪や紅槍会や農民への配慮から、伝統的な民衆反乱のものを継承した。例えば農民に呼びかけた布告の中で、農民に親しい『水滸伝』の梁山泊側や清末以来の哥老会のスローガン「天に替りて道を行う」「殺富済貧」が使用されたし、さらに食糧分配は伝統的な「吃大戸」の行動様式を継承したものと思われる。四、中共側の主体的力量について述べるならば、党員数も少なくしかも多くは二〇代の若者であり、独自の軍も持っておらず、根拠地のような勢力圏も持っておらず、すべてにわたって弱体であった。

中共と紅槍会の関係について、抗日戦争開始後の問題で強調したいのは、以下の点である。一、中共側の主体的力量の問題では、一九二〇年代に比較して、党員数も多くなり、かつ中核に革命運動の経験を積んだ活動家層がいて、自らの指導下の軍である八路軍を持ち、根拠地を形成しその中では政府を樹立する等自らの権力を持っていた。このように根拠地内では、二〇年代とは異なり主体的力量を強化し、とりわけ権力を持った党として紅槍会に接することになった。また紅槍会に対しての政策でも、抗日根拠地と遊撃区では紅槍会を発展させないという方針で臨み、この点でも二〇年代と異なる。二、抗日戦争期、紅槍会の性格は、抗日ナショナリズムと無縁な狭小な郷土防衛主義であり、その本来の政治的立場は、日本軍側、中共側、国民党側に対して中立であった。そして中共側の政策がうまくいき、中共側にかち取ったのは少数であり、それも種々の条件が変われば、往々にして敵対的関係となり、中共とは別の選択肢である日本軍を選んでそれと結びついて漢奸となり、国民党を選んでそれと結びついて、反共頑固派となった。三、中共側から反革命暴動とされた事例の中で、その原因を考察すると、①、抗日戦争初期の中共の「金あるものは金を出し、糧食あるものは糧食を出し、人あるもの人を出す」という合理負担の政策が、富裕層であり紅槍会の指導権を握っている地主、富農および中農に負担が重かったこと。彼らは抗日の大義とは無関係に、かって苛捐雑税を課した軍閥政権に対してと同じく抗税抗捐に立ち上がったものと思われる。②、一九四〇年、泰西で起きた中共の極左傾向の現れである紅五月運動の中では、地主、富農、一部中農に大きな経済的負担をかけたり、反特務、除奸闘争で、権力を乱用してみだりに逮捕・殺害し、また反頑固派闘争で打撃の対象を拡大し、さらに反封建闘争の一部として破除迷信運動を展開して、廟や神像を強権的に破壊した。これらのことが多くの農民の不満を巻き起こし、暴動が生じた。多くの原因の一部ではあるが、かっての国民党と同じく、強権的な破除迷信が紅槍会の暴動を引き起こしているのである。③、抗日根拠地と遊撃区では紅槍会を発展させないという中共の方針に対立して、紅槍会が組織拡大をしようとして暴動を起こした事例もある。四、以上のように中共と紅槍会の関係は、お互いにその存在を意識しながら共存しているが、場合によっては敵対的関係にも転化する関係と考えたらいいのではないかと思う。また農民は紅槍会の暴動を通じて、中共の政策への不満を表現している面もあり、そしてその点から、抗日戦争期、中共と農民の関係は常に順調で農民は中共にとって動員と組織化の対象であったという従来のイメージの修正を迫っている。

抗日戦争期を通じて、中共は華北の農村部を掌握し、日本降伏後、農村部で土地革命を行い農民の動員に成功し、軍事的にも国民党に勝利し、中華人民共和国を樹立し全国の政権を握った。そして一九五〇年から反革命鎮圧運動に乗り出し、その運動の中で、紅槍会も反革命として弾圧され姿を消した。

ところが一九七八年の中共一一期三中全会以後、「開放と改革」が始まり農村の人民公社が解体され家族経営が農業の中心になると、一度姿を消した紅槍会の類の結社を含む秘密結社が復活してきた。その背景には中国社会の変動、すなわち貧富の差の拡大や農村から都市への人の移動の増大の外に、中共が一元的中央集権的に中国を統治しているような外観の内部で、村松祐次氏が指摘したような現象、つまり中央政府が一部の省や県の地方政府を統制できなかったり、さらにこれは中央というより地方で顕著かもしれないが、一部の党員や官僚の個別主義的な、私人的な行動態様と結びついた政府の分散的傾向が進み、このように国家が地方を統制できず、民衆を十分な保護をできない状況下で、秘密結社のような中間的諸団体が復活発展してきているのではないだろうか。

義和団が出現して百年、現在、中国の農村においてテレビが普及し外資による農産品の委託加工等も始まり、かってより情報が広範囲にしかも外国からも入ってきて、農村自体が文化変容をしている中で、復活してきた紅槍会の類の結社の消長については、今後も注意深く見守りたい。

註

(1) このような抗日戦争初期の山東省の状況については、馬場毅「抗日根拠地の形成と農民―山東区を中心に―」(『講座中国近現代史』六、東京大学出版会、一九七八年)、馬場毅「山東抗日根拠地の成立と発展」(『中国八路軍、新四軍史』、河出書房新社、一九八九年)を参照。

(2) 村松祐次『中国経済の社会態制』(復刊)東洋経済新報社、一九七五年、一一〇頁。

（3）右に同じ、一四七頁。
（4）右に同じ、一四七頁－一七七頁。
（5）村松氏は、福武直氏、戒能通孝氏の説に依拠して、村落や宗族の相互扶助的側面については否定的であるが、中野謙二氏は最近の例ではあるが、人民公社解体以後、村民委員会や村民小組は経済的機能を持たず、農民の利益を擁護できないので、農民は宗族を復活してきたと、宗族の相互扶助的側面を指摘している（中野謙二『中国の社会構造－近代化による変容－』大修館書店、一九九七年、八五頁）。

著者略歴

馬場　毅（ばば　たけし）

1944年　埼玉県浦和市に生まれる。1968年　早稲田大学第１文学部史学科東洋史専修卒業。1977年　東京教育大学大学院文学研究科東洋史学科博士課程退学（単位取得済）。東京都立高島高校教諭、篠崎高校教諭、両国高校教諭などをへて、1997年愛知大学教授となり現在にいたる。

著訳書

『中国八路軍、新四軍史』（共著　河出書房新社　1989年）、『日中戦争史資料－八路軍・新四軍』（共著　龍渓書舎　1991年）、『秘密社会と国家』（共著　勁草書房　1995年）など。

近代中国華北民衆と紅槍会

二〇〇一年二月　発行

著　者　馬　場　　毅

発行者　石　坂　叡　志

整版印刷　富　士　リ　プ　ロ

発行所　汲　古　書　院

〒102-0072 東京都千代田区飯田橋二-五-四

電　話　〇三（三二六五）九七六四

FAX　〇三（三二二二）一八四五

ISBN4 - 7629 - 2659 - 0　C3022

人　名　索　引

け

こ

さ

し

す

せ

そ

ろ

事　項　索　引

む

よ

ら

り

れ

ろ

主要参考文献

（『時報』『申報』『順天時報』等の新聞記事は省略した。これらについては各章の註を参照されたい。）

日本語文献（著者の名前の50音順）

1、単行本

天野元之助『山東省経済調査資料　第3輯　山東農業経済論』、南満州鉄道株式会社、1936年。

天野元之助『支那農業経済論（中）』、改造社、1942年。

天野元之助『中国農業の諸問題』、技報堂、1952年。

天野元之助『中国農業の地域的展開』、龍溪書舎、1979年。

内山雅生『中国華北農村経済研究序説』、金沢大学経済学部研究叢書4、1990年。

王毓銓『山東南部遊撃地区の組織』、東亜研究所、1941年。

小沢茂一『支那の動乱と山東農村』、満鉄調査課、1930年。

朽木寒三『馬賊戦記（上）小日向白朗と満州』、番町書房、1975年。

窪徳忠『道教の神々』、平河出版社、1986年。

佐伯富『清代塩政の研究』、東洋史研究会、1962年。

里井彦七郎『近代中国における民衆運動とその思想』、東京大学出版会、1972年。

佐藤公彦『義和団の起源とその運動－中国民衆ナショナリズムの誕生』、研文出版、1999年。

末光高義『支那の秘密結社と慈善結社』、満州評論社、1932年。

スキナー『中国農村の市場・社会構造』今井清一・中村哲夫・原田良雄訳、法律文化社、1979年。

住吉信吾・加藤哲太郎『中華塩業事情』、龍宿山房、1941年。

孫江『近代中国の革命と秘密結社（1895－1955）』、1999年、東京大学博士論文。

滝沢俊亮『満洲の街村信仰』、満洲事情案内所、1940年。

田島俊雄『中国農業の構造と変動』、御茶の水書房、1996年。

田中忠夫『革命支那農村の実証的研究』、衆人社、1930年。

中野謙二『中国の社会構造－近代化による変容－』大修館書店、1997年。

永尾龍造『支那民族誌』第1巻、支那民族誌刊行会、1940年。

長野朗『支那兵・土匪・紅槍会』(『現代支那全集』第4巻、坂上書院、1938年)。

旗田巍『中国村落と共同体理論』、岩波書店、1973年。

福武直『福武直著作集　第9巻　中国農村社会の構造』、東京大学出版会、1976年。

福本勝清『中国革命を駆け抜けたアウトローたち－土匪と流氓の世界』、中公新書、1998年。

彭湃『近代中国農民革命の源流－海豊における農民運動－』山本秀夫訳、アジア経済研究所、1969年。

水野薫・浜正雄『山東の綿作』、満鉄天津事務所調査課、1936年。

村松祐次『中国経済の社会態制』(復刊)、東洋経済新報社、1975年。

メイスナー『中国マルクス主義の源流－李大釗の思想と生涯－』丸山松幸・上野憲司訳、平凡社、1971年。

安丸良夫『日本の近代化と民衆思想』、青木書店、1974年。

山口昌男『歴史・祝祭・神話』、中央公論社、1974年。

2、論文

家近亮子「『華北型』農民運動の一考察－紅槍会と国民革命－」(慶応義塾大学法学研究科『論文集』、1981年)。

石島紀之「日中戦争」(山根幸夫・藤井昇三・中村義・太田勝洪編『近代日中関係史研究入門』、研文出版、1992年)。

「紅槍会とは何ぞや」(『満鉄調査時報』第6巻第9号、1926年9月。

小林一美「嘉慶白蓮教反乱の性格」(『中嶋敏先生古稀記念論集』上巻、汲古書院、1980年)。

小林一美「中国農民戦争史論の再検討」(明清時代史の基本問題編集委員会編『明清時代史の基本問題』、汲古書院、1997年)。

コミンテルン執行委員会第9回拡大プレナム「中国問題に関する決議」1928年2月25日(日本国際問題研究所中国部会編『中国共産党史資料集』3、勁草書房、1971年)。

酒井忠夫「現代中国に於ける秘密結社(幇会)」(『近代中国研究』好学社、1948年)。

佐藤公彦「清代白蓮教の史的展開」(『続中国民衆反乱の世界』、汲古書院、1983年)。

ジョセフ・エシュリック(永井一彦訳)「宣教師・中国人教民と義和団－キリスト教の

衣をまとった帝国主義－」(『史潮』新11号、1982年)。

中共中央「農民運動についての決議」(日本国際問題研究所中国部会編『中国共産党史資料集』2、勁草書房、1971年)。

中共中央「『左派国民党』およびソビエトのスローガンの問題に関する決議」(『中央通信』第6期、1927年9月30日)(『中国共産党史資料集』3)。

中共中央「中国共産党反対軍閥戦争宣言」1927年10月23日(『布爾塞維克』第2期)(日本国際問題研究所中国部会編『中国共産党史資料集』3)。

中共中央政治局「コミンテルン2月決議についての通告」1928年4月30日(『中国共産党史資料集』3)。

中共中央臨時政治局拡大会議「中国の現状と共産党の任務についての決議」(『中国共産党史資料集』3)。

中共6全大会「政治決議案」1928年7月(日本国際問題研究所中国部会編『中国共産党史資料集』4、勁草書房、1972年)。

中共6全大会「ソビエト政権組織問題についての決議」1928年7月(『中国共産党史資料集』4)。

「通化地方を騒がした大刀会」(『支那事情』332号、1928年2月)。

中村哲夫「清末華北における市場圏と宗教圏」(『社会経済史学』第40巻第3号、1974年)。

中村哲夫「清末華北の農村市場」(『講座中国近現代史』2、東京大学出版会、1978年)。

二宮宏之「社会史における『集合心性』」(『歴史評論』375号、1979年)。

馬場毅「紅槍会運動序説」(『中国民衆反乱の世界』、汲古書院、1974年)。

馬場毅「紅槍会－その思想と組織－」(『社会経済史学』第42巻第1号、1976年)。

馬場毅「抗日根拠地の形成と農民－山東区を中心に－」(『講座中国近現代史』6、東京大学出版会、1978年)。

馬場毅「農民闘争における日常と変革－1920年代紅槍会運動を中心に－」(『史潮』新10号、1981年)

馬場毅「山東根拠地における財政問題」(『史観』第110冊、1984年)

馬場毅「山東抗日根拠地の成立と発展」(『中国八路軍、新四軍史』、河出書房新社、1989年)。

馬場毅「会党・教門」(『中国近代史研究入門－現状と課題－』、汲古書院、1992年)。

姫田光義「第1次国内革命敗北後の党組織と党活動(下)」(『史潮』第104号、1968年)。

深尾葉子「山東葉煙草栽培地域と『英米トラスト』の経営戦略－1910～30年代中国にお

ける商品作物生産の1形態－」(『社会経済史学』 第56巻第5号、1991年)。

丸田孝志「Kathleen Hartford and Steven M.Goldstein, “Perspectives on the Chinese Communist Revolution”」(『広島大学東洋史研究室報告』第13号 1991年)。

李大釗「山東、河南、陝西などの諸省における紅槍会」(『政治生活』80・81期、1926年8月、西順蔵編『原典中国近代思想史』第4冊所収、岩波書店、1977年)。

三谷孝「国民革命期における中国共産党と紅槍会」(『一橋論叢』第69巻第5号、1973年)。

三谷孝「国民革命時期の北方農民暴動－河南紅槍会の動向を中心に－」、(『中国国民革命史の研究』、青木書店、1974年)。

三谷孝「伝統的農民闘争の新展開」(『講座中国近現代史』5、東京大学出版会、1978年)。

三谷孝「南京政権と『迷信打破運動』(1928 1929)」(『歴史学研究』4月号 1978年)。

三谷孝「江北民衆暴動（1929年)について」(『一橋論叢』第83巻第3号、1980年)。

三谷孝「大刀会と国民党改組派－1929年の溧陽暴動をめぐって－」(『中国史における社会と民衆－増淵龍夫先生退官記念論集－』、汲古書院、1983年)。

三谷孝「紅槍会と郷村結合」(『シリーズ世界史への問い 4 社会的結合』、岩波書店 1989年)。

三谷孝「天門会再考－現代中国民間結社の一考察－」(『一橋大学研究年報社会学研究』34 1995年)。

山本秀夫「農民運動から農民戦争へ」(『中国の農村革命』、東洋経済新報社、1975年)。

吉田浤一「20世紀前半中国の山東省における葉煙草栽培について」(『静岡大学教育学部研究報告（人文・社会科学篇)』第28号)。

中国語文献等（日本語読みによる著者の名前の50音順)

1、単行本

安作璋主編『山東通史 現代巻』、上册・下冊、山東人民出版社、1994年。

『濰県志』、1941年。

何幹之主編『中国現代革命史』、生活・読書・新知三聯書店、1958年。

河南省地方史編纂委員会編『河南志史資料 第6輯 河南紅槍会資料専輯』、1984年。

『冠県志』、1933年。

興亜宗教協会編『華北宗教年鑑』、1941年。

喬培華『天門会研究』、河南人民出版社、1993年。

瞿秋白『中国革命与共産党』、1928年６月。

『(重修）信陽県志』、1936年。

朱其華『1927年底回憶』、上海新新出版社、1933年。

宗教詞典編輯委員会（任継愈主編）編『宗教詞典』、上海辞書出版社、1981年。

周宗廉・周宗新・李華玲『中国民間的神』、湖南文芸出版社、1992年。

蔣永敬『鮑羅廷与武漢政権』、伝記文学出版社、1963年。

蔣永敬編『済南五三惨案』、正中書局、1978年。

辛瑋・尹平符・王兆良・賈蔚昌・王伯群主編『山東解放区大事記』（山東人民出版社、1982年）。

申仲銘『民国会門武装』、中華書局、1984年。

宗力・劉群『中国民間諸神』、河北人民出版社、1986年。

『増修膠志』、1931年。

孫承会『河南国民革命（1925－1927）과「槍会」運動에　関한一考察』、ソウル大学校文学碩士論文、1996年。

戴玄之『紅槍会（1916－1949)』、食貨出版社、1973年（『中国秘密宗教与秘密社会』上冊所収、台湾商務印書館、1990年）。

『第１次国内革命戦争時期的農民運動』、人民出版社、1953年。

『大名県志』、1934年。

中共河南省委党史資料徴集編纂委員会編『睢杞太地区史料選（上)』（河南人民出版社、1985年）。

中共山東省委党史資料徴集研究委員会編『中共山東党史大事記（1921年７月至1949年９月)』、山東人民出版社、1986年。

中共山東省委組織部・中共山東省委党史資料徴集研究委員会・山東省檔案館編『中国共産党山東省組織史資料　1921～1987』、中共党史出版社、1991年。

中国塩業総公司編『中国塩業史　地方編』、人民出版社、1997年。

張振之『革命与宗教』、民智書局、1929年。

張東輝主編『中国革命起義全録』、解放軍出版社、1997年。

陳廉編著『抗日根拠地発展史略』、解放軍出版社、1987年。

丁中江『北洋軍閥史話』(４)、春秋雑誌社、1972年（？)。

田克深・王兆良著『光輝的百年歴程』、山東人民出版社、1984年。

陶菊隠『北洋軍閥統治時期史話』第７冊、生活・読書・新知三聯書店、1959年。

陶菊隠『北洋軍閥統治時期史話』第８冊、生活・読書・新知三聯書店、1959年。
『東平県志』、1935年。
農民協進社編『中国農民問題』、三民出版部、1927年４月再版。
『平度県続志』、1936年。
『牟平県志』、1936年。
陽穀県地方史志編纂委員会編『陽穀県志』、中華書局、1991年。
楊得志『横戈馬上』、解放軍文芸出版社、1984年。
『莱陽県志』、1935年。
李景漢編『定県社会概況調査』、中華平民教育促進会、1933年。
李世瑜『現在華北秘密宗教』、古亭書屋、1975年。
李大釗研究辞典編委会『李大釗研究辞典』、紅旗出版社、1994年。
『李大釗選集』、人民出版社、1962年。
李新・孫思白主編『民国人物伝』１、中華書局、1978年。
劉紹唐主編『民国大事日誌』第１冊、伝記文学出版社、1978年。
劉治平編『反蔣運動史』、中国青年軍人社、1934年。
陵県志編纂委員会『陵県志』、1986年。
『陵県続誌』、1933年。
『臨朐県続志』、1935年。
『臨清県志』、1934年。
路遙『山東民間秘密教門』、当代中国出版社、2000年。

２、論文

蔚鋼「義和団故事的捜集与整理」(『民間文学』、1962年第４期)。
Ｓ生「張宗昌治下的山東（山東通信９月20日)」(『嚮導週報』第131期、1925年９月)。
王海天「山東省革命根拠地史研究簡況」(馬洪武主編『中国革命根拠地史研究』、南京大学出版社、1992年)。
王翰嶋「張宗昌興敗紀略」(『北洋軍閥史料選輯』下、中国社会科学出版社、1981年)。
王従吾「如何進行会門工作」(1940年１月３日)（中共冀魯豫辺区党史工作組弁公室・中共河南省委党史工作委員会編『中共冀魯豫辺区党史資料選編』第２輯　文献部分（上)、河南人民出版社、1988年)。
恩銘「山東省委書記鄧恩銘向中央的報告」(山東省檔案館・山東社会科学院歴史研究所

合編『山東革命歴史檔案資料選編』第１輯、山東人民出版社、1981年)。
「会民之起」(『成安県志』、1931年)。
岳凌雲・張芸生「岳凌雲、張芸生関於目前情況及今後工作意見向中央的報告」1928年５月10日（中央檔案館・河南省檔案館編『河南革命歴史文件匯集（省委文件）1928年』、河南人民出版社、1984年)。
「関於高唐紅団工作的報告」(1928年)(『山東革命歴史檔案資料選編』第１輯)。
「関於膠東暴動的報告」(『山東革命歴史檔案資料選編』第１輯)。
「関於膠東暴動的又１報告（1926年11月16日）」(『山東革命歴史檔案資料選編』第１輯)。
姜克夫「范築先」(中国社会科学院近代史研究所　宋志文・朱信泉主編『中華民国史資料叢稿　民国人物伝』第３巻、中華書局、1981年)。
曲魯「東昌農民的暴動及其発展的趨勢（山東通信　1928年１月28日）」(『布爾塞維克』第18期)。
金再及「試論八七会議到“六大”的工作転変」(『歴史研究』1983年第１期)。
阮嘯僊「全国農民運動形勢及其在国民革命的地位」(『中国農民』第10期、1926年12月)。
向雲龍「紅槍会的起源及其善後」(『東方雑誌』第24巻第21号、1927年11月)。
「紅槍実習記」(『国聞週報』第５巻第５号、1928年２月)。
候貞純「臨沂紅槍会」(『山東文史集粋』(社会巻)、山東人出版社、1993年)。
国民党河南省党部「河南省農民運動報告」(『中国農民』第８期、1926年10月)。
国民党山東省党部「山東省農民運動実況」(『中国農民』第９期、1926年11月)。
胡汶本・田克深「五卅運動在山東地区的爆発及其歴史経験」(『山東大学文科論文集刊』1980年第２期、復印報刊資料『中国現代史』1981年５期所収)。
山雨「南直豫北民衆反抗奉軍情形」(『嚮導週報』第188期、1927年１月)。
「山東全省代表大会否認指派代表之３全会電」(『民意』第５、６期合刊、1929年４月)。
子貞「反奉戦争中之豫北天門会（４月29日通信）」(『嚮導週報』第197期、1927年６月)。
周慶本・王暁梵・李海青「鄧恩銘」(『中共党史人物伝』第２巻、陝西人民出版社、1981年)。
秋白「五卅週年中的中国政局」(『嚮導週報』第155期、1926年５月30日)。
集成「山東省」(『東方雑誌』第24巻第16号、1927年８月)。
朱玉湘「山東抗日根拠地的減租減息」(『文史哲』1981年第１期、『復印報刊資料　中国現代史』1981年15期所収)。
述之「国民軍失敗後民衆応有之覚悟与責任」(『嚮導週報』第147期、1926年３月27日)。

16
肖一平・郭得宏「抗日戦争時期的減租減息」(『近代史研究』1981年第1期)。
瀟湘「河南紅槍会被呉佩孚軍隊屠殺之惨状」(『嚮導週報』第158期、河南通信、1926年5月25日)。
章龍「悼我們的戦士－王中秀同志」(『嚮導週報』第162期、1926年7月14日)。
沈偉「給東昌信之一」1928年1月28日(『省委通信』第7期、1928年3月、『中共冀魯豫辺区党史資料選編』編輯組『中共冀魯豫辺区党史資料選編』第1輯(下)、山東大学出版社、1985年所収)。
沈薪「河南之紅槍会」(『国聞週報』第4巻第24期、1926年6月)。
沈中徳「紅槍会与農民運動」(『農民運動』第9期、1926年7月)。
申仲銘「陽穀県坡里荘暴動的回憶」(『聊城地区党史資料』、1982年、『中共冀魯豫辺区党史資料選編』第1輯(下)所収)。
壽帆「介紹河南的紅槍会」(『中国青年』第126期、1926年7月)。
宋哲元口述・兆庚記録「西北軍志略」(『近代史資料』第4期、1963年)。
中共河南省委「河南省委関於農民運動情況的報告(1927年9月)」(中央檔案館・河南省檔案館編『河南革命歴史文件匯集(省委文件)1925年－1927年』、河南人民出版社、1984年)。
中共河南省委「河南省委給中央的報告－関於形勢、工農運動及党組織状況－(1927年11月24日)」(『河南革命歴史文件匯集(省委文件)1925年－1927年』)。
中共河南省委「河南省委報告」1927年9月4日(『中央通信』第6期)。
中共河南省委「河南農運報告」1927年8月30日(『中央通信』第4期)。
中共河南省委「関於槍会問題的決議」1927年9月4日(『中央通信』第6期)。
中共河南省濮陽市委党史工作委員会(張増林執筆)「反撃頑軍石友三部戦役」(中共冀魯豫辺区党史工作組弁公室・中共河南省委党史工作委員会編『中共冀魯豫辺区党史資料選編』第2輯　専題部分、山東大学出版社、1990年)。
中共共青団山東省委「共青団山東省委工作報告」(『団中央通訊』第3集、1929年5月、山東省檔案館・山東社会科学院歴史研究所合編『山東革命歴史檔案資料選編』第2輯、山東人民出版社、1981年所収)。
中共冀魯豫辺区党史工作組弁公室(梁向前執筆)「沙区軍民1940年『5・5反掃蕩』」(『中共冀魯豫辺区党史資料選編』第2輯　専題部分)。
中共江蘇省豊県県委党史工作委員会(繆欣然・李子祥執筆)「討伐漢奸王献臣部戦闘」(『中共冀魯豫辺区党史資料選編』第2輯　専題部分)。

中共山東省委「山東省委関於陵県暴動的指示信」1927年12月15日（『山東革命歴史檔案資料選編』第１輯）。

中共山東省委「山東省委関於陽穀暴動給東昌県委的指示信」1927年12月13日（『山東革命歴史檔案資料選編』第１輯）。

中共山東省委「中共山東省委１月份工作総合報告」1928年２月８日（『山東革命歴史檔案資料選編』第１輯）。

中共山東省委「山東省委11月份報告」1927年12月１日（『中央政治通訊』第16期）。

中共山東省委「山東省委12月份報告総結及今後党的工作意見」1927年12月28日（『山東革命歴史檔案資料選編』第１輯）。

中共山東省委「省委給高密的信－為暴動事－」1927年11月９日（『中央政治通訊』第16期）。

中共山東省委「山東省委到魯北特支的信」1928年６月３日（『山東革命歴史檔案資料選編』第１輯）。

中共山東省菏沢地委党史資料徴集研究委員会（張保英執筆）「平息湾楊紅槍会暴乱」（『中共冀魯豫辺区党史資料選編』第２輯　専題部分）。

中共山東省高唐県委党史弁公室「高唐県穀官屯『農民自衛団』暴動」（『中共冀魯豫辺区党史資料選編』第１輯（下））。

中共山東省泰安市委党史資料徴集研究委員会（呉緒倫執筆）「泰西紅５月運動」（『中共冀魯豫辺区党史資料選編』第２輯　専題部分）。

中共山東省単県県委党史資料徴集研究委員会（任正林執筆）「平息湖西無極道暴乱」（『中共冀魯豫辺区党史資料選編』第２輯　専題部分）。

中共山東省徳州地委党史資料徴研委員会「魯北地区党的産生和発展」（『中共冀魯豫辺区党史資料選編』第１輯（下））。

中共山東省陵県県委党史弁公室「陵県農民暴動」（『中共冀魯豫辺区党史資料選編』第１輯（下））。

中共山東省梁山県委党史資料徴集研究委員会（王顕柱・戴永顕執筆）「平息徐楼紅槍会暴乱」（『中共冀魯豫辺区党史資料選編』第２輯　専題部分）。

中共山東省魯北県委「陵県暴動計画」1927年12月（『山東革命歴史檔案資料選編』第１輯）。

張幹民「中共魯西県委的建立及其工作」（『聊城地区党史資料』1982年第１期、『中共冀魯豫辺区党史資料選編』第１輯（下）所収）。

張梓生「国民革命軍北伐戦争之経過（下）」（『東方雑誌』第25巻第17号、1928年９月）。

張梓生「第１次出兵山東」（『東方雑誌』第24巻第12号、1927年６月）。

中共中央「対於紅槍会運動議決案」（中央檔案館編『中共中央文献選集』第２冊、中共中央党校出版社、1989年）。

中共中央「致河南函」（『中央通信』第３期、1927年８月30日）。

中共中央「致山東信」1927年12月16日（『中央政治通訊』第16期）。

陳独秀「紅鎗会与中国的農民暴動」（『嚮導週報』第158期、1926年６月）。

武冠英「泰山脚下的星火」（泰安地区出版局編『徂徠烽火』、山東人民出版社、1981年）。

馬洪武・王明生「10年来的中国革命根拠地史研究」（馬洪武主編『中国革命根拠地史研究』、南京大学出版社、1992年）。

三谷孝「抗日戦争中的紅槍会」（『中外学者論抗日根拠地　南開大学第２届中国抗日根拠地史国際学術討論会論文集－』、檔案出版社、1993年）。

雷音「呉佩孚侵豫声中之河南（開封通信２月４日）」（『嚮導週報』第145期、1926年２月10日）。

李維民「湖西“粛托”事件」（『星火燎原（双月刊）』1985年第２期）。

陸智西「全国農民協会９月份統計表」（『農民運動』第14期、1926年11月）。

李見荃「天門会始末記」（『林県志』、1932年）。

李作周「山東濰県的大地主」（『中国農村』第１巻第８期、1935年）。

李新明・李万富「汶上県紅槍会」（『山東文史集粋』（社会巻）、山東人出版社、1993年）。

李明実「泰西地区党的産生和発展」（『中共冀魯豫辺区党史資料選編』第１輯（下））。

龍厂「山東濰県之農村副業」（『天津益世報』農村副刊、1934年５月12日）。

劉君雅「夏津県早期革命活動的回憶」（『中共冀魯豫辺区党史資料選編』第１輯（下））。

劉少奇「堅持華北抗戦中的武装部隊」（『解放』第43・44期、1938年７月１日）。

梁興初「湖西脱難憶羅師」（『星火燎原（双月刊）』1985年第２期）。

盧××（復坦）「張宗昌将去時的山東情況」（『中央政治通訊』第30期、1928年７月３日）。

３、英語文献（著者の姓のＡＢＣ順）

Lucien Bianco, “Secret Societies and Peasant Self-Defense, 1921-1933”, (Edited by Jean Chesneaux, *Popular Movements in China, 1840-1950*, Stanford University Press. 1972).
David M.Paulson, *War and Revolution in North China: The Shandong Base*

Area, 1937−1945, Ph. D. dissertation, Stanford University, 1982.

David M.Paulson, "Nationalist Guerrillas in the Sino-Japanese War: The "Die-hards" of Shandong Province" (Kathleen Hartford & Steven M.Goldstein, Edit. *Single Sparkes: China's Rural Revolution*, Columbia University, 1990).

Elizabeth J.Perry, *Rebels and Revolutionaries in North China, 1845-1945*, Stanford University Press, 1980.

Odoric Y.K.Wou, *Mobilizing the Masses: Building Revolution in Henan*, Stanford University Press, 1994.

（主要参考文献等作成にあたっては、愛知大学現代中国学部学生加納希美さん、内木晴子さんの協力を得た。記して感謝の意を表す。）